21 世纪高职高专规划教材 · 机电系列

# 模具制造技术

## ——基于工作过程

（修订本）

林承全　编著

清 华 大 学 出 版 社
北京交通大学出版社
· 北京 ·

## 内 容 简 介

本书借鉴北美DACUM课程开发形式和德国基于工作过程导向的课程开发方法，结合多年来课程改革的经验，综合各种因素，创新了一套可操作的，适合充分体现以学生学习为主、教师教学为辅的“学、教、做”一体化的教学模式和“行动导向”的教学方案设计，体现了“以就业为导向”的职业院校办学宗旨。

本书系统地叙述了模具制造工艺规程制定、模具零件的各种普通机械加工方法、模具零件的数控加工、模具零件的电火花成形加工和电火花线切割加工、电解加工、电铸加工、超声加工、冷挤压加工、模具装配技术、快速制模技术和模具调试与维修技术等内容。

本书可作为高等工科院校、高职高专、成人院校及民办高校模具设计与制造专业和材料成型及控制工程专业的教材，也可作为机械、机电、数控等专业的选修课教材或供从事模具设计制造的技术人员参考。



**图书在版编目（CIP）数据**

模具制造技术/林承全编著. —北京：清华大学出版社；北京交通大学出版社，2009.12（2019.6修订）
（21世纪高职高专规划教材·机电系列）
ISBN 978－7－81123－962－1

Ⅰ.模…　Ⅱ.林…　Ⅲ.模具-制造-高等学校：技术学校-教材　Ⅳ.TG76

中国版本图书馆CIP数据核字（2009）第214621号

责任编辑：黎丹
出版发行：清 华 大 学 出 版 社　　邮编：100084　　电话：010－62776969
　　　　　北京交通大学出版社　　邮编：100044　　电话：010－51686414
印 刷 者：北京时代华都印刷有限公司
经　　销：全国新华书店
开　　本：185×260　　印张：16　　字数：400千字
版　　次：2010年1月第1版　　2019年6月第5次印刷
书　　号：ISBN 978－7－81123－962－1/TG·14
印　　数：8 001～9 000册　　定价：42.00元

---

本书如有质量问题，请向北京交通大学出版社质监组反映。对您的意见和批评，我们表示欢迎和感谢。
投诉电话：010－51686043，51686008；传真：010－62225406；E-mail：press@bjtu.edu.cn。

# 出版说明

高职高专教育是我国高等教育的重要组成部分，它的根本任务是培养生产、建设、管理和服务第一线需要的德、智、体、美全面发展的高等技术应用型专门人才，所培养的学生在掌握必要的基础理论和专业知识的基础上，应重点掌握从事本专业领域实际工作的基本知识和职业技能，因而与其对应的教材也必须有自己的体系和特色。

为了适应我国高职高专教育发展及其对教学改革和教材建设的需要，在教育部的指导下，我们在全国范围内组织并成立了“21世纪高职高专教育教材研究与编审委员会”(以下简称“教材研究与编审委员会”)。“教材研究与编审委员会”的成员单位皆为教学改革成效较大、办学特色鲜明、办学实力强的高等专科学校、高等职业学校、成人高等学校及高等院校主办的二级职业技术学院，其中一些学校是国家重点建设的示范性职业技术学院。

为了保证规划教材的出版质量，“教材研究与编审委员会”在全国范围内选聘“21世纪高职高专规划教材编审委员会”（以下简称“教材编审委员会”）成员和征集教材，并要求“教材编审委员会”成员和规划教材的编著者必须是从事高职高专教学第一线的优秀教师或生产第一线的专家。“教材编审委员会”组织各专业的专家、教授对所征集的教材进行评选，对所列选教材进行审定。

目前，“教材研究与编审委员会”计划用2～3年的时间出版各类高职高专教材200种，范围覆盖计算机应用、电子电气、财会与管理、商务英语等专业的主要课程。此次规划教材全部按教育部制定的“高职高专教育基础课程教学基本要求”编写，其中部分教材是教育部《新世纪高职高专教育人才培养模式和教学内容体系改革与建设项目计划》的研究成果。此次规划教材按照突出应用性、实践性和针对性的原则编写并重组系列课程教材结构，力求反映高职高专课程和教学内容体系改革方向；反映当前教学的新内容，突出基础理论知识的应用和实践技能的培养；适应“实践的要求和岗位的需要”，不依照“学科”体系，即贴近岗位，淡化学科；在兼顾理论和实践内容的同时，避免“全”而“深”的面面俱到，基础理论以应用为目的，以必要、够用为度；尽量体现新知识、新技术、新工艺、新方法，以利于学生综合素质的形成和科学思维方式与创新能力的培养。

此外，为了使规划教材更具广泛性、科学性、先进性和代表性，我们希望全国从事高职高专教育的院校能够积极加入到“教材研究与编审委员会”中来，推荐“教材编审委员会”成员和有特色的、有创新的教材。同时，希望将教学实践中的意见与建议，及时反馈给我们，以便对已出版的教材不断修订、完善，不断提高教材质量，完善教材体系，为社会奉献更多更新的与高职高专教育配套的高质量教材。

此次所有规划教材由全国重点大学出版社——清华大学出版社与北京交通大学出版社联合出版，适合于各类高等专科学校、高等职业学校、成人高等学校及高等院校主办的二级职业技术学院使用。

21世纪高职高专教育教材研究与编审委员会

2009年12月

# 前　言

本书是根据教育部《关于全面提高高等职业教育教学质量的若干意见》的指示精神，结合多所院校多年的教改经验编写而成的。“职业教育的课程开发有两个重要的因素，一是课程内容选择的标准，二是课程内容排序的标准”（姜大源）。

本书主要适用于模具设计与制造专业和材料成型及控制工程专业等机械类、近机械类高等工科院校、高等职业学校、高等专科学校、成人院校各专业两年制和三年制学生的教学。主要特色如下。

1. 本教材借鉴北美DACUM课程开发形式和德国基于工作过程导向的课程开发方法，结合多年来课程改革的经验，综合各种因素，创新了一套可操作的，适合充分体现以学生学习为主，教师教学为辅的“学、教、做”一体化的教学模式和“行动导向”的教学方案设计，体现“就业为导向”的职业院校办学宗旨。

2. 在课程内容的选择和课程内容的排序上采用了一次脱胎换骨、颠覆性的改革，以通俗易懂的文字和丰富的图表，采用六个学习情境按基于工作过程来编写模具制造技术的全部教学内容。情境学习指南和学习工作单都是课程改革的创新之作。系统地叙述了模具制造工艺规程制定、模具零件各种普通机械加工方法、模具零件的数控加工、模具零件的电火花成形加工和电火花线切割加工、电解加工、电铸加工、超声加工、冷挤压加工、模具装配工艺、快速制模技术和模具调试与维修技术等内容。

3. 力求反映模具制造技术的基础知识、核心技术和最新成就，培养学生实际的工艺分析能力，保证模具零件的制造质量，兼顾对学生的工程实践能力的培养，在内容上注重先进性、科学性和实用性，在文字叙述上力求通俗易懂、逻辑严谨、便于教学。

4. 运用“能力分担法”，划分学习领域的内容，构成学习领域框架内的“小型”主题学习单元——学习情境。学习情境以完成工作中的某一任务为基本单位，以行动导向为教学的出发点进行教学设计，按照资讯、计划、决策、实施、检查和评价六个步骤予以实施。“能力分担法”实现知识的重构，体现了学习的均衡性、完整性和系统性。

5. 学习目标以专业对应的典型职业活动的工作能力为导向，教学过程以专业对应的典型职业活动的工作过程为导向，教学行动以“学习工作单”对应的任务资讯导向，按照这一思路来完成模具制造技术基于工作过程系统化的课程教学。

本书吸取了我们多年的教学和使用教材的经验，编写时力求教师和学生使用方便，减轻学生负担而又能保证有利于培养学生模具制造能力。

本书由林承全编著。在本书的编写过程中得到了北京交通大学出版社和编者所在单位领导的大力帮助与支持，也参考了许多国内、国外先进教材的模具制造技术的经验，在书后参考文献中列举出来，在此深表谢意。由于编者水平所限，书中可能存在错误和欠妥之处，诚请广大读者提出宝贵意见。

本书编者的联系 E-mail：linchengquan@msn.com。

林承全

2009 年 12 月

# 目　录

情境 1　冲模导柱加工 …… 1
情境学习指南 1　学会模具轴类零件加工 …… 1
学习工作单 1.1　模具制造工艺过程 …… 3
任务资讯 1.1　认识模具加工工艺过程 …… 4
任务资讯 1.1.1　模具制造的生产过程 …… 4
任务资讯 1.1.2　模具机械加工工艺过程 …… 5
学习工作单 1.2　制定导柱加工工艺规程 …… 8
任务资讯 1.2　模具零件加工工艺规程的制定 …… 9
任务资讯 1.2.1　零件工艺性分析 …… 10
任务资讯 1.2.2　毛坯的选择 …… 13
任务资讯 1.2.3　定位基准的选择 …… 15
任务资讯 1.2.4　零件工艺路线的拟定 …… 18
任务资讯 1.2.5　工序设计 …… 21
学习工作单 1.3　学会外圆的加工 …… 27
任务资讯 1.3　外圆的加工方法及加工路线 …… 28
任务资讯 1.3.1　车削 …… 28
任务资讯 1.3.2　外圆的磨削 …… 29
任务资讯 1.3.3　外圆研磨 …… 30
任务资讯 1.3.4　外圆的加工工艺路线 …… 31
学习工作单 1.4　掌握冲模导柱的加工 …… 33
任务资讯 1.4　冲模导柱的加工 …… 34
任务资讯 1.4.1　零件图的工艺分析 …… 34
任务资讯 1.4.2　毛坯种类选择 …… 34
任务资讯 1.4.3　切削用量、设备及夹具 …… 36
情境 2　冲模导套加工 …… 37
情境学习指南 2　学会模具套类零件加工及精度分析 …… 37
学习工作单 2.1　掌握孔的加工方法 …… 39
任务资讯 2.1　孔的加工方法及加工路线 …… 40
任务资讯 2.1.1　孔的加工方法 …… 40
任务资讯 2.1.2　孔加工典型设备 …… 49
学习工作单 2.2　学会加工冲模导套 …… 52

任务资讯 2.2 冲模导套的加工 …… 53
任务资讯 2.2.1 导套的结构特点及技术分析 …… 53
任务资讯 2.2.2 导套的加工方案选择和加工工艺分析 …… 53
学习工作单 2.3 模具零件制造精度 …… 57
任务资讯 2.3 模具零件制造精度 …… 58
任务资讯 2.3.1 模具制造精度分析 …… 58
任务资讯 2.3.2 影响模具零件制造精度的因素 …… 59
任务资讯 2.3.3 工艺系统的热变形对加工精度的影响 …… 62
任务资讯 2.3.4 提高零件加工精度的途径 …… 63
学习工作单 2.4 模具零件机械加工表面质量 …… 65
任务资讯 2.4 模具零件机械加工表面质量 …… 66
任务资讯 2.4.1 加工表面质量含义 …… 66
任务资讯 2.4.2 零件表面质量对零件使用性能的影响 …… 66
任务资讯 2.4.3 影响表面质量的因素 …… 68
任务资讯 2.4.4 表面加工工艺因素及其改进措施 …… 72

**情境 3 冲模模座加工** …… 74

情境学习指南 3 学会模具箱体类零件加工 …… 74
学习工作单 3.1 平面的加工方法 …… 76
任务资讯 3.1 平面的加工 …… 77
任务资讯 3.1.1 铣削加工 …… 78
任务资讯 3.1.2 刨削加工 …… 79
任务资讯 3.1.3 磨削加工 …… 80
学习工作单 3.2 认识孔系的加工 …… 83
任务资讯 3.2 孔系的加工 …… 84
任务资讯 3.2.1 单件孔系的加工 …… 84
任务资讯 3.2.2 相关孔系的加工 …… 89
学习工作单 3.3 学会冲模模座加工实作 …… 92
任务资讯 3.3 冲模模座加工实作 …… 93
任务资讯 3.3.1 模座零件加工方法 …… 93
任务资讯 3.3.2 模座零件加工要点 …… 95

**情境 4 塑料模型腔加工** …… 97

情境学习指南 4 学会塑料模型腔的加工 …… 97
学习工作单 4.1 塑料模型腔的机械加工 …… 99
任务资讯 4.1 塑料模型腔的机械加工 …… 100
任务资讯 4.1.1 塑料模型腔的机械加工 …… 100
任务资讯 4.1.2 非回转曲面型腔的铣削 …… 106

任务资讯 4.1.3 仿形加工 …… 113
学习工作单 4.2 成形磨削方法 …… 115
任务资讯 4.2 成形磨削 …… 116
任务资讯 4.2.1 成形砂轮磨削法 …… 117
任务资讯 4.2.2 夹具磨削法 …… 121
任务资讯 4.2.3 数控成形磨削 …… 131
学习工作单 4.3 塑料模型腔的加工实作 …… 133
任务资讯 4.3 塑料模型腔加工案例 …… 134
任务资讯 4.3.1 型腔加工案例分析 …… 134
任务资讯 4.3.2 不同形状的型腔加工 …… 136
任务资讯 4.3.3 典型型腔、型孔加工工艺方案 …… 137

**情境 5 凸、凹模特种加工** …… 140

情境学习指南 5 学会凸、凹模的特种加工 …… 140
学习工作单 5.1 电火花成形加工技术 …… 142
任务资讯 5.1 电火花成形加工 …… 143
任务资讯 5.1.1 电火花成形加工的原理 …… 143
任务资讯 5.1.2 电火花成形加工机床 …… 145
任务资讯 5.1.3 电火花成形加工在模具制造中的应用 …… 146
学习工作单 5.2 电火花线切割加工技术 …… 155
任务资讯 5.2 电火花线切割加工 …… 156
任务资讯 5.2.1 线切割加工的原理、特点、分类及应用 …… 156
任务资讯 5.2.2 电火花线切割加工机床 …… 158
任务资讯 5.2.3 电火花线切割数控程序编制 …… 160
任务资讯 5.2.4 电火花线切割加工工艺 …… 174
任务资讯 5.2.5 电火花线切割加工实例 …… 177
学习工作单 5.3 模具电解磨削加工技术 …… 179
任务资讯 5.3 模具电解磨削加工 …… 180
任务资讯 5.3.1 电解磨削原理 …… 180
任务资讯 5.3.2 电解磨削机床 …… 181
任务资讯 5.3.3 导电磨轮 …… 181
任务资讯 5.3.4 电解磨削的应用 …… 184
学习工作单 5.4 模具电铸成形加工技术 …… 187
任务资讯 5.4 模具电铸成形加工 …… 188
任务资讯 5.4.1 电铸成形加工原理与特点 …… 188
任务资讯 5.4.2 电铸成形加工的一般工艺过程 …… 189
任务资讯 5.4.3 电铸设备 …… 189
学习工作单 5.5 超声加工技术 …… 191

任务资讯 5.5　超声加工 …… 192
任务资讯 5.5.1　超声加工的原理和特点 …… 192
任务资讯 5.5.2　超声加工设备简介 …… 193
任务资讯 5.5.3　影响超声加工速度和质量的因素 …… 194
任务资讯 5.5.4　超声加工工具设计 …… 195
学习工作单 5.6　冷挤压成形技术 …… 197
任务资讯 5.6　冷挤压成形 …… 198
任务资讯 5.6.1　冷挤压的基本原理和特点 …… 198
任务资讯 5.6.2　冷挤压加工的分类、工艺过程和应用 …… 198
学习工作单 5.7　了解快速制模技术 …… 200
任务资讯 5.7　快速制模技术 …… 201
任务资讯 5.7.1　快速成形与快速模具制造 …… 201
任务资讯 5.7.2　快速成形技术与快速制模前景 …… 201

**情境 6　模具装配技术 …… 206**

情境学习指南 6　掌握模具装配技术 …… 206
学习工作单 6.1　认识模具装配工艺 …… 208
任务资讯 6.1　模具装配工艺及方法 …… 209
任务资讯 6.1.1　认识模具装配工艺 …… 209
任务资讯 6.1.2　模具装配及技术要求 …… 210
任务资讯 6.1.3　模具装配方法 …… 211
学习工作单 6.2　模具零件的安装及调整 …… 214
任务资讯 6.2　模具零件安装及调整 …… 215
任务资讯 6.2.1　冲裁间隙的调整 …… 215
任务资讯 6.2.2　冲模零件的装配 …… 217
任务资讯 6.2.3　低熔点合金和粘接技术 …… 219
学习工作单 6.3　冲模装配实作 …… 222
任务资讯 6.3　冲模装配案例 …… 223
任务资讯 6.3.1　组件装配 …… 223
任务资讯 6.3.2　冲裁模总装配要点 …… 225
任务资讯 6.3.3　冲模总装范例 …… 225
学习工作单 6.4　塑料模装配技术 …… 228
任务资讯 6.4　塑料模装配 …… 229
任务资讯 6.4.1　型芯的装配 …… 229
任务资讯 6.4.2　型腔的装配 …… 230
任务资讯 6.4.3　抽芯机构的装配 …… 231
任务资讯 6.4.4　推出机构的装配 …… 232
任务资讯 6.4.5　塑料模总装范例 …… 233

学习工作单 6.5　模具调试与维修技术 …… 235
任务资讯 6.5　模具调试与故障排除 …… 236
任务资讯 6.5.1　模具连接件的调试与修整 …… 236
任务资讯 6.5.2　塑料模故障排除 …… 237
任务资讯 6.5.3　冲模故障排除 …… 239
参考文献 …… 243

# 情境1　冲模导柱加工

## 情境学习指南1　学会模具轴类零件加工

<table>
<tr><td rowspan="3"></td><td colspan="4">情境1：冲模导柱加工</td></tr>
<tr><td>起草人员</td><td></td><td>起草时间</td><td></td></tr>
<tr><td>教学学期</td><td>第4学期</td><td>参考课时</td><td>16学时</td></tr>
<tr><td colspan="5">教学条件：<br>教室带有操作机床，6140型车床、万能磨床、卧式镗床及有关的工具和量具。例如：<br>

<table>
<tr><th>主要仪器设备名称</th><th>型号</th><th>数量</th></tr>
<tr><td>车床</td><td>CA6140</td><td>6</td></tr>
<tr><td>万能外圆磨床</td><td>M1432A</td><td>3</td></tr>
</table>

</td></tr>
<tr><td colspan="5">学习过程计划</td></tr>
<tr><td>学习情境描述</td><td colspan="4">受恒隆汽车零部件制造有限公司委托制造50套冲模后侧导柱模架，要求为相关零件编制机械加工工艺过程卡片，并完成加工</td></tr>
<tr><td>具体任务的设置</td><td colspan="4">

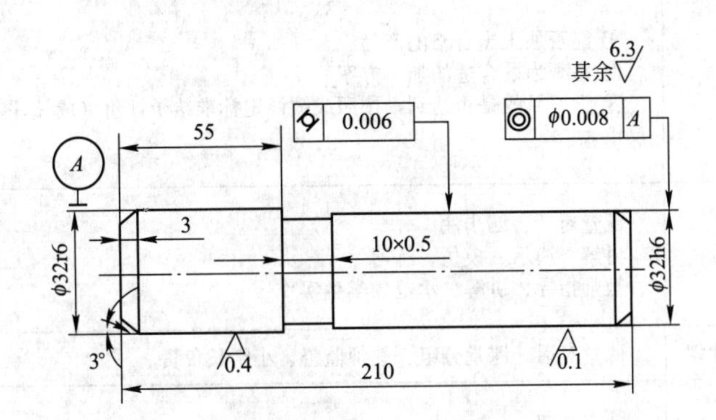


任务图1-1　编写冲模导柱零件机械加工工艺规程

</td></tr>
<tr><td>能力目标</td><td colspan="4">① 掌握工艺规程的概念及工艺规程制定的方法、原则、步骤<br>② 能正确选用外圆的加工方法<br>③ 能完成外圆加工工艺与路线设计<br>④ 能正确选择外圆加工刀具和切削用量<br>⑤ 填写机械加工工艺过程卡片</td></tr>
</table>

续表

<table>
<tr><td>专业技术内容</td><td colspan="2">① 模具加工工艺过程的组成及划分<br>② 毛坯的种类<br>③ 定位基准的选择原则<br>④ 加工方案的选择<br>⑤ 机械加工顺序的安排原则<br>⑥ 热处理的安排<br>⑦ 工艺路线的拟定<br>⑧ 外圆的加工方法与加工路线</td></tr>
<tr><td>教学论与方法建议</td><td colspan="2">① 项目导向教学法<br>② 学生分组讨论<br>③ 多媒体教学<br>④ 现场实作</td></tr>
<tr><td rowspan="6">学习小组行动阶段</td><td>1. 资讯</td><td>学生从工作任务中分析完成工作的必要信息（包括相关专业知识，待加工模具零件信息等），完成冲模导柱零件的加工工艺规程的制定及加工</td></tr>
<tr><td>2. 计划</td><td>学生制定学习计划，建立工作小组</td></tr>
<tr><td>3. 决策</td><td>确定工作方案，工作任务分配到个人，并记录到工作记录表中</td></tr>
<tr><td>4. 实施</td><td>学生以小组的形式，在学习工作单的引导下完成专业知识学习和技能训练，撰写工艺设计说明书，制定机械加工工艺过程卡片，并完成导柱实际的加工操作及实作质量检验工作</td></tr>
<tr><td>5. 检查</td><td>① 工艺是否正确<br>② 实操方法是否正确<br>③ 产品是否合格<br>④ 生产情况是否安全</td></tr>
<tr><td>6. 评价</td><td>① 能否加工出合格的产品<br>② 是否为最合适的加工方案<br>③ 学习目的是否达到，按照成绩评定标准给予评价（成绩评定标准教师事先制订），填写反馈表</td></tr>
<tr><td rowspan="6">方法媒介和环境</td><td>1. 分析</td><td>课堂对话、四步法<br>讲解、演示、模仿、练习<br>教师指导、讲解、示范、学生实作</td></tr>
<tr><td>2. 计划</td><td>课堂对话、课堂分组、教师监督、小组长负责</td></tr>
<tr><td>3. 决策</td><td>师生互动<br>老师只进行评估</td></tr>
<tr><td>4. 实施</td><td>① 在教师指导下分组工作，工业中心实操实作产品<br>② 合理编程并试运行，小组完成零件加工。分组讨论，课堂对话，教师监督</td></tr>
<tr><td>5. 总结</td><td>答疑，任务对话，学生评价，教师评价，企业评价，专家评价</td></tr>
<tr><td>6. 成绩</td><td>工作文件 20%，操作过程 40%，工作结果 20%，汇报效果 10% ，团队 10%</td></tr>
</table>

# 学习工作单 1.1　模具制造工艺过程

| 情景 1　冲模导柱的加工<br>任务 1.1　认识模具加工工艺过程 | 姓名：__________ | 班级：__________ |
| --- | --- | --- |
| | 日期：__________ | 共__________页 |

1. 模具的生产过程包括哪些内容？

2. 划分工序的依据是什么？

3. 如何划分安装、工步及工位？

4. 模具零件的生产类型一般属于__________生产。

5. 试为任务图 1-1 所示的冲模导柱零件（小批生产）划分工序、工位、工步。

| 检查情况 | | 教师签名 | | 完成时间 | |
| --- | --- | --- | --- | --- | --- |

# 任务资讯 1.1 认识模具加工工艺过程

模具制造工艺过程是模具设计过程的延续，是使设计图样转变为具有使用功能、使用价值的模具实体的制造过程。因此，根据设计要求，正确、合理地确定其工艺内容、工艺性质和方法，尤其是正确地制定成型件型面加工的工艺组合，对优化模具制造工艺过程，提高工艺过程技术先进性和经济性，并能高精度、高效率地完成任务，达到模具设计的要求具有非常重要的作用。

## 任务资讯 1.1.1 模具制造的生产过程

模具的生产过程，是指将用户提供的产品信息和制件的技术信息通过结构分析、工艺性分析，设计成模具；并基于此将原材料经过加工、装配，转变为具有使用性能的成型工具的全过程。整个生产过程可用图 1-1 表示。

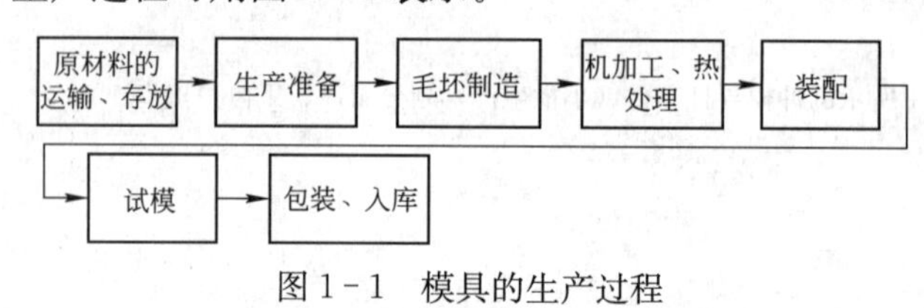


图 1-1 模具的生产过程

具体地说，模具生产过程分以下 6 个阶段。

① 模具方案确定。分析产品零件结构、尺寸精度、表面质量要求及成型工艺。

② 模具结构设计。进行成型件造型、结构设计；系统结构（包括定位、导向、卸料以及相关参数设定等）设计，即总成设计。

③ 生产准备。成型件材料、模板、模座等坯料加工；标准零、部件配购；根据造型设计，编制 NC、CNC 加工代码组成的加工程序；刀具、工装准备等。

④ 模具成型零件加工。根据加工工艺规程，采用 NC、CNC 加工程序进行成型加工、孔系加工；或采用电火花、成型磨削等先进工艺进行加工，以及相应的热处理工艺。

⑤ 装配与试模。根据模具设计要求，检查标准零、部件和成型零件的尺寸精度、位置精度，以及表面粗糙度等要求，按装配工艺规程进行装配、试模。

⑥ 验收与试用。根据各类模具的验收技术条件标准和合同规定，对模具试模制件（冲件、塑件等）、模具性能和工作参数等进行检查、试用，合格后验收。

由上述生产过程可知，模具的标准零、部件，通用标准零件（如螺钉、销钉），以及冷却、加热系统中的标准、通用元件，都是在其他工厂生产的，模具厂只是依据模具设计要求，按一定顺序，将其与本厂加工完成的成型件等装配成模具厂的产品，此生产过程之总和，也可定义为模具生产过程。

模具的种类很多，按照 GB 7635—1987 规定，包括冲压模（简称冲模）、塑料模、锻造模、铸造模、粉末冶金模、橡胶模、无机材料成型模（玻璃成型模、陶瓷成型模）、拉丝模等。每种模具结构、要求和用途不同，都有特定的生产过程。但是同属模具类的生产过程具有共性的特点。

在模具生产过程中，直接改变生产对象的形状、尺寸、相互位置及性能，将其转变为成品或半成品的过程就是模具的制造工艺过程。它是模具生产过程的主要部分，即从生产准备到验收、试模合格之前，属于制造工艺过程。

模具制造工艺过程主要包括机械加工工艺过程和装配工艺过程两部分。

① 机械加工工艺过程。机械加工工艺过程是用机械加工方法直接改变生产对象的形状、尺寸、相对位置和性质等，使之成为成品或半成品的过程。

② 装配工艺过程。装配工艺过程是按规定的技术要求，将零件或部件进行配合和连接，使之成为半成品或成品的工艺过程。

## 任务资讯 1.1.2　模具机械加工工艺过程

**1. 机械加工工艺过程的组成**

机械加工工艺过程按一定顺序由若干个工序组成，每一个工序又可依次细分为安装、工位和工步等。

(1) 工序

一个或一组工人在一个工作地对同一个或同时对几个工件所连续完成的那一部分工艺过程称为工序。它是工艺过程的基本组成部分，又是生产计划、经济核算的基本单元，也是确定设备负荷、配备工人、安排作业及工具数量等的依据。

判断是否为同一个工序的主要依据是工作地点（设备）、加工对象（工件）是否改变和加工是否连续完成。如果其中之一有变动，则应划为另一道工序。例如，图 1-2 所示零件在单件小批量生产时，其工艺过程共包括两个工序，如表 1-1 所示。此方案中车端面、钻中心孔、车外圆、倒角及切槽为一个工序，说明所有车削工作是在一台车床上连续完成的。如果车削工作分别在两台车床上顺序完成，或者虽然在一台车床上加工，但先将一批工件的一端全部车好，再车另外一端，此时对于一个工件来说两端的车削是不连续的，车削加工就分为两个工序了。当该零件大批量生产时工艺过程如表 1-2 所示。生产规模不同，工序的划分也不一样。

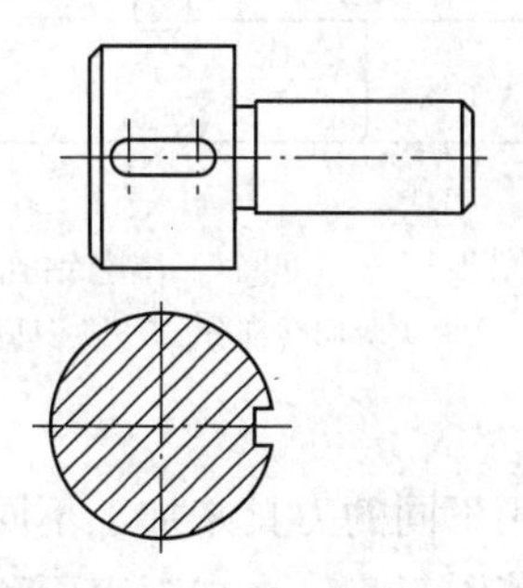

图 1-2　轴的零件图

**表 1-1　单件小批生产的工艺过程**

| 工序号 | 工序内容 | 设　备 |
|---|---|---|
| 1 | 车端面、钻中心孔、车外圆，倒角、切槽 | 车　床 |
| 2 | 铣键槽、去毛刺 | 铣　床 |

**表 1-2　大批量生产的工艺过程**

| 工序号 | 工序内容 | 设　备 |
|---|---|---|
| 1 | 铣两端面、钻中心孔 | 铣端面钻中心孔机床 |
| 2 | 车大外圆、倒角 | 车床Ⅰ |
| 3 | 车小外圆、切槽、倒角 | 车床Ⅱ |
| 4 | 铣键槽 | 专用铣床 |
| 5 | 去毛刺 | 钳工台 |

(2) 安装

在一道工序中，工件在加工位置上至少要装夹一次，有时也可能装夹几次。工件（或装配单元）经一次装夹后所完成的那一部分工序称为安装。工件在加工过程中应尽可能减少装夹次数，因为多一次装夹就多一次安装误差，同时增加了装卸工件的时间。因此在生产中常采用不需重新装夹工件而又能改变工件在机床上的位置以加工不同表面的分度夹具或机床回转工作台。

(3) 工位

为了完成一定的工序部分，一次装夹工件后，工件（或装配单元）与夹具或设备的可动部分一起相对刀具或设备的固定部分所占据的每一个位置称为工位。如图 1-3 所示，在普通立式钻床上钻法兰盘的四个等分轴向辅助孔，当钻完一个孔后，工件连同夹具的回转部分一起转过 90 度，然后钻另一孔。此工序包括 1 个安装，4 个工位。

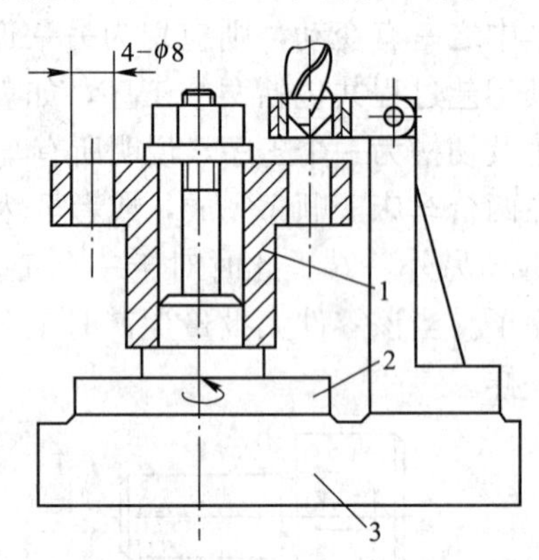


图 1-3　在四个工位上钻孔

1—工件；2—夹具回转部分；3—夹具固定部分

(4) 工步

在一个工序内，往往需要采用不同的刀具来加工不同的表面。为了便于分析和描述较复杂的工序，可将工序再划分为若干工步。在加工表面和加工工具不变的情况下所连续完成的那一部分工序称为工步。在一个工序内，加工表面与加工工具只要其中一个发生改变，就应算作另一工步。例如对同一个孔进行钻孔、扩孔、铰孔，由于所采用的刀具改变，应视为 3 个工步。在工艺卡片中，按工序写出各加工工步，就规定了一个工序的具体操作方法及次序。

(5) 工作行程（走刀）

切削工具在加工表面上切削，每切去一层材料称为一个工作行程，一个工步里可以有一个工作行程，也可以有多个工作行程。如外圆的余量较多，在粗车工步中可以有多个工作行程。

**2. 生产纲领与生产类型**

1）生产纲领

工厂制造产品（或零件）的年产量为生产纲领。在制定工艺规程时一般要按产品（或零件）的生产纲领来确定生产类型。零件的生产纲领可按下式计算。

$$N=Qn(1+a+b) \tag{1-1}$$

式中：$N$——零件的生产纲领；

$Q$——产品的生产纲领；

$n$——每台产品中该零件的数量；

$a$——该零件的备品率；

$b$——该零件的废品率。

2）生产类型

根据产品生产纲领的大小和品种的多少，模具制造业的生产类型主要可分为单件生产和成批生产两种（模具制造业很少出现特大批量生产的情况）。

(1) 单件生产

生产的产品品种较多，每种产品的产量很少，同一个工作地点的加工对象经常改变，且很少重复生产。如新产品试制用的各种模具和大型模具等的生产都属于单件生产。

(2) 成批生产

生产的产品品种很多，每种产品均有一定数量，工作地点的加工对象周期性地更换。例如模具中常用的标准模板、模座、导柱、导套等零件及标准模架等的生产多属于成批生产。

生产纲领与生产类型的关系如表1-3所示。

**表1-3　生产纲领与生产类型的关系**

| 生产类型 | 零件年生产纲领/(件/年) | | |
|---|---|---|---|
| | 重型零件 | 中型零件 | 小型零件 |
| 单件生产 | <5 | <10 | <100 |
| 批量生产 | 5～300 | 10～500 | 100～5 000 |
| 大批量生产 | >300 | >500 | >5 000 |

# 学习工作单 1.2 制定导柱加工工艺规程

<table>
<tr><td rowspan="2">情景 1　冲模导柱加工<br>任务 1.2　模具零件机械加工工艺规程的制定</td><td>姓名：________</td><td>班级：________</td></tr>
<tr><td>日期：________</td><td>共________页</td></tr>
<tr><td colspan="3">1. 制定模具机械加工工艺规程应遵循哪些原则？<br><br>2. 编制模具机械加工工艺规程的步骤是什么？<br><br>3. 什么是零件的结构工艺性？对结构工艺性的要求有哪些？<br><br>4. 毛坯的种类有哪几种？模具生产中，通常选择哪种毛坯？<br><br>5. 基准的分类有哪些？<br><br>6. 定位基准（包括粗基准、精基准）的选择原则是什么？<br><br>7. 如何选择零件的表面加工方法？<br><br>8. 安排机械加工顺序的基本原则是什么？<br><br>9. 机械加工中为什么要划分加工阶段？一般分为哪几个加工阶段？各加工阶段的目的是什么？<br><br>10. 热处理一般安排在零件加工的哪个阶段？<br><br>11. 加工余量有哪些确定方法？<br><br>12. 如何确定基准重合时的工序尺寸？</td></tr>
</table>

| 检查情况 | | 教师签名 | | 完成时间 | |
|---|---|---|---|---|---|

## 任务资讯 1.2　模具零件加工工艺规程的制定

模具零件一般是单件小批量生产，模具标准件则是成批生产。成型零件的加工精度要求较高，所采取的加工方法往往类似于其他机械产品的机械加工但又不同于一般机械加工方法。因此，模具加工工艺规程也有其特殊的一面。

模具加工的工艺规程是规定模具零部件机械加工工艺过程和操作方法等的工艺文件。模具生产工艺水平的高低及解决各种工艺问题的方法和手段都要通过模具机械加工工艺规程来体现。因此模具机械加工的工艺规程设计是一项重要的工作，它要求设计者必须具备丰富的生产实践经验和扎实的机械制造工艺基础理论知识。

**1. 制定模具零件工艺规程的基本原则**

制定工艺规程的原则是在一定的生产条件下，以最小的劳动量和最低的费用，按生产计划规定的速度，可靠地加工出符合图样上所提出的各项技术要求的零件。工艺规程首先要保证产品质量，同时要争取最好的经济效益。制定工艺规程要体现以下几点。

(1) 技术上的先进性

在编制模具零件工艺规程时，应采用新工艺、新技术和新材料，以获得较高的生产率，促进生产技术的发展。但不应加大操作工人的劳动强度，而应该依靠机床和工艺设备来保证。

(2) 工艺上的合理性

每一个模具零件的制造都会有几种不同的加工方案，这时应该首先选择那种最能保证加工零件的精度又具有比较大的可靠性的加工方案。在选择加工方案时，优先考虑的是模具质量。

(3) 经济上的合理性

在一定的生产条件下，可能有几种保证零件技术要求的工艺方案，此时应全面考虑，通过核算或分析选择经济效益最佳的方案，以使零件的坯料减少和减少工序及降低成本。同样，加工要求不高的零件尽量不使用高精度的设备，而采用一般精度的设备。

(4) 缩短制造周期

在编制模具零件工艺规程时，在满足零件加工精度的前提下，尽可能减少不必要的工序及倒回流工序，尽量多使用或套用标准件或通用件。

(5) 创造必要的工作条件

在编制工艺规程时必须保证操作人员具有良好而安全的工作条件，还应考虑到工艺装备的有效使用，以保证加工零件的合格和减轻工人的劳动强度。

**2. 编制模具零件工艺规程的步骤**

① 熟悉和了解整副模具工作时的动作和各个零件在装配图中的位置、作用及相互间的配合关系。

② 零件图的工艺分析。

③ 确定毛坯形状和大小。

④ 确定加工工艺路线。

⑤ 确定每个工序尺寸、加工余量及公差。

⑥ 确定每个工序的加工用量和时间定额。

⑦ 确定各工序使用的机床及各工序必需的专用夹具、刀具、量具和工具电极图样。

⑧ 确定重要工序和关键尺寸的检查方法。

⑨ 填写工艺过程卡片。

## 任务资讯 1.2.1　零件工艺性分析

### 1. 零件的结构分析

研究零件结构，首先要分析该零件是由哪些基本表面所组成，另外还要分析这些表面的组合方式及其结构工艺性。

结构工艺性是指所设计的零件在能满足使用要求的前提下，制造的可行性和经济性。因此，在保证零件使用要求的前提下，其结构应能满足机械加工和电火花加工过程的工艺要求，这样有利于应用先进的、高效率的加工方法，从而降低生产成本，提高劳动生产率。

对结构工艺性的要求大致有以下几点。

① 便于达到零件图上要求的加工质量。即零件的结构应能采用加工比较容易、工作量较小的方法来达到规定的质量要求。

② 便于采用高生产率的加工方法。如零件加工表面形状的分布应合理；零件结构应标准化、规格化；零件应具有足够的刚度等。

③ 有利于减少零件的加工工作量。零件设计时应尽量减少加工表面，减少加工工作量和刀具、电极、材料的消耗。

④ 有利于缩短辅助时间。如零件加工时便于定位和装夹，既可简化夹具结构，又可缩短辅助时间。

表 1-4 列出了几种零件的结构并对零件结构的工艺性进行了对比。

**表 1-4　零件的机械加工结构工艺性对照表**

| 序号 | 零件结构 | | | |
|---|---|---|---|---|
| | 工艺性不好 | | 工艺性好 | |
| 1 | 孔离箱壁太近，钻头在圆角处易引偏；箱壁高度尺寸大，需加长钻头方能钻孔 | 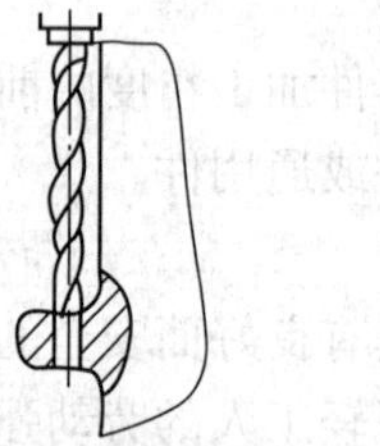 | 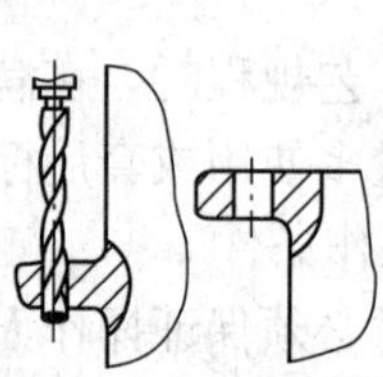 | ① 加长箱耳，不需加长钻头可钻孔<br>② 只要使用上允许，将箱耳设计在某一端，则不需加长箱耳，即可方便于加工 |
| 2 | 车螺纹时，螺纹根部易打刀，工人操作容易紧张，且不能清根 | 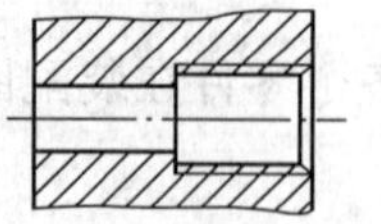 | 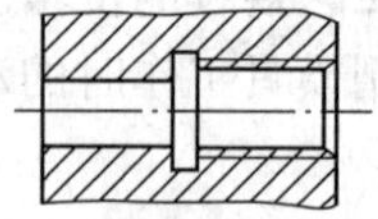 | 留有退刀槽，可使螺纹清根，操作相对容易，可避免打刀 |
| 3 | 插键槽时，底部无退刀空间，易打刀 | 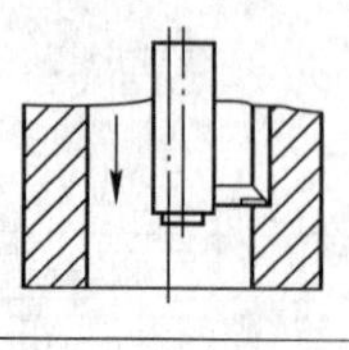 | 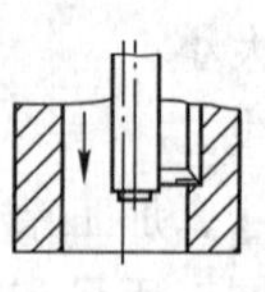 | 留有退刀空间，避免打刀 |

续表

| 序号 | 零件结构 | | | |
|---|---|---|---|---|
| | 工艺性不好 | | 工艺性好 | |
| 4 | 键槽底与左孔母线齐平，插键槽时易划伤左孔表面 | 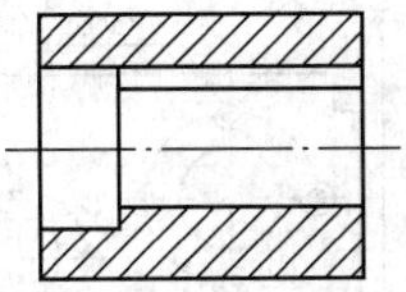 | 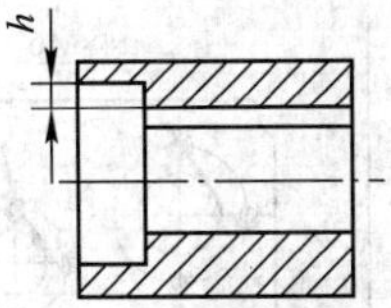 h | 左孔尺寸稍大，可避免划伤左孔表面，操作方便 |
| 5 | 小齿轮无法加工，无插齿退刀槽 | 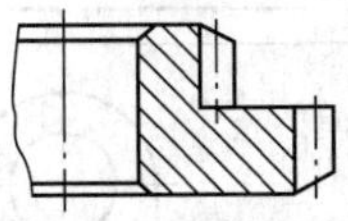 | 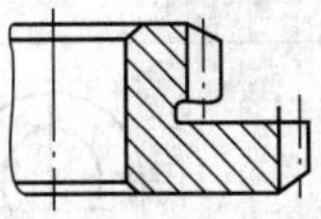 | 大齿轮可滚齿或插齿，小齿轮可以插齿加工 |
| 6 | 两端轴径需磨削加工，因砂轮圆角而不能清根 | 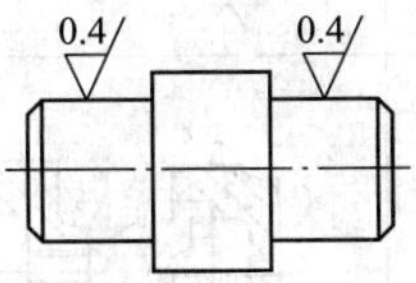 0.4　0.4 | 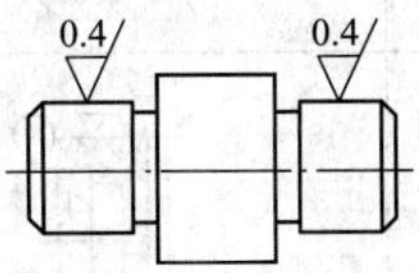 0.4　0.4 | 留有退刀槽，磨削时可以清根 |
| 7 | 斜面钻孔，钻头易引偏 | 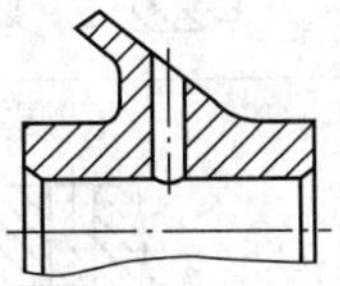 | 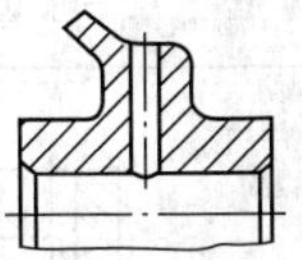 | 只要结构允许，留出平台，可直接钻孔 |
| 8 | 锥面需磨削加工，磨削时易碰伤圆柱面，并且不能清根 | 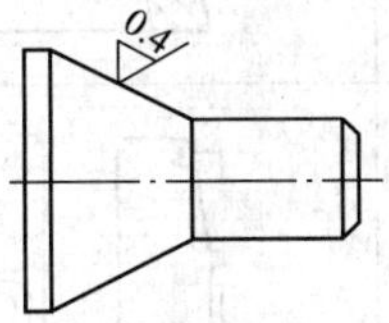 0.4 | 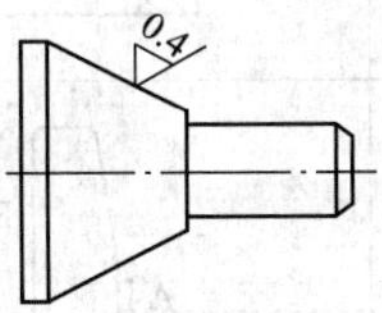 0.4 | 可方便地对锥面进行磨削加工 |
| 9 | 加工面设计在箱体内，加工时调整刀具不方便，观察也困难 | 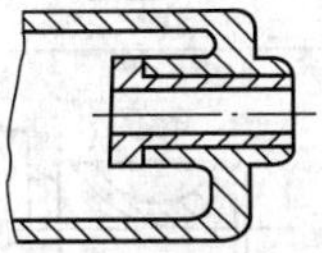 | 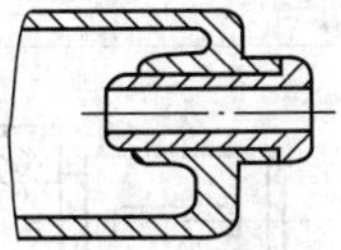 | 加工面设计在箱体外部，加工方便 |
| 10 | 加工面高度不同，需两次调整刀具加工，影响生产率 | 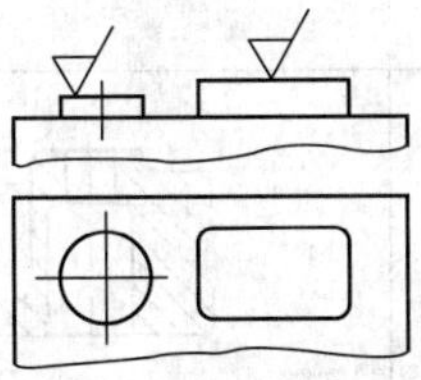 | 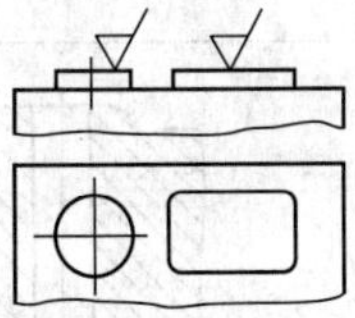 | 加工面在同一高度，一次调整刀具，可加工两个平面加工 |
| 11 | 3个空刀槽的宽度有3种尺寸，需用3把不同尺寸刀具加工 | 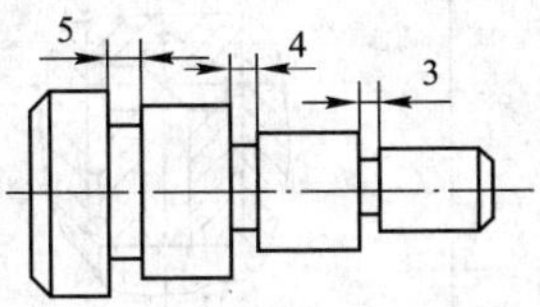 5　4　3 | 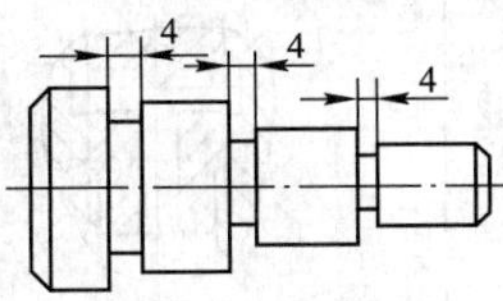 4　4　4 | 同一个宽度尺寸的空刀槽，使用一把刀具即可加工 |

续表

| 序号 | 零件结构 | | | |
| --- | --- | --- | --- | --- |
| | 工艺性不好 | | 工艺性好 | |
| 12 | 同一端面上的螺纹孔，尺寸相近，由于需更换刀具，因此加工不方便，而且装配也不方便 | 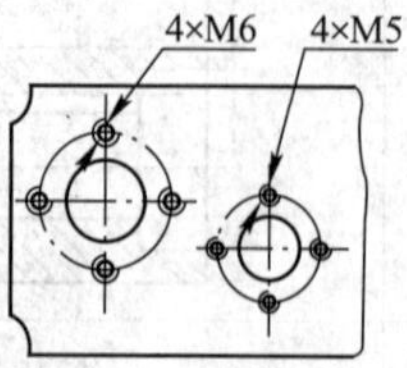 | 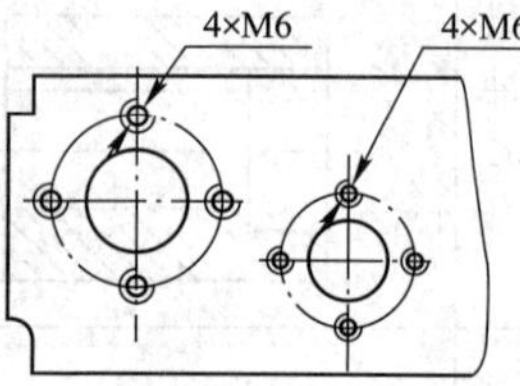 | 尺寸相近的螺纹孔，应该为同一尺寸螺纹孔，方便加工和装配 |
| 13 | 加工面加工时间长，并且零件尺寸越大，平面度误差越大 | 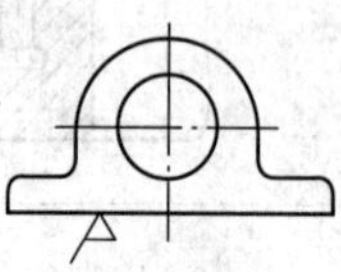 | 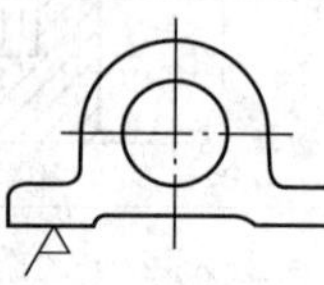 | 加工面减少，节省工时，减少刀具损耗，并且容易保证平面度要求 |
| 14 | 外圆和内孔有同轴度要求，由于外圆需在两次装夹下加工，同轴度不易保证 | 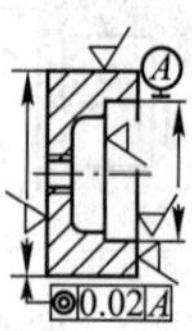 | 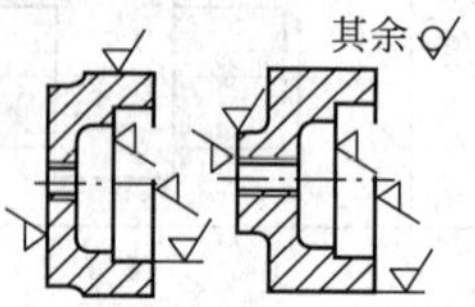 | 可在一次装夹下加工外圆和内孔，同轴度要求容易得到保证 |
| 15 | 内壁孔出口处有阶梯面，钻孔时易钻偏或钻头折断 | 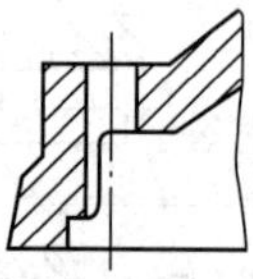 | 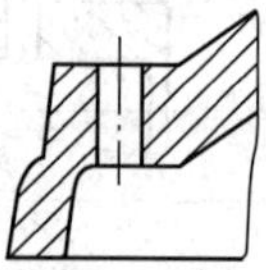 | 内壁孔出口处平整，钻孔方便，容易保证孔中心位置度 |
| 16 | 加工B面时以A面为定位基准，由于A面较小，定位不可兼 | 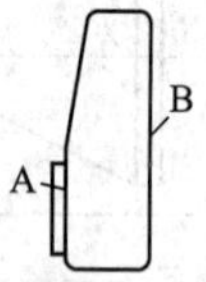 | 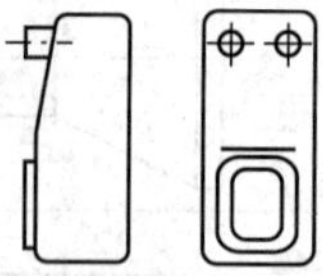 | 附加定位基准，加工时保证A、B面平行，加工后将附加定位基准去掉 |
| 17 | 键槽设置在阶梯90°方向上，需要两次装夹加工 | 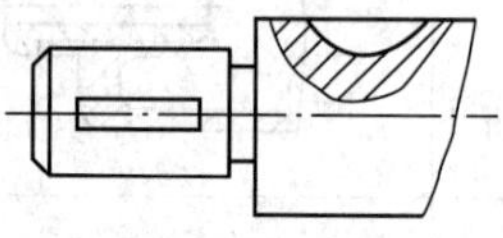 | 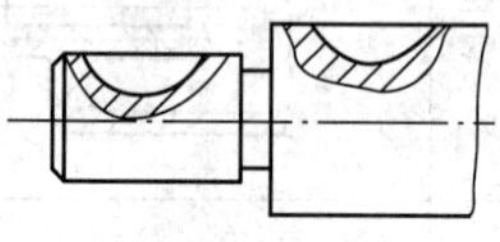 | 将阶梯轴的两个键槽设计在同一方向上，一次装夹即可对两个键槽加工 |
| 18 | 钻孔过深，加工时间长，钻头耗损大，并且钻头易偏斜 | 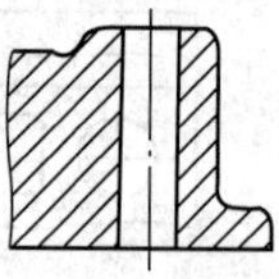 | 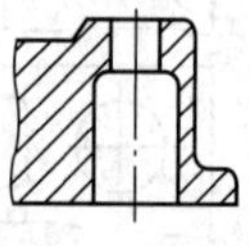 | 钻孔的一端留空，钻孔时间短，钻头寿命长，不易引偏 |
| 19 | 进、排气（油）通道设计在孔壁上，加工相对困难 | 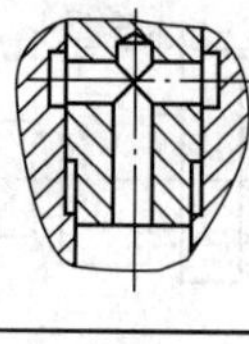 | 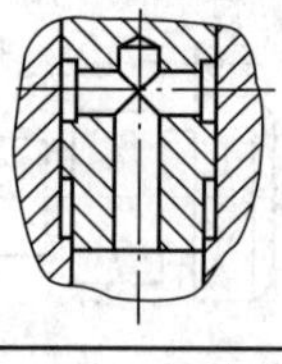 | 进、排气（油）通道设计在轴的外圆上，加工相对容易 |

**2. 零件的技术要求**

零件图上应全面而正确地表示出各项技术要求。这些技术要求大致是：

① 加工表面尺寸精度、形状精度和表面粗糙度；

② 加工表面之间及加工表面和非加工表面之间的相互位置精度；

③ 材料的力学性能、硬度和热处理要求及其他特殊要求等。

根据零件主要表面的精度和表面质量的要求可以初步确定为达到这些要求所需的最终加工方法，然后再确定相应的中间工序及粗加工工序所需的加工方法。而分析各加工表面间的相对位置要求，包括表面之间的尺寸联系和相对位置精度，可以初步确定各加工表面的加工顺序。

## 任务资讯 1.2.2　毛坯的选择

**1. 毛坯的种类**

模具零件常用的毛坯主要有原型材、锻件、铸件和半成品。

(1) 原型材

利用冶金材料厂提供的各种截面的棒料、带料、板料或其他截面形状的型材下料后直接送往加工车间进行表面加工的毛坯。

(2) 锻件

原型材下料后经过锻造获得的毛坯。其力学性能优于其他毛坯，通常用于模具的工作零件。锻件包括自由锻件和模锻件两种，其中自由锻件毛坯精度低、加工余量大、生产率低，适用于单件小批量生产及大型零件毛坯。模锻件毛坯精度高、加工余量小、生产率高，适用于中批以上生产的中小型毛坯。常用的锻件材料为中、低碳钢及低合金钢。

锻件下料尺寸的确定：在圆棒料的下料长度（$L$）和圆棒料的直径（$d$）的关系上，应满足 $L=(1.25\sim2.5)d$。在满足上述关系的前提下，尽量选用小规格的圆棒料。

锻件毛坯下料尺寸的确定方法如下。

① 计算锻件坯料体积 $V_{坯}$。

$$V_{坯}=KV_{锻} \tag{1-2}$$

式中：$V_{锻}$——锻件的体积；

$K$——损耗系数；$K=1.05\sim1.10$。

锻件在锻造过程中的总损耗量包括烧损量、切头损耗、芯料损耗三部分。为了计算方便，总损耗量可按锻件重量的5%～10%选取。在加热1～2次锻成，基本无鼓形和切头时，总损耗取5%；在加热次数较多和有一定鼓形时，总损耗取10%。

② 计算锻件坯料尺寸。理论圆棒料直径 $D_{理}$ 为

$$D_{理}=\sqrt[3]{0.637V_{坯}} \tag{1-3}$$

圆棒料的直径按现有棒料的直径规格选取，当 $V_{理}$ 比较接近实际规格时，$V_{实}\approx V_{理}$。圆棒料的长度 $L_{实}$ 应根据锻件毛坯的质量和选定的坯料直径查其棒料长度重量来确定。

计算完 $D_{理}$ 和 $L_{实}$ 后应验证锻造比，如果不符合要求，应重新选取 $D_{实}$。

(3) 铸件

在模具零件中常见的铸件有冲模的上、下模座，大型塑料模的框架等，材料为灰铸铁

HT200 和 HT250；精密冲裁模的上、下模座，材料为铸钢 ZG 270－500；大、中型冲压成形模的工作铸件零件，材料为球墨铸铁和合金铸铁；另外吹塑模具和注射模具中的铸造铝合金，如铝硅合金 ZL 102 等。

对铸件的要求有：

① 铸件的化学成分和力学性能应符合图样规定的材料牌号标准；

② 铸件的形状和尺寸要求应符合铸件图的规定；

③ 铸件的表面应进行清砂处理；去除结疤、飞边和毛刺，其残留高度应小于 1～3 mm；

④ 铸件内部，特别是靠近工作面处不得有气孔、砂眼、裂纹等缺陷；非工作面不得有严重的疏松和较大的缩孔；

⑤ 铸件应及时进行热处理，铸钢件依据牌号确定热处理工艺，一般以完全退火为主，退火后硬度不大于 229 HBS；铸件应进行时效处理，以消除内应力和改善加工性能，铸铁件热处理后的硬度不大于 269 HBS。

(4) 半成品件

随着模具专业化和专门化的发展及模具标准化的提高，以商品形式出现的冷冲模架、矩形凹模板、矩形模板、矩形垫板等零件（GB/T 2851—1990，GB/T 2852—1990，JB/T 8049—1995，JB/T 7642～7644—1994），以及塑料注射模标准模架的应用日益广泛。当采购这些半成品件后，再进行成形表面和相关部位的加工，对于降低模具成本和缩短模具制造周期都是大有好处的。这种毛坯形式应该成为模具零件毛坯的主导方向。

**2. 毛坯的选择**

当设计人员设计零件并选好材料后，就大致确定了毛坯的种类，如铸铁材料毛坯均为铸件、钢材料毛坯一般为锻件或原型材等。各种毛坯的制作方法很多。概括来说，毛坯的制造方法越先进，毛坯精度越高，其形状越接近于成品零件，这就使接卸加工的劳动量越少，材料的消耗也最少，机械加工的成本也越低，但毛坯的制造费用却因为采用了先进的设备而提高。因此，在选择毛坯时应该综合考虑各方面的因素，以求最佳的效果。

选择毛坯时主要考虑下列因素。

(1) 零件的材料及其力学性能

如前所述，零件的材料大致确定了毛坯的种类，而其力学性能的高低也在一定程度上影响毛坯的种类，如力学性能要求较高的钢件，其毛坯最好用锻件而不用型材。

(2) 生产类型

不同的生产类型决定不同的毛坯制造方法。如单件小批生产一般采用自由锻等比较简单方便的毛坯制造方法，而成批生产可采用精度和生产率较高的毛坯制造方法。

(3) 零件的结构形状和外形尺寸

在充分考虑上述因素后，有时零件的结构形状和外形尺寸也会影响毛坯的种类和制造方法。如常见的一般用途的钢质轴类零件，当各段直径相差不大时可用型材，相差较大时宜用锻件；成批生产中，中小型零件可选用模锻件，大尺寸的用自由锻件。

对于冲模而言，常用的模具材料及毛坯分别如下。

模柄：Q235/20，棒料；

上、下模座：HT200/HT400/45，铸件/板料；

垫板、固定板、卸料板、导料板：45/20，板料；

导柱/套：20，棒料；

凸、凹模：T10、9SiCr、9Mn2V、Cr12Cr12MoV、CrWMn和锻件等。

## 任务资讯1.2.3　定位基准的选择

**1. 基准的概念**

零件是由若干表面组成，各表面之间有一定的尺寸和相互位置要求。研究零件表面间的相对位置关系离不开基准，不明确基准就无法确定零件表面的位置。基准是用来确定生产对象上几何要素间的几何关系所依据的那些点、线、面。如果要计算和测量某些点、线、面的位置和尺寸，基准就是计算和测量的起点依据。

基准按其作用不同可分为设计基准和工艺基准两大类。

(1) 设计基准

在零件图上用于确定其他点、线、面的基准称为设计基准。如图1-4所示的零件，其轴心线$O$-$O'$是各外圆表面和内孔的设计基准；端面$A$是端面$B$、$C$的设计基准；内孔表面$D$的轴心线$O$-$O'$是$\phi$40h6外圆表面径向圆跳动和端面$B$端面圆跳动的设计基准。

(2) 工艺基准

零件在加工和装配过程中所使用的基准称为工艺基准。工艺基准按用途不同，分为工序基准、定位基准、测量基准和装配基准。

① 工序基准。在工序图上用来确定本工序所加工表面加工后的尺寸、形状、位置的基准称为工序基准。如图1-5所示，铣削上面的平面时，外圆柱面的最低母线$B$为工序基准。

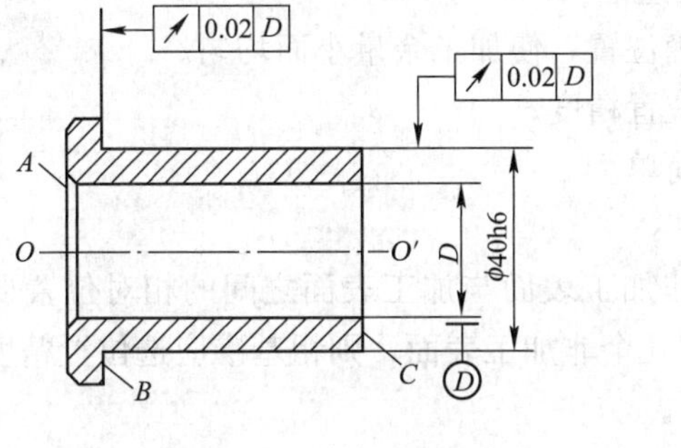


图1-4　设计基准

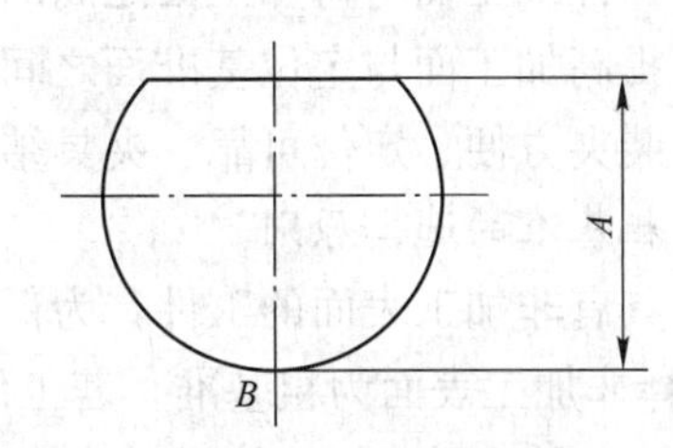


图1-5　工序基准

② 定位基准。为了保证工件相对于机床和刀具之间的正确位置所使用的基准称为定位基准。例如，图1-4所示零件，零件套在心轴上磨削$\phi$40h6外圆表面时，内孔轴线即为定位基准。

③ 测量基准。零件检验时，用于测量已加工表面尺寸及位置的基准称为测量基准。如图1-4所示，当以内孔为基准（套在检验心轴上）检验$\phi$40h6外圆的径向圆跳动和端面圆跳动时，内孔轴线即为测量基准。

④ 装配基准。装配时用于确定零件在部件或产品中位置的基准，称为装配基准。例如，图1-4所示零件$\phi$40h6及端面$B$即为装配基准。

**2. 定位基准的选择**

1）定位基准的特点

为了保证加工精度，工件应按照对定位的要求选择定位基准。定位基准有以下 3 个特点。

① 工件定位时，所选定位基准可能是点或线，这些点或线应由某些具体的表面体现出来，这些表面称为定位基准面。例如，以中心线作定位基准，可由内、外圆表面或两对称的侧平面体现。

② 工件定位时，往往通过它的定位表面放置在机床上或夹具中，这时定位基准面起支承作用，但并不是所有定位表面都起支承作用。如直接找正、划线找正定位，所找正的那条线或那个面本身是定位基准，有时它是被加工表面，不能起支承作用，而用于起支承作用的表面不作定位用。

③ 工件定位时，应视零件加工的具体情况，根据六点定位原则选择定位基准。需要限制的自由度少，可能只需一个表面定位（如平面）；所需要限制的自由度多，则需要一组表面定位；限制 6 个自由度，必须沿 3 个坐标方向以 3 个表面作定位基准。

2）定位基准的分类

定位基准包括粗基准和精基准两种。其中，粗基准是指以未加工过的表面为定位基准，精基准是指以已加工过的表面为定位基准。

在制定零件机械加工工艺规程时，总是先考虑选择怎样的精基准定位把工件加工出来，然后考虑选择什么样的粗基准定位，把用作精基准的表面加工出来。

3）选择定位基准时的要求

① 保证加工面与非加工面间的正确位置。

② 保证加工面与待加工面之间的正确位置，使加工余量小而均匀。

③ 提高加工面与定位基准面之间的位置精度；

④ 装夹方便、定位可靠、夹具结构简单。

4）粗基准的选择原则

① 具有非加工表面的工件，为保证非加工表面与加工表面之间的相对位置要求，一般应选择非加工表面为粗基准。若工件有几个非加工表面，则粗基准应选位置精度要求较高者，以达到壁厚均匀、外形对称等要求。

如图 1－6 所示的零件，外圆柱面 1 为不加工表面，选择柱面 1 为粗基准加工孔和端面，加工后能保证孔与外圆柱面间的壁厚均匀。

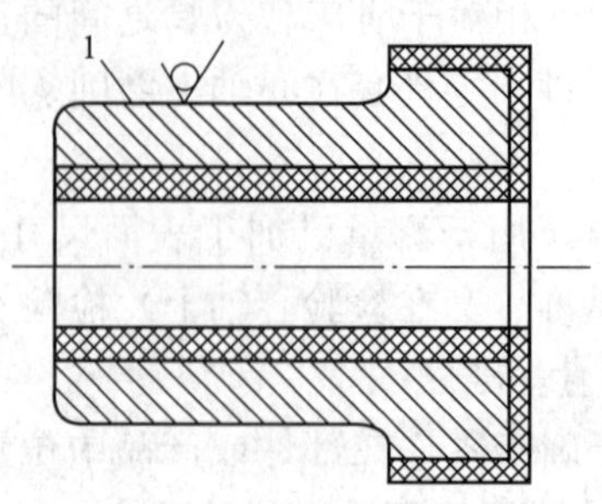


图 1－6 粗基准的选择

② 具有较多加工表面的工件在选择粗基准时，应按下述原则合理分配各加工表面的加工余量。

● 为保证各加工表面都有足够的加工余量，选择毛坯上加工余量最小的表面作为粗基准。

● 若零件必须首先保证其重要表面余量均匀，则应选择该表面为粗基准。例如，图1-7中机床的导轨面为重要加工表面，精度要求高而耐磨，在铸造时总是将它放在砂箱的底部以获得一层紧密的质量较好的金属层。在进行机械加工时，希望在导轨面上切取一层小而均匀的余量，以保证导轨的耐磨性。所以选择导轨面为粗基准，先加工床脚底平面，由于毛坯误差而带来的不均匀余量在床脚底平面上被切去，然后再以底平面为精基准加工导轨面。

● 若有几个非加工表面，则粗基准应选位置精度要求较高者。

● 粗基准的表面应尽量平整，没有浇口、冒口或飞边等其他表面缺陷，以使工件定位可靠，夹紧方便。

● 在一个方向上的粗基准一般只使用一次。这是因为粗基准是毛坯表面，比较粗糙，不能保证重复安装的位置精度，定位误差很大。

5）精基准的选择

选择精基准时，主要应考虑减少定位误差和安装方便、准确。选择原则如下。

（1）基准重合原则

就是选择被加工表面的设计基准为定位基准，这样可以避免因基准不重合引起基准不重合误差，容易保证加工精度。如图1-8所示，当加工表面$B$、$C$时，从基准重合的原则出发，应选择表面$A$（设计基准）为定位基准。加工后表面$B$、$C$相对$A$面的平行度取决于机床的几何精度，尺寸精度误差则取决于机床—刀具—工件等工艺系统的一系列因素。

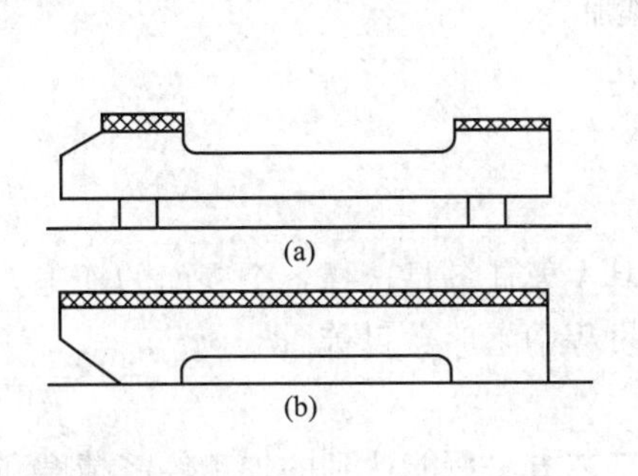


图1-7　机床导轨加工

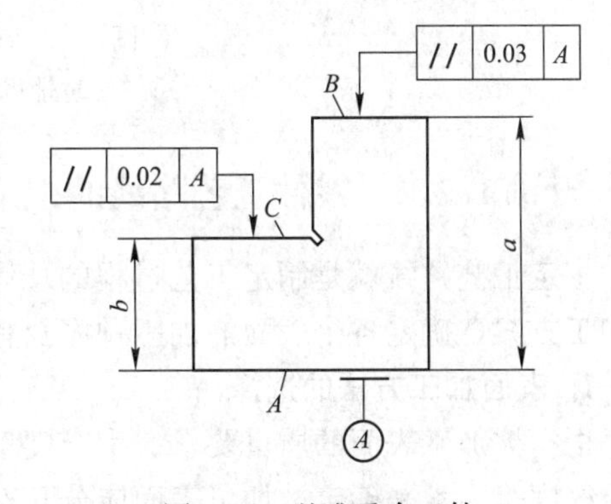


图1-8　基准重合工件

（2）基准统一原则

即选择多个表面加工时都能使用的定位基准作精基准。这样便于保证各加工表面间的相互位置精度，避免基准变换所产生的误差，简化夹具的设计和制造工作。

例如，轴类零件的大多数工序都采用顶尖孔为定位基准，齿轮的齿坯和齿形加工多采用齿轮的内孔及基准端面为定位基准。

（3）自为基准原则

有些精加工或光整加工工序要求余量小而均匀，应选择加工表面本身作为精基准。而该表面与其他表面之间的位置精度，则用先行工序保证。

例如，在导轨磨床上磨削导轨时，安装后用百分表找正工件的导轨表面本身，此时床脚仅起支撑作用。此外珩磨、铰孔及浮动镗孔等都是“自为基准”的例子。

（4）互为基准原则

当两个表面相互位置精度要求高，并且它们自身的尺寸与形状精度都要求很高时，可采用互为精基准的原则。

**3. 辅助基准的应用**

工件定位时，为了保证加工表面的位置精度，多优先选择设计基准或装配基准为定位基准，这些基准一般均为零件上的重要工作表面。但有些零件的加工，为了安装方便或易于实现基准统一，人为地造成一种定位基准，如图 1－9 所示车床小刀架的工艺凸台 $A$ 应和定位面 $B$ 同时加工出来，以使定位稳定可靠。辅助基准在零件工作中并无用途，完全是为了工艺上的需要，加工完毕后如有必要可以去掉辅助基准。

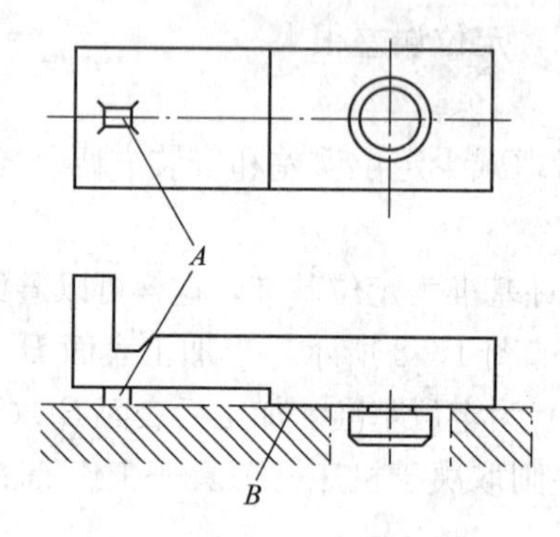


图 1－9　车床小刀架加工时辅助基准的应用

## 任务资讯 1.2.4　零件工艺路线的拟定

拟定工艺路线就是制定工艺过程的总体布局，其主要任务是选择各个表面的加工方法和加工方案，确定各个表面的加工顺序及整个工艺过程中工序数目等。

**1. 表面加工方法的选择**

根据被加工表面的质量要求、生产类型及各种工艺方法所能达到的加工经济精度和表面粗糙度等因素来确定被加工表面应分几次加工方能达到其设计要求，并确定相应的工艺路线。所谓加工经济精度，是指在正常的加工条件下（采用符合质量标准的设备、工艺装备和标准技术等级的工人、不延长加工时间）所能保证的加工精度。常见工艺方法能达到的经济加工精度及经济表面粗糙度可查阅有关工艺手册。

选择零件表面加工方法应着重考虑以下几个问题。

① 首先要保证加工表面的加工精度和表面粗糙度的要求。由于获得同一精度及表面粗糙度的加工方法往往有若干种，实际选择时还要结合零件的结构形状、尺寸大小及材料

和热处理等要求。例如，对于IT7级精度的孔，采用镗削、铰削、拉削和磨削均可达到要求，但型腔体上的孔一般不宜选择拉削或磨孔，而常选择镗孔或铰孔，孔径大时选择镗孔，孔径小时选择铰孔。

② 工件材料的性质对加工方法的选择也有影响。例如淬火钢应采用磨削加工；对于有色金属零件，为避免磨削时堵塞砂轮，一般都采用高速镗、精密铣或高速精密车削进行精加工。

③ 在选择表面加工方法时，除了首先要保证质量要求外，还应考虑生产效率和经济性的要求。大批量生产时，应尽量采用高效率的先进工艺方法。但是在年产量不大的生产情况下，采用高效率加工方法及专用设备，则会因设备利用率不高，造成经济上的损失。此外，通过任何一种加工方法所获得的加工精度和表面质量均有一个相当大的范围，但只在一定的精度范围内这种方法才是经济的。这种一定范围的加工精度，即为该种加工方法的经济精度。选择加工方法时，应根据工件的精度要求选择与经济精度相适应的加工方法。

④ 为了能够正确地选择加工方法，还要考虑本厂、本车间现有的设备情况及技术条件，充分利用现有设备，挖掘企业潜力，发挥工人及技术人员的积极性和创造性。同时也应考虑不断改进现有的设备和方法，推广新技术，提高工艺水平。

**2. 加工阶段的划分**

对于加工质量要求较高的零件，工艺过程应分阶段进行，这样才能保证零件的精度要求，充分利用人力、物力资源。模具加工的工艺过程一般可分为以下几个阶段。

(1) 粗加工阶段

主要任务是切除各加工表面上的大部分加工余量，使毛坯在形状和尺寸上尽量接近成品。因此，在此阶段中应采取措施尽可能提高生产率。

(2) 半精加工阶段

任务是使主要表面消除粗加工留下的误差，达到一定的精度及留有精加工余量，为精加工做好准备，并完成一些次要表面（如钻孔、铣槽等）的加工。

(3) 精加工阶段

主要是去除半精加工所留的加工余量，使工件各主要表面达到图纸要求的尺寸精度和表面粗糙度。

(4) 光整加工阶段

对于精度和表面粗糙度要求很高（如IT6级及IT7级以上的精度，表面粗糙度 $R_a$ 值小于或等于0.4 μm）的零件可采用光整加工。但光整加工一般不用于纠正几何形状和相互位置误差。

**3. 工序的集中与分散**

对同一工件的同样加工内容，可以安排两种不同形式的工艺规程：一种是工序集中的工艺规程，另一种是工序分散的工艺规程。所谓工序集中，是使每个工序中包括尽可能多的工步内容，因而使总的工序数目减少，夹具的数目和工件的安装次数也相应地减少。所谓工序分散，是将工艺路线中的工步内容分散在更多的工序中去完成，因而每道工序的工步少，工艺路线长。

工序集中和工序分散的特点都很突出。工序集中有利于保证各加工面间的相互位置精度要求，有利于采用高生产率的机床，节省装夹工件的时间，减少工件的搬动次数。工序分散可使每个工序使用的设备和夹具比较简单，调整、对刀比较容易，对操作工人的技术水平要求较低。

传统的流水线、自动线生产多采用工序分散的组织形式（个别工序亦有相对集中的形式，如箱体类零件采用专用组合机床加工孔系等）。这种组织形式可以实现高效率生产，但是适应性较差，特别是那些工序相对集中、专用组合机床较多的生产线，转产比较困难。

采用高效自动化机床，以工序集中的形式组织生产（典型的例子是采用加工中心组织生产），除了具有上述工序集中生产的优点以外，生产适应性更强，转产相对容易。因而尽管这种生产方式设备价格昂贵，仍然得到越来越多的应用。

**4. 加工顺序的安排**

1）机械加工顺序的安排

安排机械加工顺序时，应考虑以下几个原则。

（1）先粗后精

当零件需要分阶段进行加工时，先安排各表面的粗加工，中间安排半精加工，最后安排主要表面的精加工和光整加工。由于次要表面的精度要求不高，一般经粗、半精加工即可完成；对于那些与主要表面相对位置关系密切的表面，通常置于主要表面精加工之后进行加工。

（2）先主后次

零件上的装配基面和主要工作表面等先安排加工，而键槽、紧固用的光孔和螺孔等，由于加工面小，又和主要表面有相互位置要求，一般应安排在主要表面达到一定精度之后（如半精加工之后）进行加工，但应在最后精加工之前进行加工。

（3）基面先加工

每一加工阶段总是应先安排基面加工工序。例如，轴类零件的加工中采用中心孔作为统一基准，因此每个加工阶段开始总是打中心孔，以作为精基准，并使之具有足够的精度和表面粗糙度要求（常常高于原来图纸上的要求）。如果精基准面不止一个，则应按照基面转换的次序和逐步提高精度的原则安排加工。例如，精密轴套类零件，其外圆和内孔就要互为基准，反复进行加工。

（4）先面后孔

对于模座、凸模、凹模固定板、型腔固定板、推板等一般模具零件，因平面所占轮廓尺寸较大，用平面定位比较稳定可靠，因此其工艺过程总是选择平面作为定位精基面，先加工平面再加工孔。

2）热处理工序的安排

模具零件常采用的热处理工艺有退火、正火、调质、时效、淬火、回火、渗碳和氮化等。按照热处理的目的，上述热处理工艺可大致分为预备热处理和最终热处理两大类。

（1）预备热处理

预备热处理包括退火、正火、时效和调质等。这类热处理的目的是改善加工性能，消除内应力，为最终热处理做好组织准备，其工序位置多在粗加工前后。

(2) 最终热处理

最终热处理包括各种淬火、回火、渗碳和氮化处理等。这类热处理的目的主要是提高零件材料的硬度和耐磨性，常安排在精加工前后。

① 为了使零件具有较好的切削性能而进行的预先热处理工序，如时效、正火、退火等热处理工序，应安排在粗加工之前。

② 对于精度要求较高的零件有时在粗加工之后，甚至半精加工后还安排一次时效处理。

③ 为了提高零件的综合性能而进行的热处理，如调质，应安排在粗加工之后半精加工之前进行。对于一些没有特别要求的零件，调质也常作为最终热处理。

④ 为了得到高硬度、高耐磨性的表面而进行的渗碳、淬火等工序，一般应安排在半精加工之后、精加工之前。

⑤ 对于整体淬火的零件，则应在淬火之前，尽量将所有用金属刀具加工的表面都加工完，经淬火后，一般只能进行磨削加工。

⑥ 为了提高零件硬度、耐磨性、疲劳强度和抗腐蚀性而进行的渗氮处理，由于渗氮层较薄，引起工件的变形极小，故应尽量靠后安排，一般安排在精加工或光整加工之前。

3) 辅助工序的安排

辅助工序包括工件的检验、去毛刺、清洗和涂防锈油等。其中检验工序是主要的辅助工序，它对保证零件质量有着极为重要的作用。检验工序的安排要点如下。

① 粗加工全部结束后，精加工之前。

② 零件从一个车间转向另一个车间前后。

③ 重要工序加工前后。

④ 特种性能检验（磁力探伤、密封性检验等）前。

⑤ 零件加工完毕，进入装配和成品库时。

## 任务资讯 1.2.5　工序设计

工序设计的内容是为每一工序选择机床和工艺装备，确定加工余量、工序尺寸和公差，确定切削用量、工时定额及工人技术等级。

**1. 机床与工艺装备的选择**

这部分内容在拟定工艺过程时就应作初步考虑。

(1) 机床的选择

① 机床主要规格尺寸与加工零件的外廓尺寸相适应。

② 机床的精确度应与工序要求的加工精度相适应。

③ 机床的生产率应与加工零件的生产类型相适应。

④ 机床选择还应结合现场的实际情况。

(2) 夹具的选择

单件小批生产应尽量选择通用夹具。大批量生产，应选择生产率和自动化程度高的专用夹具。多品种中小批量生产可选用可调整夹具或成组夹具。夹具的精度应与工件的加工精度相适应。

(3) 刀具的选择

一般应选择标准刀具，必要时可选择各种高生产率的复合刀具及其他一些专用刀具。刀具的类型、规格及精度应与工件的加工要求相适应。

(4) 量具的选择

单件小批生产应选用通用量具，大批量生产应尽量选用效率较高的专用量具。量具的量程和精度要求要与工件的尺寸和精度相适应。

在单件小批生产时，应尽量选用通用的机床和工、夹、量具，以缩短生产准备时间和减少费用。在大批大量生产时，应合理选用专用机床和专用的工、夹、量具，以提高生产率和降低成本。

**2. 加工余量及工序尺寸的确定**

1) 加工余量的概念

为了加工出合格的零件，必须从毛坯上切去的那层金属，称为加工余量。加工余量分为工序余量和总余量。工序余量是指相邻两工序的工序尺寸之差；总余量是指毛坯尺寸与零件图样上的设计尺寸之差，它等于相应表面各工序余量之和。

在加工面上留有加工余量的目的，是为了切除上道工序留下来的加工误差和表面缺陷（例如铸件表面的冷硬层、气孔、夹砂层、锻件及热处理件表面的氧化皮、脱炭层、表面裂纹，切削加工后的应力层和粗糙表面等），从而提高工件的精度和减少表面粗糙度值。

毛坯上所留出的加工余量不应过大或过小。过大，浪费材料，增加动力、刀具的消耗，增大劳动量，有时把工件上最耐磨的表层也切去了；过小，则不能保证切去工件表面的缺陷层，不能纠正上道工序的加工误差，有时还会使刀具加剧磨损。

确定加工余量大小时，应在保证加工质量的前提下，余量越小越好。由于各工序的加工要求和条件不同，余量的大小也不同，一般越是精加工工序，工序余量越小。

2) 加工余量的确定

目前，确定加工余量的方法有 3 种。

① 估计法。即结合工厂生产情况，根据工艺人员经验来确定余量。为防止产生废品，往往估计的余量偏大，故仅适用于单件小批生产。

② 查表法。即以工艺手册中推荐的加工余量为基础，结合具体的加工要求和条件进行调整，确定加工余量。此法较简单可靠，应用较广泛。查表时应注意表中数据是公称值，对称表面（如轴或孔）的余量是双边的，非对称表面的余量是单边的。

③ 计算法。即根据经验资料和计算公式，对影响加工余量的因素进行分项和综合计算，确定加工余量。此法较准确，有利于保证加工质量和节约金属；但计算时间长，仅在大批大量生产中确定一些重要工序的加工余量时才采用。

3) 工序尺寸与公差的确定

生产上绝大部分加工面都是在基准重合（工艺基准和设计基准重合）的情况下进行加工的，所以掌握基准重合情况下工序尺寸与公差的确定过程非常重要。确定基准重合情况下的工序尺寸与公差的步骤如下。

① 确定各加工工序的加工余量。

② 从终加工工序开始（即从设计尺寸开始）到第二道加工工序，依次加上每道加工工序余量，可分别得到各工序的基本尺寸（包括毛坯尺寸）。

③ 除终加工工序以外，其他各加工工序按各自所采用加工方法的加工经济精度确定工序尺寸公差（终加工工序的公差按设计要求确定）。

④ 填写工序尺寸，并按“入体原则”标注工序尺寸公差。

例如，加工外圆柱面，设计尺寸为$\phi 40^{+0.050}_{+0.034}$mm，表面粗糙度$R_a$为0.4 μm。加工的工艺路线为：粗车→半精车→磨外圆。用查表法确定毛坯尺寸、各工序尺寸及其公差如表1-5所示。

**表1-5　加工外圆柱面工序尺寸的计算**

| 工序 | 工序基本余量/mm | 工序尺寸公差/mm | 工序尺寸/mm | 工序尺寸及其公差/mm |
|---|---|---|---|---|
| 磨外圆 | 0.6 | 0.016（IT6） | $\phi 40$ | $\phi 40^{+0.050}_{+0.034}$ |
| 半精车 | 1.4 | 0.062（IT9） | $\phi 40.6$ | $\phi 40.6^{\ 0}_{-0.062}$ |
| 粗　车 | 3 | 0.25（IT12） | $\phi 42$ | $\phi 42^{\ 0}_{-0.25}$ |
| 毛　坯 | 5 | 4（±2） | $\phi 45$ | $\phi 45\pm 2$ |

验算磨削余量如下。

直径上最小余量：40.6－0.062－(40＋0.05)＝0.488 mm

直径上最大余量：40.6－(40＋0.034)＝0.566 mm

验算结果表明，磨削余量是合适的。表1-6是圆形零件淬火后的磨削余量。

**表1-6　圆形零件淬火后的磨削余量**

| 直径 D | 零件长度 L | | | | | |
|---|---|---|---|---|---|---|
| | ≤18 | 19～50 | 51～120 | 121～260 | 261～500 | >500 |
| ≤18 | 0.20 | 0.30 | 0.30 | 0.35 | 0.35 | 0.50 |
| 19～50 | 0.30 | 0.30 | 0.35 | 0.35 | 0.40 | 0.50 |
| 51～120 | 0.30 | 0.35 | 0.35 | 0.40 | 0.40 | 0.55 |
| 121～260 | 0.30 | 0.35 | 0.40 | 0.40 | 0.45 | 0.55 |
| 261～500 | 0.35 | 0.40 | 0.45 | 0.45 | 0.50 | 0.60 |
| >500 | 0.40 | 0.40 | 0.45 | 0.50 | 0.60 | 0.70 |

注：对于非淬火零件余量可适当减少20%～40%。

**3. 切削用量的确定及工时定额的估算**

1）切削用量

切削用量在单件小批生产中，由操作者根据具体情况自己确定；在大批大量生产中，对组合机床、自动机床和多刀加工工序及精度和表面质量要求很高的工序，则应参阅有关手册合理地选择切削用量，并填入工艺文件切实执行。

2）工时定额

工时定额是安排生产计划、进行成本核算的主要依据，在设计新厂时，又是计算设备和工人数量、布置车间的依据。在单件小批生产中，工时定额根据经验估定；在大批大量生产中，工时定额根据计算和实践结果确定。

所谓工时定额，是指在一定的生产条件下，规定生产一件产品或完成一道工序所需消耗的时间，用 $t_t$ 表示。工时定额包括以下几种。

(1) 基本时间（$t_m$）

基本时间是指直接改变生产对象的尺寸、形状、相对位置、表面状态或材料性质等工艺过程所消耗的时间。对机械加工而言，基本时间就是直接切除工序余量所消耗的机动时间（包括刀具的切入和切出时间）。车外圆时的基本时间计算公式为

$$t_m = \frac{L_{计} Z}{n f a_p} \tag{1-4}$$

其中：$t_m$——基本时间，单位为 min；

$L_{计}$——工作行程计算长度，包括加工表面的长度、刀具切入和切出的长度，单位为 mm；

$Z$——工序单边余量，单位为 mm；

$n$——工件的转速，单位为 r/min；

$f$——刀具的进给量，单位为 mm/r；

$a_p$——背吃刀量，单位为 mm。

(2) 辅助时间（$t_a$）

辅助时间是指为实现工艺过程所必须进行的各种辅助动作（如装卸工件、开停机床、选择和改变切削用量、测量工件等）所消耗的时间。

辅助时间的确定方法随生产类型的不同而有一定的区别。单件小批生产时常用基本时间的百分比进行估算；批量较大时，需将辅助动作分解，再根据统计资料分别确定各分解动作的时间，最后予以综合计算。

基本时间和辅助时间之和称为作业时间。

(3) 布置工作地时间（$t_s$）

布置工作地时间是指为使加工正常进行，工人照管工作地（如更换刀具、润滑机床、清理切削、收拾工具等）所消耗的时间。它一般按作业时间的 2%～7%折算到每个工件上。

(4) 休息与生理需要时间（$t_r$）

是指工人在工作班内为恢复体力和满足生理上的需要所消耗的时间。一般按作业时间的 2%折算。

(5) 准备与终结时间（$t_e$）

是指工人为了生产一批产品和零件、部件、进行准备和结束工作（如熟悉工艺文件、领取毛坯、安置工装和归还工装、送交成品等）所消耗的时间。若一批工件的数量为 $N$，则分摊到每个工件上的时间为$\frac{t_e}{N}$。

完成一道工序的单件时间定额为

$$t_t = t_m + t_a + t_s + t_r \tag{1-5}$$

对于成批生产，单件计算时间定额为

$$t_t = t_m + t_a + t_s + t_r + \frac{t_e}{N} \tag{1-6}$$

模具生产属于单件小批生产，时间定额一般都用经验估计法来确定。

**4. 填写工艺文件**

工艺规程制定后，以表格或卡片的形式确定下来，作为生产准备和施工依据的技术文件，称为工艺文件。工艺文件主要有以下3种。

(1) 机械加工工艺过程卡片

工艺过程卡片中简单地只列出了整个零件加工的工艺路线（包括毛坯、机械加工和热处理），其内容有各工序的名称和顺序，所用的机床、工艺装备，工人等级及时间定额等。工艺过程卡片相当于工艺规程的总纲，它是制定其他工艺文件的基础，也是进行生产技术准备工作、编制生产计划和组织生产的依据。由于对各工序说明不够具体，故适用于生产管理。

单件小批生产中，一般以工艺过程卡片指导生产，但卡片内容应填得比较详细和明确。

在我国，各企业的机械加工工艺规程表格不尽一致，但其基本内容是相同的。表1-7就是一种机械加工工艺过程卡片的格式。

**表1-7　机械加工工艺过程卡片格式**

| 工　厂 | | 机械加工工艺过程卡片 | | | | | 产品型号 | | 零（部）件图号 | | | 共　页 |
|---|---|---|---|---|---|---|---|---|---|---|---|---|
| | | | | | | | 产品名称 | | 零（部）件名称 | | | 第　页 |
| | | | | | | | | | | | | |
| 材料牌号 | | | 毛坯种类 | | 毛坯外形尺寸 | | | 每毛坯件数 | | 每台件数 | | 备注 |
| 工序号 | 工序名称 | 工序内容 | | | 车间 | 工段 | 设备 | 工艺装备 | | | | |
| | | | | | | | | | | | | |
| | | | | | | | | | | | | |
| | | | | | | | | | | | | |
| | | | | | | | | | | | | |
| | | | | | | | | | | | | |
| 标记 | 处记 | 更改文件号 | | 更改文件号 | 签字 | 日期 | 编制时间 | | | | | |

(2) 机械加工工艺卡片

工艺卡片是以工序为单位详细说明整个工艺过程的工艺文件，其内容包括零件的工艺特性（材料、重量、加工表面及其精度和粗糙度要求等）、毛坯性质、生产类型、各工序的具体内容及要求，重要的工序还应画出工序简图。

工艺卡片可用于指导工人进行生产和帮助车间干部与技术人员掌握整个零件的加工。

(3) 工序卡片

工序卡片是在工艺卡片的基础上分别为每一个工序制定的，是用来具体指导工人进行操作的一种工艺文件。工序卡片中详细记载了该工序加工所必需的工艺资料，如定位基准、安装方法、所用机床和工艺装备、工序尺寸及公差、切削用量及工时定额等。在大批量生产中广泛采用这种卡片，在中、小批量生产中，对个别重要工序有时也编制工序卡片。

# 学习工作单 1.3　学会外圆的加工

<table>
<tr><td colspan="2">情景 1　冲压模导柱的加工<br>任务 1.3　外圆的加工方法及加工路线</td><td colspan="2">姓名：________<br>日期：________</td><td colspan="2">班级：________<br>共________页</td></tr>
<tr><td colspan="6">1. 外圆的加工方法有哪些？它们分别能达到怎样的加工质量？<br><br>2. 车削为什么容易保证各加工面之间的位置精度？<br><br>3. 外圆加工时常采用怎样的定位方式？<br><br>4. 研磨的机理是什么？<br><br>5. 选择外圆加工路线的依据是什么？<br><br>6. 试为下列零件选择合理的加工方案：<br>① 型芯（CrWMn，热处理 54～58 HRC），$\phi$12h6，$R_a$=0.2 μm；<br>② 导柱（T8A，热处理 50～55HRC），$\phi$20f7，$R_a$=1.6 μm。</td></tr>
<tr><td>检查情况</td><td></td><td>教师签名</td><td></td><td>完成时间</td><td></td></tr>
</table>

# 任务资讯 1.3 外圆的加工方法及加工路线

在模具零件中有许多表面都是圆柱面，如导柱、导套、凸模、型芯、顶杆等的外形表面都是圆柱面。在加工圆柱面的过程中除了要保证各加工表面的尺寸精度外，还必须保证各相关表面的同轴度、垂直度要求。一般可用车削、磨削和研磨达到设计要求。

## 任务资讯 1.3.1 车削

车削是在车床上利用车刀加工工件的方法。车床的种类很多，其中卧式车床的通用性好，应用最为广泛，它主要用于加工凸模、凹模、导柱、导套、顶杆、型芯和模柄等零件。对于形状比较复杂的小零件的成批生产，也可以用六角车床加工。数控车床由于具备了卧式车床、转塔车床、仿形车床、自动和半自动车床的功能，特别适合于复杂零件的高精度加工。车刀按车削对象的不同，分为偏刀、弯头刀、切断刀、镗刀、圆弧刀和螺纹车刀等，其中偏刀和弯头刀可用来车削外圆和端面等，如图 1－10 所示。

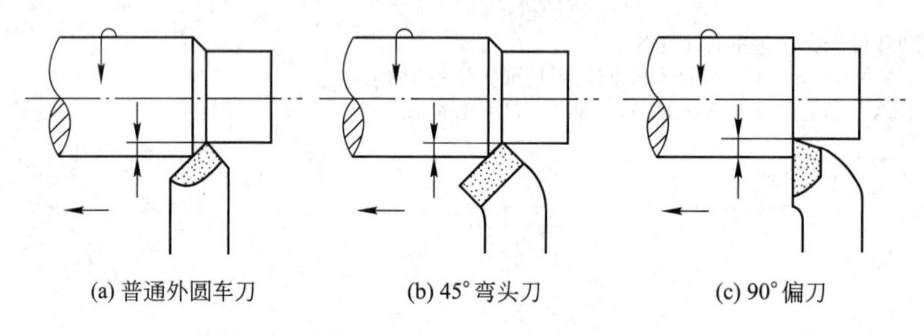


图 1－10 车外圆车刀的选择

车削主要用于加工内外旋转表面、螺旋面、端面、钻孔、镗孔、铰孔及滚花等。工件的加工通常经过粗车、半精车和精车等工序而达到要求。根据模具零件的精度要求，车削一般是外旋转表面加工的中间工序，或作为最终工序。精车的尺寸精度可达 IT6～IT8，表面粗糙度 $R_a$ 为 1.6～0.8 μm。

在普通车床上车外圆时，工件用三爪卡盘安装（自动定心、装夹方便）。当工件尺寸较大或形状复杂时采用四爪卡盘或花盘安装工件，其结构如图 1－11 所示。对于细长轴，常用前后顶尖支撑工件，此时工件两端必须预先钻好顶尖孔，加工时以顶尖孔确定工件的位置，通过拨盘或鸡心夹头带动工件旋转并承受切削扭矩，如图 1－12 所示。

对于导柱，为了保证各段圆柱面之间的相对位置关系，常常以导柱两端的中心孔利用顶尖定位。

在加工圆柱面的过程中要保证各加工表面的尺寸精度及各相关表面的同轴度、垂直度要求。一般采用车削进行粗加工和半精加工。对于有色金属等较软的金属也采用车削进行精加工。

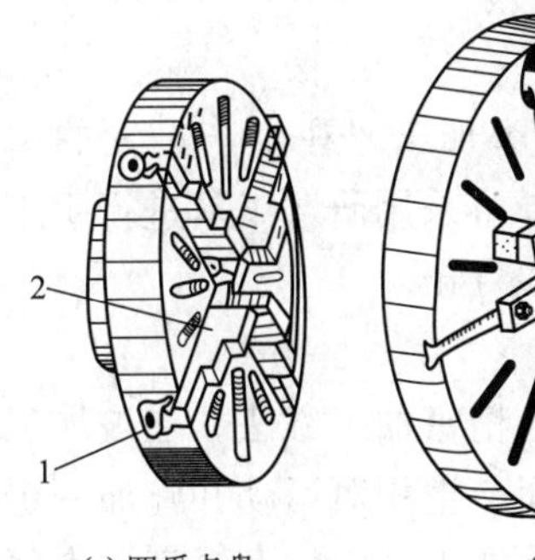


(a) 四爪卡盘　(b) 花盘

图1-11　四爪卡盘和花盘
1—调整螺钉；2—卡盘；3—压板；4—螺栓；
5—Y形槽；6—工件；7—平衡铁

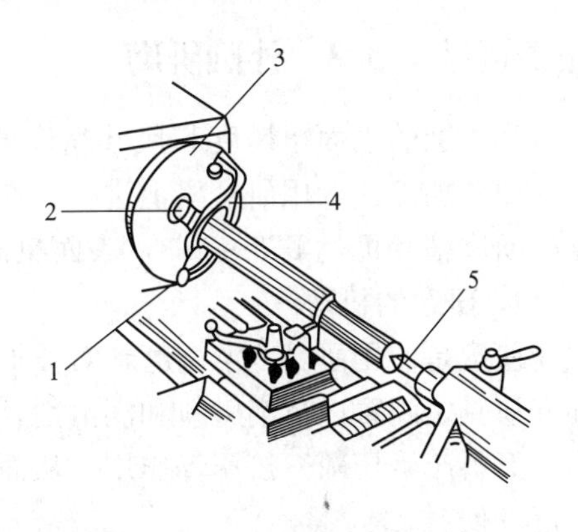


图1-12　顶尖、拨盘及鸡心夹头
1—螺钉；2—前顶尖；3—拨盘；
4—鸡心夹头；5—后顶尖

## 任务资讯1.3.2　外圆的磨削

圆柱面的精加工是在外圆磨床上利用砂轮对工件进行磨削完成的。其加工方式是以高速旋转的砂轮对低速旋转的工件进行磨削，工件相对于砂轮作纵向往复运动。外圆磨削后尺寸精度可达IT5～IT6，表面粗糙度 $R_a$ 为0.8～0.2 μm。若采用高光洁磨削工艺，表面粗糙度 $R_a$ 可达0.025 μm。在外圆磨床上加工圆柱面的磨削工艺要点如表1-8所示。

**表1-8　外圆磨削工艺要点**

| 工　艺　内　容 | | 工　艺　要　点 |
|---|---|---|
| 外圆磨削工艺参数 | ① 砂轮圆周速度：陶瓷结合剂砂轮≤35 m/s，树脂结合剂≤50 m/s<br>② 工件圆周速度：一般取13～20 m/min，磨淬硬钢为26 m/min<br>③ 磨削深度：粗磨0.02～0.05 mm，精磨0.005～0.015 mm<br>④ 纵向进给量：粗磨0.5～0.8砂轮宽度，精磨0.2～0.3砂轮宽度 | ① 工件刚性差时应将工件转速降低<br>② 当工件表面粗糙度小、精度要求高时，精磨后不进刀情况下光磨几次 |
| 工件的装夹方法 | ① 长径比大的工件采用前后顶尖装夹<br>② 长径比小的工件采用三爪或四爪卡盘<br>③ 较长工件用卡盘和顶尖<br>④ 细长小尺寸轴类工件用双顶尖<br>⑤ 有内外圆同轴要求的薄壁套类工件用芯轴 | ① 淬硬件的中心孔必须准确研磨，并使用硬质合金顶尖和适当的顶紧力<br>② 用卡盘装夹的工件，一般采用工艺夹头装夹，能在一次装夹中磨出各段台阶外圆<br>③ 芯轴定位面的锥度一般为1∶5 000～1∶7 000，按工件孔径配磨 |
| 一般外圆的磨削 | ① 纵磨法：适于细而长的工件<br>② 横磨法：适于磨削较短的外圆面和短台阶面 | ① 磨台阶轴时，在精磨时要减小磨削深度，并多进行光磨<br>② 磨台阶轴时，可先用横磨法沿台阶切入，留0.03～0.04的余量，再纵磨 |

## 任务资讯 1.3.3 外圆研磨

当外圆的表面粗糙度和尺寸精度要求更高时，需进行研磨加工。在生产量大的情况下，研磨加工在专用研磨机上进行。在单件或小批量生产中，可采用研磨工具进行手工研磨。研磨精度可达 IT5～IT3，表面粗糙度 $R_a$ 可达 0.1～0.008 μm。

**1. 研磨的机理**

研磨是使用研具、游离磨料对被加工表面进行微量加工的精密加工方法。在被加工表面和研具之间置以游离磨料和润滑剂，使被加工表面和研具间产生相对运动并施加一定压力，磨料产生切削、挤压等作用，从而去除表面凸起处，使被加工表面精度提高、表面粗糙度降低。

研磨过程中被加工表面会发生复杂的物理和化学变化，研磨的主要作用如下。

（1）微切削作用

在研具和被加工表面作相对运动时，磨料在压力作用下，对被加工表面进行微量切削（见图 1-13）。在不同加工条件下，微量切削的形式不同。当研具硬度较低、研磨压力较大时，磨粒可镶嵌到研具上产生刮削作用，这种方式有较高的研磨效率；当研具硬度较高时，磨粒在研具和被加工表面之间滚动，伴随锐利的尖叫声进行微量切削。

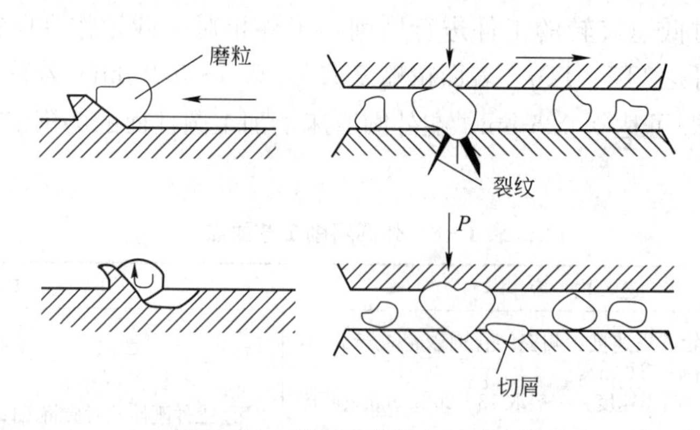


图 1-13 研磨时磨料的切削作用

（2）挤压塑性变形

钝化的磨粒在研磨压力作用下挤压被加工表面的粗糙凸峰，使凸峰趋向平缓和光滑，被加工表面产生微挤压塑性变形。

（3）化学作用

当采用氧化铬、硬脂酸等研磨剂时，研磨剂和被加工表面产生化学作用，形成一层极薄的氧化膜，这层氧化膜很容易被磨掉，而又不损伤材料基体。在研磨过程中氧化膜不断迅速形成，又很快被磨掉，提高了研磨效率。

**2. 研磨抛光工艺过程**

（1）研磨抛光余量

余量过大，使加工时间延长，工具和材料损耗增加，价格成本增大；余量过小，加工后达不到要求的表面粗糙度和精度。原则上只要能去除表面加工痕迹和变质层即可。

当零件的尺寸公差较大时，余量可取在零件尺寸公差范围内，参见表1-9。

**表1-9　淬硬后的外圆表面的研磨余量**

| 零件基本尺寸/mm | 直径余量/mm | 零件基本尺寸/mm | 直径余量/mm |
| --- | --- | --- | --- |
| ≤10 | 0.005～0.008 | >50～80 | 0.008～0.012 |
| >10～18 | 0.006～0.009 | >80～120 | 0.010～0.014 |
| >18～30 | 0.007～0.010 | >120～180 | 0.012～0.016 |
| >30～50 | 0.008～0.011 | >180～250 | 0.015～0.02 |

(2) 研具

在车床或磨床上研磨外圆的研具一般用研磨环。研磨环有固定式和可调式两类，固定式研磨环的研磨内径不可调节，而可调式的研磨环的研磨内径可以在一定范围内调节，以适应研磨外圆的变化，如图1-14所示。

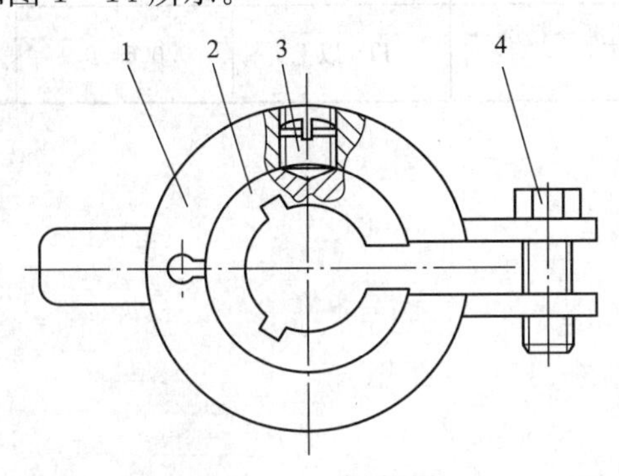


图1-14　外圆研磨环

1—研磨套；2—研磨环；3—螺钉；4—调节螺钉

(3) 研磨抛光阶段和轨迹

研磨一般经过粗研磨、细研磨、精研磨几个阶段，这几个阶段中总的研磨次数依据研磨余量及初始和最终的表面粗糙度与精度而定。磨料的粒度由粗到细，每次更换磨料都要清洗工具和零件。各部分的研磨顺序根据被加工表面的具体情况确定。研磨中，磨料的运动轨迹可以往复、交叉，但不能重复。

## 任务资讯1.3.4　外圆的加工工艺路线

外圆的精度要求不同、材料不同，所选用的加工工艺路线不同。常用的外圆加工工艺方法及经济加工精度如表1-10所示。

**表1-10　外圆柱表面的经济加工精度**

| 序号 | 加工方法 | 经济精度<br>(公差等级表示) | 经济粗糙度<br>$R_a/\mu m$ | 适用范围 |
| --- | --- | --- | --- | --- |
| 1 | 粗车 | IT11～13 | 12.5～50 | 适用于淬火钢以外的各种金属 |
| 2 | 粗车→半精车 | IT8～10 | 3.2～6.3 | |
| 3 | 粗车→半精车→精车 | IT7～8 | 0.8～1.6 | |

续表

| 序号 | 加工方法 | 经济精度（公差等级表示） | 经济粗糙度 $R_a/\mu m$ | 适用范围 |
| --- | --- | --- | --- | --- |
| 4 | 粗车→半精车→精车→滚压（或抛光） | IT7～8 | 0.025～0.2 | 适用于淬火钢以外的各种金属 |
| 5 | 粗车→半精车→磨削 | IT7～8 | 0.4～0.8 | 主要用于淬火钢，也可用于未淬火钢，但不宜加工有色金属 |
| 6 | 粗车→半精车→粗磨→精磨 | IT6～7 | 0.1～0.4 | |
| 7 | 粗车→半精车→粗磨→精磨→超精加工（或轮式超精磨） | IT5 | 0.012～0.1 | |
| 8 | 粗车→半精车→精车→精细车（金刚车） | IT6～7 | 0.025～0.4 | 主要用于要求较高的有色金属加工 |
| 9 | 粗车→半精车→粗磨→精磨→超精磨（或镜面磨） | IT5 以上 | 0.006～0.025 | 极高精度的外圆加工 |
| 10 | 粗车→半精车→粗磨→精磨→研磨 | IT5 以上 | 0.006～0.1 | |

# 学习工作单 1.4　掌握冲模导柱的加工

<table>
<tr><td rowspan="2">情景 1　冲模导柱的加工<br>任务 1.4　冲模导柱的加工工艺</td><td>姓名：________</td><td>班级：________</td></tr>
<tr><td>日期：________</td><td>共________页</td></tr>
<tr><td colspan="3">1. 导柱在模具中的作用是什么？有哪些结构特点和技术要求？如何保证？<br><br>2. 导柱在加工中如何定位？<br>① 在导柱加工过程中为什么要修研中心孔？如何修研？<br><br>② 导柱的主要加工表面有哪些？选择什么样的加工方案可以满足其精度要求？<br><br>3. 导柱加工的切削用量、设备及夹具是什么？<br><br>4. 如何进行导柱结构工艺性分析？<br><br>5. 导柱的热处理方法有哪些？</td></tr>
</table>

| 检查情况 | | 教师签名 | | 完成时间 | |
|---|---|---|---|---|---|

## 任务资讯 1.4 冲模导柱的加工

导柱和导套在冲压模中主要起导向的作用，并保证凸模和凹模在工作时具有正确的相对位置。为了保证良好的导向，导柱和导套装配后应保证模架的活动部分运动平稳，无阻滞现象。所以，在加工导柱的过程中除了保证导柱表面的尺寸和形状精度外，还应保证导柱与导套配合面之间的同轴度。

导柱的一端与导套间隙配合，另一端与模座过盈配合。下面对任务图的冲模导柱（见情境学习指南 1）的加工工艺进行分析。

### 任务资讯 1.4.1 零件图的工艺分析

**1. 导柱结构工艺性分析**

导柱由同轴不同直径的外圆、倒角、退刀槽组成，结构简单，并且结构工艺性很好。

**2. 技术要求分析**

（1）尺寸和几何形状精度

导柱的配合表面 $\phi 32$ 是重要表面，其直径精度要求为 IT6，圆柱度为 0.006 mm。

（2）位置精度

导柱上配合表面 $\phi 32h6$ 与 $\phi 32r6$ 之间的同轴度公差为 $\phi 0.008$ mm，精度要求较高。

（3）表面粗糙度

导柱上所有表面都为加工面，均有表面粗糙度要求。其中，$\phi 32h6$ 外圆对表面粗糙度的要求最高，为 0.1 μm；其次是 $\phi 32r6$ 外圆，其表面粗糙度 $R_a$ 为 0.4 μm；其余表面的表面粗糙度 $R_a$ 为 6.3 μm。

由以上分析可以看出，导柱的主要加工表面为：$\phi 32h6$ 外圆和 $\phi 32r6$ 外圆，由于其精度要求高，必须选择研磨和精磨才能达到精度要求。

由此可以初步确定两端外圆的加工方案如下。

$\phi 32h6$：粗车→半精车→粗磨→精磨→研磨。

$\phi 32r6$：粗车→半精车→粗磨→精磨。

### 任务资讯 1.4.2 毛坯种类选择

冲模中的导柱在工作过程中与导套之间有相对运动，其配合面是容易磨损的表面，要求有足够的硬度和耐磨性。此外，它在工作中受到一定冲击载荷的作用，要求导柱要有一定的冲击韧度。综合考虑，可以选择 20 钢作为该导柱的材料，同时进行表面渗碳和淬火处理，以达到其需要的硬度：58～62 HRC。而构成导柱的基本表面都是回转表面，可以直接选择适当尺寸的热轧圆钢做毛坯。

**1. 确定加工工艺路线**

下料→粗车→半精车→热处理→粗磨→精磨→研磨→检验。

**2. 基准选择**

导柱加工过程中为了保证各外圆柱面之间的位置精度和均匀的磨削余量，对外圆的车削和磨削一般采用设计基准和工艺基准重合的两端中心孔定位，这样也可以使各主要工序的定位基准统一。所以，在外圆柱面进行车削和磨削前总是先加工中心孔。

两中心孔的形状精度和同轴度对加工精度有直接影响。为了消除中心孔在热处理过程中可能产生的变形和其他缺陷，使磨削外圆柱面时能获得精，确定位保证外圆柱面的形状精度，故导柱热处理后应该安排中心孔的修正。

**3. 确定毛坯形状和尺寸**

根据导柱零件形状为阶梯型轴，各段尺寸相差不大，且毛坯采用热轧圆钢，因此毛坯形状为圆柱体。为了保证各道工序加工有足够的加工余量，取圆钢的尺寸为 $\phi$38 mm×215 mm。

**4. 确定加工工序尺寸及工序余量**

下面以确定 $\phi$32h6 外圆的加工工序尺寸和工序余量为例进行介绍。

$\phi$32h6 外圆：粗车→半精车→粗磨→精磨→研磨，其工序尺寸和工序余量的计算如下。

① 通过查表得各工序的余量如下。

$$Z_{研磨}=0.01\text{ mm}\quad Z_{精磨}=0.1\text{ mm}$$
$$Z_{粗磨}=0.3\text{ mm}\quad Z_{半精车}=1.1\text{ mm}$$
$$Z_{粗车}=4.5\text{ mm}$$

② 计算。

$$Z_{毛坯}=\sum Z_{工序}=(0.01+0.1+1.1+0.3+4.5)\text{mm}=6.01\text{ mm}$$

取 $Z_{毛坯}=6$ mm，将粗车余量修正为 4.49 mm。

③ 求出各工序的基本尺寸。

研磨：$\phi$32 mm

精磨：$\phi(32+0.01)\text{mm}=\phi32.01\text{ mm}$

粗磨：$\phi(32.01+0.1)\text{mm}=\phi32.11\text{ mm}$

半精车：$\phi(32.11+0.3)\text{mm}=\phi32.41\text{ mm}$

精车：$\phi(32.41+1.1)\text{mm}=\phi33.51\text{ mm}$

粗车：$\phi(33.51+4.49)\text{mm}=\phi38\text{ mm}$

④ 确定各工序的加工经济精度。由机械加工工艺手册查得：

精磨　IT7　$T_{粗磨}=0.025$ mm

粗磨　IT8　$T_{粗磨}=0.039$ mm

半精车　IT11　$T_{精车}=0.16$ mm

粗车　IT13　$T_{粗车}=0.39$ mm

毛坯　$\pm2$ mm

⑤ 确定各工序的工序尺寸如下。

研磨：$\phi32\text{r}6(^{+0.050}_{-0.035})$mm

精磨：$\phi32.01\text{h}7(^{\ 0}_{-0.025})\text{mm}=\phi32.01^{\ 0}_{-0.025}$ mm

粗磨：$\phi32.11\text{h}8(^{\ 0}_{-0.39})\text{mm}=\phi32.11^{\ 0}_{-0.039}$ mm

半精车：$\phi32.41\text{h}11(^{\ 0}_{-0.16})$mm

粗车：$\phi 33.51h13(_{-0.39}^{0})$mm

毛坯：$\phi 38\pm 2$ mm

同理，可得其他表面的加工工序尺寸。

## 任务资讯 1.4.3　切削用量、设备及夹具

选择切削用量、设备及夹具如表 1－11 所示，制定机械加工工艺过程卡片如表 1－11 所示。

表 1－11　冲模导柱机械加工工艺过程卡

| 机械加工工艺过程卡片 | | 零件名称 | 冲模导柱 | | 零件图号 | | CY001 | | 第 1 页 |
|---|---|---|---|---|---|---|---|---|---|
| | | 材　料 | 20 | | 毛坯种类及尺寸 | | 热轧圆钢 φ38×215 | | 共 1 页 |
| 工序号 | 工序名称 | 工序内容 | 设备 | 工艺装备名称及规格 | | | 切削用量选择 | | |
| | | | | 夹具 | 刀具 | 量具 | 主轴转速/(r/min) | 进给速度/(mm/min) | 背吃刀量/mm |
| 1 | 下料 | 保证尺寸 φ38×215 mm | | | | | | | |
| 2 | 车 | 车两端面、钻中心孔，保证长度 210 mm | 车床 | 三爪卡盘 | 车刀 | 游标卡尺 | 600 | 60 | |
| 3 | 车 | 车外圆至 φ33.51 mm | 车床 | 三爪卡盘 | 车刀 | 游标卡尺 | 600 | 60 | 2 |
| 4 | 检验 | | | | | | | | |
| 5 | 车 | 半精车外圆表面至尺寸 φ32.41 mm，倒角。切槽 10×0.5 至尺寸 | 车床 | 三爪卡盘 | 车刀 | 游标卡尺 | 1 000 | 60 | 0.1 |
| 6 | 检验 | | | | | | | | |
| 7 | 热处理 | 工件表面渗碳、淬火：炉温加热至 830 度后，放入工件保温 1 个小时，开炉冷至室温<br>低温回火处理：炉温加热至 150 度后，放入工件保温 2 个小时关电冷却 | | | | | | | |
| 8 | 研中心孔 | 修研两端中心孔 | | | | | | | |
| 9 | 磨 | 磨削外圆 φ32h6 至设计尺寸，φ32r6 至 32.01 mm | 外圆磨床 | 通用夹具 | 砂轮 | 千分尺 | 1 500 | 40 | 0.01 |
| 10 | 研磨 | 研磨外圆 φ32r6 至尺寸 | | 通用夹具 | | | | | |
| 11 | 清洗 | 清洗、去毛刺、钳工 | | | | | | | |
| 12 | 检验 | 检验产品尺寸是否合格 | | | | 游标卡尺、三坐标测量仪 | | | |
| 13 | 编制 | 时间 | 校对 | | | 审核 | | 批准 | |

# 情境 2　冲模导套加工

## 情境学习指南 2　学会模具套类零件加工及精度分析

<table>
<tr><td rowspan="3">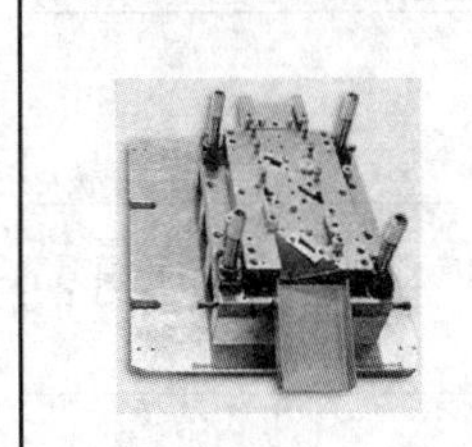</td><td colspan="4">情境 2：冲模导套加工</td></tr>
<tr><td>起草人员</td><td></td><td>起草时间</td><td></td></tr>
<tr><td>教学学期</td><td>第 4 学期</td><td>参考课时</td><td>16 学时</td></tr>
<tr><td colspan="5">教学条件：<br>教室带有操作机床：车床、钻床、万能磨床、卧式镗床及有关的精度测量工具和量具。例如：
<table>
<tr><th>主要仪器设备名称</th><th>型号</th><th>数量</th></tr>
<tr><td>车床</td><td>CA6140</td><td>10</td></tr>
<tr><td>钻床</td><td>ZQ3040</td><td>5</td></tr>
<tr><td>万能外圆磨床</td><td>M1332A</td><td>2</td></tr>
<tr><td>卧式镗床</td><td>T68</td><td>2</td></tr>
</table></td></tr>
<tr><td colspan="5">学习过程计划</td></tr>
<tr><td>学习情境描述</td><td colspan="4">受恒隆汽车零部件制造有限公司委托，加工冲模后侧导柱模架 50 套。要求为相关零件（导套）编制加工工艺规程，并完成加工</td></tr>
<tr><td>具体任务的设置</td><td colspan="4">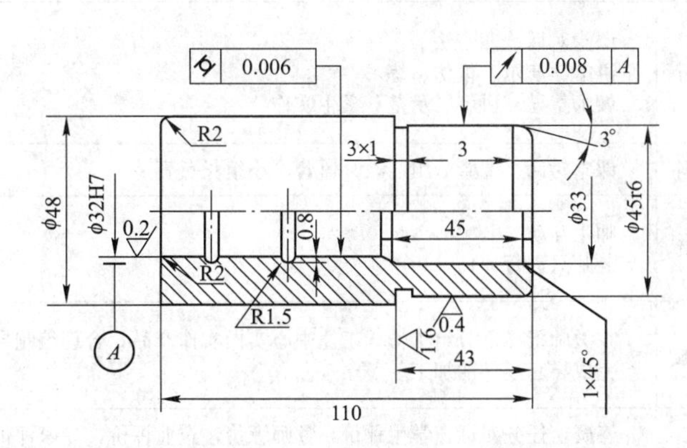

任务图 2 - 1　编写冲模导套零件机械加工工艺规程</td></tr>
</table>

续表

| | | |
|---|---|---|
| 能力目标 | ① 能正确选择孔的加工方法及刀具<br>② 能完成一般套类零件的加工工艺及路线设计<br>③ 能为导套编写机械加工工艺规程，并正确填写机械加工工艺过程卡片<br>④ 能完成冲模导套的加工 | |
| 专业技术内容 | ① 正确选择孔的加工方法和加工工艺路线，填写工艺卡片<br>② 根据孔的不同要求能合理地选用机床、工艺装备、切削用量及有关的技术参数<br>③ 能正确分析孔的质量问题并提出正确处理方法和意见<br>④ 能在机床上进行孔加工的实际操作 | |
| 教学论与方法建议 | 任务驱动法、多媒体教学、现场实作、分组讨论 | |
| 学习小组行动阶段 | 1. 资讯 | 学生从工作任务中收集工作的必要信息，初步掌握套类零件加工的专业知识、技能和模具零件精度分析的手段与方法 |
| | 2. 计划 | 学生制定学习计划，建立工作小组 |
| | 3. 决策 | 确定工作方案，工作任务分配到个人，并记录到工作记录表中 |
| | 4. 实施 | 学生以小组的形式在学习工作单的引导下，完成专业知识的学习和技能训练，完成实际套类零件的加工操作及实作质量的检测 |
| | 5. 检查 | ① 工艺编程是否正确<br>② 实作方法是否正确<br>③ 产品是否合格<br>④ 安全生产情况 |
| | 6. 评价 | ① 实作技能掌握情况<br>② 完成加工情况<br>③ 精度分析和表面质量分析情况<br>④ 学习实作的心得体会，按照成绩评定标准给予评价，(成绩评定标准教师事先制订) 填写反馈表 |
| 方法媒介和环境 | 1. 分析 | 课堂对话、四步法<br>讲解、演示、模仿、练习<br>教师指导、讲解、示范、学生实作 |
| | 2. 计划 | 课堂对话、课堂分组、教师监督、小组长负责 |
| | 3. 决策 | 师生互动<br>老师只进行评估 |
| | 4. 实施 | 在教师指导下分组工作，工业中心实操实作产品，合理编制导套零件的加工工艺规程，小组完成导套零件的加工 |
| | 5. 总结 | 答疑，任务对话，学生评价，教师评价，企业评价，专家评价 |
| | 6. 成绩 | 工作文件 20%，操作过程 40%，工作结果 20%，汇报效果 10% ，团队 10% |

# 学习工作单 2.1　掌握孔的加工方法

<table>
<tr><td rowspan="2">情景 2　冲模导套加工<br>任务 2.1　一般孔的加工方法</td><td>姓名：__________</td><td>班级：__________</td></tr>
<tr><td>日期：__________</td><td>共__________页</td></tr>
<tr><td colspan="3">1. 一般孔常用哪些设备及刀具进行加工？<br><br>2. 钻削速度怎样选用，钻头上每个直径的速度相等吗？常常计算的钻削速度是什么速度？<br><br>3. 标准麻花钻由哪几部分组成？<br><br>4. 为何扩孔的质量高于钻孔？为何铰孔的质量高于扩孔？为什么铰孔不能提高孔的位置精度？<br><br>5. 试分析钻孔、扩孔和铰孔三种孔加工方法的工艺特点，并说明这三种孔加工工艺之间的联系。<br><br>6. 一般孔的加工方法及加工工艺路线怎么确定？<br><br>7. 钻、扩、铰孔加工方法是中等尺寸、公差等级为 IT6 孔的典型加工方案，这种说法对吗？<br><br>8. 精度要求较高的孔常用哪些方法加工？<br><br>9. 磨削加工时，怎样确定磨削用量？<br><br>10. 磨削加工中较合适的装夹方法有哪些？<br><br>11. 研磨加工的工艺特点有哪些？此种加工方法能改善孔的位置精度吗？<br><br>12. 珩磨能加工软而韧的有色金属材料的孔，也能加工带键槽和花键槽零件的孔对吗？为什么？<br><br>13. 精孔钻一般是在什么情况下使用的？其特点有哪些？<br><br>14. 深孔常用哪些方法加工？加工中要注意哪些问题？<br><br>15. 镗床的主要类型有哪些？镗模结构特点有哪些？</td></tr>
</table>

| 检查情况 | | 教师签名 | | 完成时间 | |
|---|---|---|---|---|---|

# 任务资讯 2.1 孔的加工方法及加工路线

为了保证良好的导向，导柱和导套装配后应保证模架的活动部分运动平稳，无滞阻现象。所以，在加工中除了保证导柱、导套配合表面的尺寸和形状精度外，还应保证导柱、导套各自配合面之间的同轴度要求。

## 任务资讯 2.1.1 孔的加工方法

如图 2-1 所示导套和导柱在模具中是应用最广泛的导向零件，即起导向作用，同时还要保证凸模和凹模在工作时有正确的相对位置。为了获得所要求的尺寸精度和表面粗糙度，必须选用适当的方法，正确的加工导套的外圆柱面和内圆柱面。

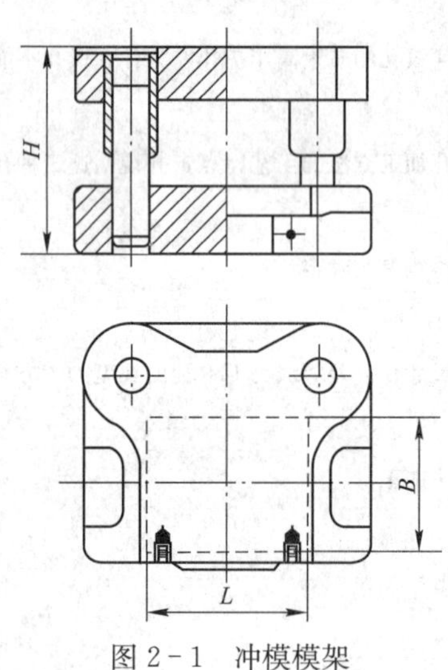


图 2-1 冲模模架

**1. 孔的技术要求**

(1) 孔的尺寸精度

孔的精度主要是指孔径的尺寸精度，其精度等级与配合性质可直接查阅机械设计手册中的公差与配合的资料。有的孔还有长度尺寸公差要求，其公差值应按公差等级查表确定。

(2) 孔的形状精度

孔的形状公差主要有圆度公差和圆柱度公差，个别的还可能有母线的直线度公差。

(3) 孔的位置精度

孔的定向位置公差主要有平行度公差、垂直度公差和倾斜度公差；孔的定位位置公差主要有同轴度公差和位置度公差；孔的跳动位置公差有圆跳动公差和全跳动公差。实际加工中，对于孔的位置（坐标）精度要求很高的零件，还需要采取专门措施予以保证。

(4) 孔的表面质量

包括孔的表面粗糙度及冷作硬化层深度（特殊要求）等。

**2. 一般孔的加工方法**

孔的机械加工工艺过程是在通用的或专用的工艺装备（机床、刀具、夹具、量具）保证下，用金属切削（冷加工）方法，逐步切去余量，使孔的精度和表面质量也逐步提高，最终达到设计要求的加工过程。

1）钻孔

钻孔是最常见的一种孔加工方法。通常直径为0.05～125 mm的孔，都可使用钻头进行加工。麻花钻的加工直径范围在0.05～80 mm之间，扁钻钻孔直径可达125 mm。

钻孔主要用于孔的粗加工。模具零件上的螺钉孔、螺纹底孔、定位销孔等粗加工都采用钻削加工，其加工精度较低，表面粗糙度也大。采用标准麻花钻钻削加工时，孔的精度一般在IT10以下，表面粗糙度一般只能控制在$R_a12.5\ \mu m$。因此，对于精度要求不高的孔，如螺栓（螺钉）的贯穿孔、油孔及螺纹底孔等，可直接采用钻孔。如果孔的精度要求较高，则在半精加工、精加工之前，也常需要钻孔。因此，钻孔在机械加工中应用十分广泛。

(1) 背吃刀量的确定

对钻削而言，钻头直径的一半就是钻削时的背吃刀量。即

$$a_p=\frac{d}{2} \tag{2-1}$$

式中：$a_p$——背吃刀量；

$d$——钻头直径。

(2) 钻削速度的确定

钻削时的切削速度是指钻头外缘处的线速度。生产中一般按经验选取或查阅切削手册确定。表2-1列举了高速钢钻头钻削不同材料时的切削速度值，供选用参考。

**表2-1　高速钢麻花钻钻削速度推荐表**

| 加工材料 | 钻削速度/(m/min) | 加工材料 | 钻削速度/(m/min) |
|---|---|---|---|
| 低碳钢 | 25～30 | 铸铁 | 20～25 |
| 中、高碳钢 | 20～25 | 铝合金 | 40～70 |
| 合金钢、不锈钢 | 15～20 | 铜合金 | 20～40 |

(3) 进给量的确定

进给量是指钻头或工件每转一周，两者沿钻头轴线移动的距离。

普通麻花钻的进给量的经验计算公式为：$f=(0.01\sim0.02)d$；直径小于3～5 mm的小钻头，一般用手动进给；群钻的进给量可选用为：$f=0.03d$。

(4) 钻孔方式

① 钻头旋转而工件不旋转方式。在钻床、镗床上钻孔均属此方式。如果没有导套，则钻头易引偏，被加工孔的轴线易发生歪斜。避免钻头引偏的方法是成批和大量生产时用钻套为钻头导向；小批量生产时，可用小顶角钻头预钻锥形坑，再用所需钻头钻孔。

② 工件旋转而钻头不旋转方式。在车床上钻孔属此种方式。采用这种方式加工的特点是，钻头引偏将引起孔径的变化，产生锥度，而孔的轴线仍是直线，且与工件回转轴线一致。防止钻头引偏的措施，对于浅孔，仍然是采用导向套；对于$L/D=5\sim10$的深孔，可用接长的麻花钻加工，并采用钻套导向；对于$L/D>20$的深孔，除在刀具上设置导向结构和中心稳定结构外，还需要采取专门的技术措施。

麻花钻是钻孔的常用刀具，一般由高速钢制成，其结构如图2-2所示。麻花钻主要

由柄部、颈部和刀体组成，刀体包括切削部分和导向部分。导向部分有两条对称的棱边和螺旋槽，其中较窄的棱边起导向和修光孔壁的作用，较深的螺旋槽用来进行排屑和输送切削液。切削部分担任主要的切削工作。钻头直径由工件尺寸决定，应尽可能一次钻出所需要的孔径。当孔径超过 35 mm 时，常采用“先钻后扩”工艺，第一次钻孔直径取工件孔径的 0.5～0.7 倍。

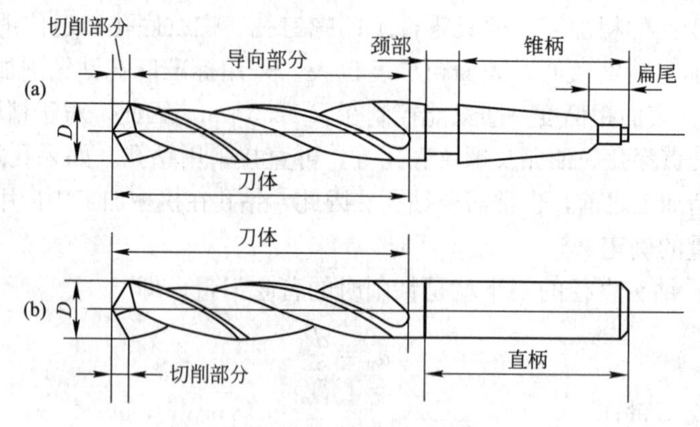


图 2-2　麻花钻的结构

在钻床上进行孔加工时，工件的装夹方法及所用的附件较多。小型工件通常用平口钳装夹；大型工件可用压板螺栓直接安装在工作台上；在圆轴或套筒上钻孔时，一般把工件安装在 V 型架上，再用压板螺栓压紧；在成批和大量生产中，尤其在加工孔系时，为了保证孔及孔系的精度，提高生产率，广泛采用钻模来装夹工件，如图 2-3 所示。

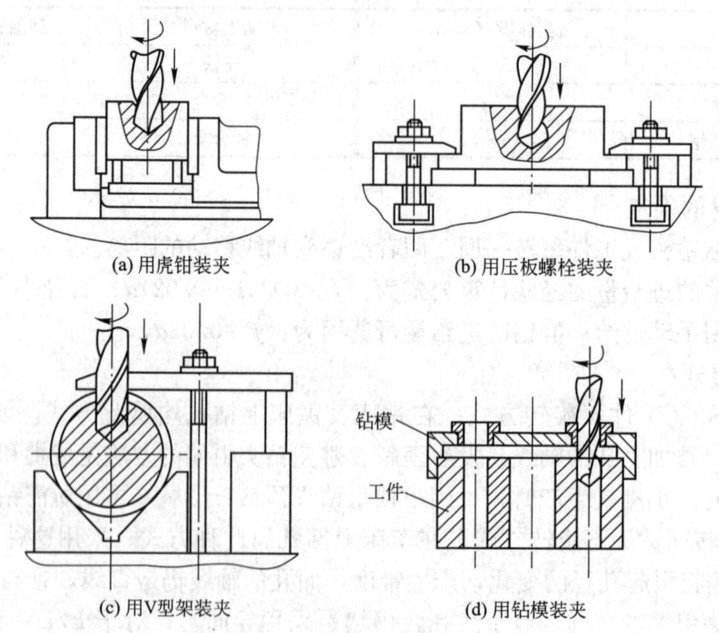


(a) 用虎钳装夹　(b) 用压板螺栓装夹　(c) 用V型架装夹　(d) 用钻模装夹

图 2-3　钻孔装夹方法

2）扩孔

扩孔是用扩孔钻对已经钻出的孔进一步加工，以提高孔的加工精度的加工方法。

扩孔可采用较大的走刀量，生产率较高，被加工孔的精度和粗糙度都比钻孔好，而且还能纠正被加工孔轴线的歪斜。因此，扩孔常作为铰孔、镗孔、磨孔前的预加工，也可作为精度要求不高孔的最终加工。扩孔精度一般为 IT9～IT10，表面粗糙度为 6.3～3.2 μm。

扩孔余量一般可取孔径的 1/8 左右。扩孔时，限制进给量的主要因素是孔的精度和表面粗糙度。扩孔加工大多用硬质合金扩孔钻，其用量可查有关工艺手册。扩孔钻的类型如图 2-4 所示。

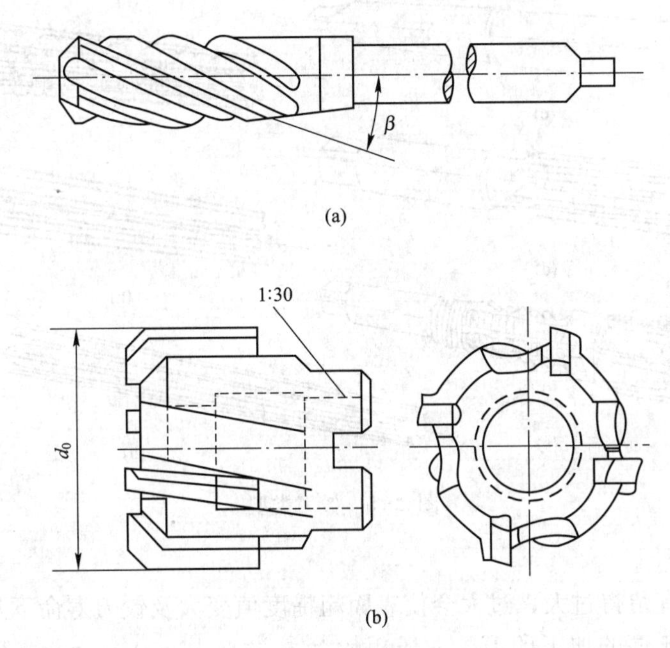


图 2-4 扩孔钻类型

3）铰孔

铰孔是对中小直径的未淬硬孔进行半精加工和精加工的一种孔加工方法，所用工具为铰刀。由于铰削的加工余量小，切削厚度薄，在工作过程中，铰刀的切削刃对工件的孔壁存在刮削和挤压效应，所以铰削加工就包括了切削、刮削、挤压、烫平和摩擦的综合过程。

(1) 铰刀的结构

铰刀是定尺寸刀具，其直径的大小取决于被加工孔所需要的孔径。

铰刀由柄部、颈部和工作部分组成。柄部用于传递扭矩，颈部连接柄部和工作部分，工作部分由引导锥、切削部分和校准部分组成。校准部分包括圆柱部分和导锥，校准部分有刮削、挤压并保证孔径尺寸作用，还能起导向作用。铰刀分为手用铰刀和机用铰刀。

① 手用铰刀。它的校准部分较长，以增强导向作用，但摩擦力增加，排屑困难。

② 机用铰刀。机用铰刀的导向由机床保证，校准部分较短。要提高铰刀的定心作用，切削部分的锥角常取 $\beta \leqslant 30°$。常见铰刀的类型有：直柄机用铰刀（图 2-5（a））、锥柄机用铰刀（图 2-5（b））、硬质合金锥柄机用铰刀（图 2-5（c））、手用铰刀（图 2-5（d））、可调节手用铰刀（图 2-5（e））、套式机用铰刀（图 2-5（f））、直柄莫氏圆锥铰刀

(图 2-5 (g))、手用 1∶5 锥度铰刀 (图 2-5 (h))。

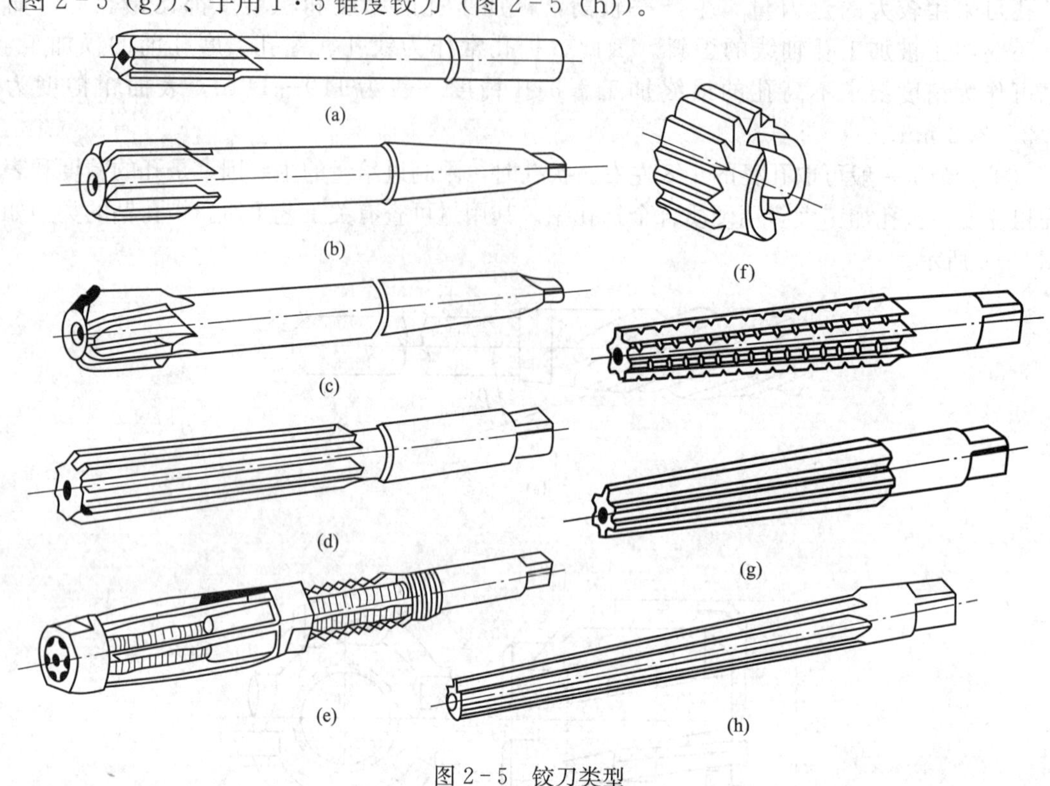


图 2-5 铰刀类型

(2) 铰削用量

铰削用量不宜留得过大，过大会使表面粗糙度值变大及铰刀寿命下降；但过小常会在孔底留下上道工序的加工印痕。一般粗铰余量为 0.10～0.35 mm (精铰时余量仅为 0.01～0.03 mm)，所以铰削后的孔精度高一般为 IT6～IT10，细铰甚至可达 IT5，表面粗糙度可达 0.16～0.4 μm。模具制造中常需要铰孔的有销钉孔，安装圆形凸模、型芯或顶杆等安装孔，以及冲裁模刃口锥孔等。

通常，铰削钢件时，铰削速度为 1.5～5 m/min，进给量为 0.3～2 mm/r；铰削铸铁件时，铰削速度为 8～10 m/min，进给量为 0.5～3 mm/r。铰削速度应取低值，以避免或减少积屑瘤对铰削质量的影响。

(3) 铰削技术要点

① 铰刀分为 3 个精度等级，分别用于铰削 H7、H8、H9 精度的孔。

② 由于铰削精度受到工件材料、工件结构及铰削条件等多方面的影响，所以保证精度的重要一点就是控制铰刀校准部分的尺寸公差。

③ 铰削时底孔精度控制很重要，底孔精度太低，铰削后精度达不到要求；若余量太小，上道工序留下来的形状误差、加工痕迹等难以消除。所以，对于高精度孔，精铰前应经过扩孔、粗铰、粗拉或粗镗等工序。

④ 为提高铰孔精度，铰削最好是工件旋转，铰刀只作进给运动。为了消除铰刀轴线与工件轴线不同轴而引起的铰孔时的振动及孔径不应有的扩大，铰刀最好采用浮动装夹，

让铰刀按照工件孔找正中心，使其在精密导向作用下工作。

⑤ 切削液在铰削时起着十分重要的作用。用高速钢铰刀铰削中碳钢时，易产生积削瘤，必须采用合适的切削液来消除积削瘤，减少振动，降低噪声，提高孔的表面质量。通常，铰削钢件时，选用乳化液或硫化油；铰削铸铁时，常用浸润性好、粘性小的煤油。

⑥ 铰刀用钝后，应及时沿切削部分后刀面进行刃磨。刃磨后的表面粗糙度不得大于0.4～0.2 μm，还须控制刃口的径向跳动公差。

铰孔适应单件小批量生产的小孔和锥度孔的加工，也适应于大批量生产中不宜拉削的孔加工。钻→扩→铰孔工艺常常是中等尺寸、公差等级为IT7孔的典型加工方案。

上述的钻、扩、铰等加工多在钻床上进行，也可在车床、镗床或铣床等机床上进行。

4）镗孔

模具制造中，镗孔是最重要的孔加工方法之一。根据工件的尺寸形状和技术要求的不同，镗孔可以在车床、铣床、镗床或数控机床上进行。镗孔的应用范围很广，可以进行粗加工，也可以进行精加工，特别是对于直径大于100 mm以上的孔，镗孔几乎是唯一的精加工方法。镗孔精度一般可达IT7～IT10，表面粗糙度 $R_a$ 为1.6～0.4 μm。

(1) 镗刀的结构

① 单刃镗刀。单刃镗刀的切削效率低，对工人操作技术要求高。

② 双刃镗刀。常用的双刃镗刀有固定式镗刀块和浮动式镗刀块。

③ 多刃镗刀。多刃镗刀的加工效率比单刃镗刀高。

(2) 镗孔的特点

① 镗刀杆的长径比大，悬伸距离长，切削稳定性差，易产生振动，故切削用量小，生产率低。

② 镗削时，排屑比较困难。

③ 镗刀在内孔里工作，难于观察，只能凭切屑的颜色、出现的振动等情况来判断切削过程是否正常。

(3) 镗削技术特点

① 镗削适宜加工机座、箱体、支架等外形复杂的大型零件上的孔和孔径较大、尺寸精度较高或有位置精度要求的孔及孔系。

② 镗削加工灵活性大，适应性大。在镗床上除可镗削孔和孔系外，还可以车外圆、车端面、铣平面，且一把镗刀可加工一定直径和长度范围内的孔，生产批量可大可小。

③ 镗削加工能获得较高的精度和较小的粗糙度，可多次加工纠正原孔的轴线偏斜。

④ 镗床和镗刀的调整复杂，操作技术要求高，在不使用镗模的情况下，生产率低。在大批量生产中，可使用镗模来提高生产率。

5）磨削加工

模具零件中精度要求高的孔（如型孔、导套孔等），一般采用内圆磨削来进行精加工。内圆磨削可在内圆磨床或万能外圆磨床上进行。

在内圆磨床上磨孔的尺寸精度可达IT6～IT7级，表面粗糙度为0.8～0.2 μm。若采用高精度磨削工艺，尺寸精度可控制在0.005 mm之内，表面粗糙度为0.1～0.025 μm。在内圆磨床上加工内孔和内锥孔的磨削工艺要点见表2-2。

**表 2-2　内圆磨削工艺要点**

| 工艺内容及简图 | | 工　艺　要　点 |
|---|---|---|
| 砂轮 | ① 砂轮直径一般取 0.5～0.9 的工件孔径。工件孔径小时取较大值，反之取较小值<br>② 砂轮宽度一般取 0.8 孔深<br>③ 砂轮硬度和粒度。磨削非淬硬钢，选用棕刚玉 $ZR_2$～$Z_2$，$46^{\#}$～$60^{\#}$磨削。淬硬钢，选用棕刚玉、白刚玉、单晶刚玉，$ZR_1$～$ZR_2$，$46^{\#}$～$80^{\#}$ | ① 表面粗糙度要求为 1.6～0.8 μm 时，推荐采用 $46^{\#}$ 砂轮，要求为 0.4 μm 时，采用 $6^{\#}$～$80^{\#}$砂轮<br>② 磨削热导率低的渗碳淬火钢时，采用硬度较低的砂轮 |
| 内圆磨削用量 | ① 砂轮圆周速度一般为 20～25 m/s<br>② 工件圆周速度一般为 20～25 m/min，要求表面粗糙度小时取较低值，粗磨时取较高值<br>③ 磨削深度即工作台往复一次的横向进给量，粗磨淬火钢时取 0.005～0.02 mm，精磨淬火钢时 0.002～0.01 mm<br>④ 纵向进给速度，粗磨时取 1.5～2.5 m/min，精磨时取 0.5～1.5 m/min | 内孔精磨时的光磨行程次数应多一些，可使由刚性差的砂轮接长轴所引起的弹性变形逐渐消除，提高孔的加工精度和减少表面粗糙度 |
| 工件装夹方法 | ① 三爪自定心卡盘一般用于装夹较短的套筒类工件，如凹模套、凹模等<br>② 四爪单动卡盘适宜于装夹矩形凹模孔和动、定模板型孔<br>③ 用卡盘和中心架装夹工件，适宜于较长轴孔的磨削加工<br>④ 以工件端面定位，在法兰盘上用压板装夹工件，适用于磨削大型模板上的型孔、导柱、导套孔等 | ① 找正方法按先端面后内孔的原则<br>② 对于薄壁工件，夹紧力不宜过大，必要时可采用弹性圈在卡盘上装夹工件 |
| 通孔磨削 | 采用纵向磨削法，砂轮超越工件孔口长度一般为 1/3～1/2 砂轮宽度 | 若砂轮超越工件孔口长度太小，孔容易产生中凹。若超越长度太大，孔口容易形成喇叭形 |
| 间断表面孔磨削 | 对非光滑内孔的磨削，如型孔的磨削，一般采用纵向磨削法。磨削时，应尽可能增大砂轮直径，减小砂轮宽度并尽量增大砂轮接长轴刚度。若要求加工精度高和表面粗糙度小时，可在型腔凹槽中嵌入硬木等，变为连续内表面磨削 | 磨削时选用硬度较低的砂轮以及较小的磨削深度和纵向进给量 |
| 台阶孔磨削 | 磨削时通常先用纵磨法磨内孔表面，留余量 0.01～0.02 mm。磨好台阶端面后，再精磨内孔。凸、凹模台阶孔的磨削方法如下图所示 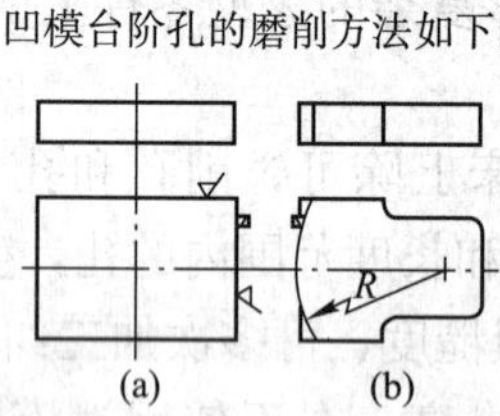<br>R<br>(a)　(b) | ① 磨削台阶孔的砂轮应修成凹形，并要求清角，这对磨削不设退刀槽的台阶孔极为重要<br>② 对浅台阶孔或平底孔的磨削，在采用纵磨法时应选用宽度较小的砂轮，防止造成喇叭口<br>③ 对浅台阶孔、平底面和孔口端面的磨削，也可采用横向切入磨削法，要求接长轴有良好的刚性 |
| 小直径深孔磨削 | 对长径比≥8～10 的小直径深孔磨削，一般采用 CrWMn 或 W18Cr4V 材料制成接长轴，并经淬硬，以提高接长轴刚性。磨削时选用金刚石砂轮和较小的纵向进给量，并在磨削前用标准样棒将头架轴线与工作台纵行程方向的平行度校正好 | ① 严格控制深孔的磨削余量<br>② 在磨削过程中，砂轮应在孔中间部位多几次纵磨行程，以消除砂轮让刀而产生的孔中凸凹缺陷 |
| 内锥面磨削 | ① 转动头架磨内锥面，适于磨较大锥度的内锥孔<br>② 转动工作台磨内锥面，适于磨削锥度不大的内锥孔 | 磨削内锥孔时，一般要经数次调整才能获得准确的锥度，试磨时应从余量较大的一端开始 |

6）研磨

研磨是精度要求较高和直径不大的孔的光整加工方法之一，用于对精镗、精铰或精磨后的孔进一步加工。其特点与研磨外圆相似，研磨后孔的精度可达 IT7～IT4，表面粗糙度可达 0.1～0.08 μm，形状精度高（圆度为 0.003～0.001 mm）但不能改善工件的位置精度。

研磨剂：由磨粒加上煤油，全损耗系统用油等调制而成

磨料：有刚玉、碳化硅、金刚石等

刚玉磨料：适用于碳素工具钢、合金工具钢、高速钢和铸铁工件

碳化硅、金刚石：适用于硬质合金、硬铬等高硬度工件

粒度：粗研磨用 100＃～240＃或 W40；精磨用 W14 或更细的粒度

研磨余量：0.005～0.003 mm；压力为 0.1～0.3 MPa

粗研磨速度：40～50 m/min；精研速度为 10～15 m/min

方法：常用的有手工研磨，机械研磨两种。

7）珩磨

为了进一步提高孔的表面质量，可以增加珩磨工序。珩磨是用装有磨条（油石）的珩磨头对孔进行光整加工的方法。珩磨时工件固定不动，装有若干磨条的珩磨头插入被加工孔中，并使磨条以一定压力与孔壁接触。珩磨头由机床主轴带动旋转，同时沿轴向作往复运动，使磨条从孔壁上切除极薄的一层金属。由于磨条在工件表面上的切削轨迹是均匀而不重复的交叉网纹，因此可获得很高的精度和很小的表面粗糙度。图 2-6 为珩磨加工示意图。

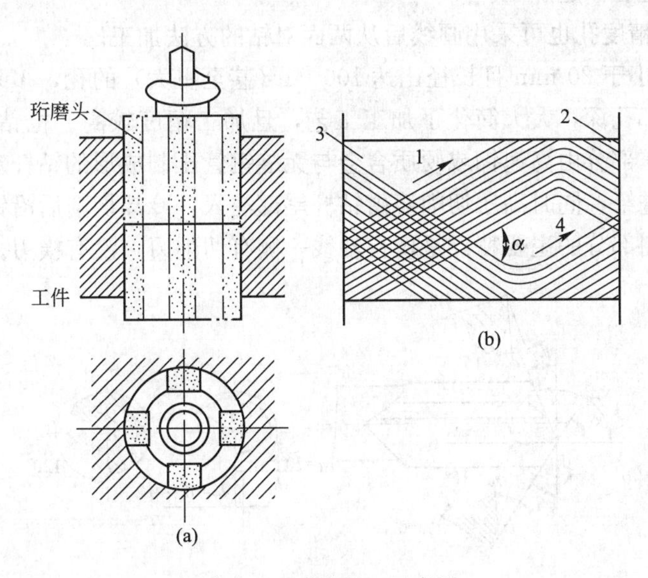


图 2-6　珩磨加工示意图

影响表面粗糙度和生产效率的主要因素是交叉角。一般粗珩磨取 $\alpha=40°\sim60°$；精珩磨取 $\alpha=20°\sim40°$。珩磨余量为 0.015～0.02 mm。

珩磨加工后可获得尺寸精度等级为 IT5～IT4，表面粗糙度为 0.25～0.1 μm，圆度和圆柱度为 0.003～0.005 mm，但不能提高孔的位置精度。

珩磨加工的应用：孔径的适用范围一般为 5～500 mm 或更大，孔的深径比可达 10 mm

以上，但不适应加工软而韧的有色金属材料的孔，也不能加工带键槽和花键槽的孔等断续表面。

8）精孔钻加工

当孔精度为微米级时，对较大孔可采用坐标镗床加工，较小孔则需要采用坐标磨床加工。没有精密设备时可采用研磨方法加工，还可采用精孔钻进行精加工。

精孔钻是由麻花钻修磨而成的，加工时先用普通钻头钻孔，并留扩孔量0.1～0.3 mm。精钻时切削速度不能高，一般为2～8 mm/s，进给量$f$=0.1～0.2 mm/r。以菜籽油作为润滑剂，钻头尺寸要选择在孔尺寸公差范围内。只要钻头装夹正确，刃口角度对称，钻出的孔径与钻头尺寸基本相同，精度可达到IT4～IT6，表面粗糙度$R_a$为3.2～0.4 μm。

**3. 深孔加工**

塑料模中的冷却水道孔、加热器孔及一部分顶杆孔等都属于深孔。一般冷却水道孔的精度要求不高，但要防止偏斜；加热器孔为保证热传导效率，孔径及粗糙度有一定要求，表面粗糙度$R_a$为12.5～6.3 μm；而顶杆孔的精度则要求较高，一般为IT8级。这些孔常用的加工方法如下。

① 中小型模具的孔，常用普通钻头或加长钻头在立钻、摇臂钻床上加工，加工时应注意及时排屑并进行冷却，进刀量要小，防止孔偏斜。

② 中、大型模具的孔一般在摇臂钻床、镗床及深孔钻床上加工，较先进的方法是在加工中心上与其他孔一起加工。

③ 过长的低精度孔也可采用画线后从两面对钻的方法加工。

④ 对于直径小于20 mm且长径比达100∶1（甚至更大）的孔，多采用枪钻加工。它可以一次加工全部孔深，大大简化了加工工艺，且加工精度较高。枪钻的结构如图2-7所示。枪钻的工作部分由高速钢或硬质合金与无缝钢管压制成形的钻杆对焊而成。工作时工件旋转，钻头进给，同时高压切削液由钻杆尾部注入，冷却切削后沿钻杆凹槽将切屑冲刷出来。枪钻切削部分的主要特点是仅在轴线一侧有切削刃，没有横刃。

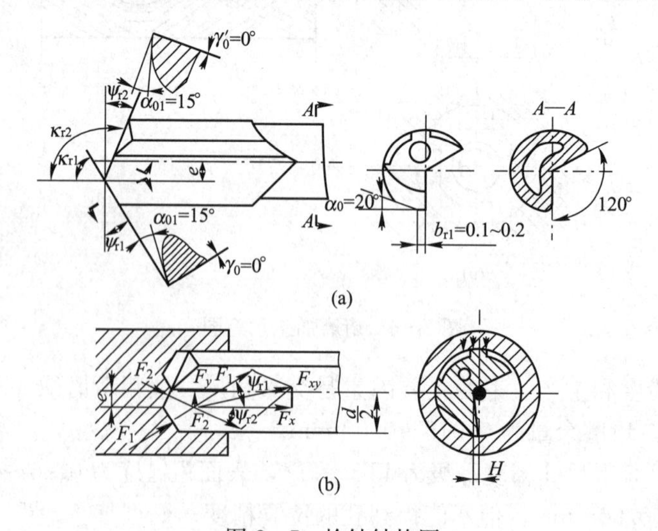


图2-7 枪钻结构图

**4. 一般孔的加工方法及加工工艺路线**

一般孔的加工方法及加工工艺路线及加工精度如表2-3所示。

**表2-3 孔的加工方法及加工精度**

<table>
<tr><th>序号</th><th>加工方法</th><th>经济精度<br>（公差等级）</th><th>经济粗糙度<br>$R_a/\mu m$</th><th>适用范围</th></tr>
<tr><td>1</td><td>钻</td><td>IT11～13</td><td>12.5</td><td rowspan="7">加工未淬火钢及铸铁的实心毛坯，也可用于加工有色金属。孔径小于15～20 mm</td></tr>
<tr><td>2</td><td>钻→铰</td><td>IT8～10</td><td>1.6～6.3</td></tr>
<tr><td>3</td><td>钻→粗铰→精铰</td><td>IT7～8</td><td>0.8～1.6</td></tr>
<tr><td>4</td><td>钻→扩</td><td>IT10～11</td><td>6.3～12.5</td></tr>
<tr><td>5</td><td>钻→扩→铰</td><td>IT8～9</td><td>1.6～3.2</td></tr>
<tr><td>6</td><td>钻→扩→粗铰→精铰</td><td>IT7</td><td>0.8～1.6</td></tr>
<tr><td>7</td><td>钻→扩→机铰→手铰</td><td>IT6～7</td><td>0.2～0.4</td></tr>
<tr><td>8</td><td>钻→扩→拉</td><td>IT7～9</td><td>0.1～1.6</td><td>大批量生产（精度由拉刀而定）</td></tr>
<tr><td>9</td><td>粗镗（或扩孔）</td><td>IT11～13</td><td>6.3～12.5</td><td rowspan="4">除淬火钢外各种材料，毛坯有铸出孔或锻出孔</td></tr>
<tr><td>10</td><td>粗镗（粗扩）→半精镗（精扩）</td><td>IT9～10</td><td>1.6～3.2</td></tr>
<tr><td>11</td><td>粗镗（粗扩）→半精镗（精扩）→精镗（铰）</td><td>IT7～18</td><td>0.8～1.6</td></tr>
<tr><td>12</td><td>粗镗（粗扩）→半精镗（精扩）→精镗-浮动镗刀精镗</td><td>IT6～7</td><td>0.4～0.8</td></tr>
<tr><td>13</td><td>粗镗（扩）→半精镗→磨孔</td><td>IT7～8</td><td>0.2～0.8</td><td rowspan="2">主要用于淬火钢，也可用于未淬火钢，但不宜用于有色金属</td></tr>
<tr><td>14</td><td>粗镗（扩）→半精镗→粗磨→精磨</td><td>IT6～7</td><td>0.1～0.2</td></tr>
<tr><td>15</td><td>粗镗→半精镗→精镗→精细镗（金刚镗）</td><td>IT6～7</td><td>0.05～0.4</td><td>精度要求高的有色金属加工</td></tr>
<tr><td>16</td><td>钻→（扩）→粗铰→精铰→珩磨；钻→（扩）→拉→珩磨；粗镗→半精镗→精镗→珩磨</td><td>IT6～7</td><td>0.025～0.2</td><td rowspan="2">精度要求很高的孔</td></tr>
<tr><td>17</td><td>以研磨代替上面的珩磨</td><td>IT5～13</td><td>0.006～0.1</td></tr>
</table>

## 任务资讯2.1.2 孔加工典型设备

孔可在车床或铣床上加工，但绝大多数还是在钻床和镗床上加工。尤其是对于外形复杂、没有对称旋转轴线的工件，如杠杆、盖板、箱体、机架等零件上的单孔或孔系的加工，基本上都是在钻床或镗床上进行的。

**1. 钻削加工机床**

钻床一般用于加工直径不大、精度不高的孔，主要使用钻头在实体材料上钻出孔来。此外，还可在钻床上进行扩孔、铰孔、攻螺纹等加工。

钻床的主要类型如下。

(1) 台式钻床

它结构简单，使用方便，体积小，但只能加工小孔（一般孔径小于12 mm），在操作不复杂的流水生产线上或机修车间广泛使用。

(2) 立式钻床

主轴箱内有主运动及进给运动的传动机构，而进给运动可以是靠手动或机动使主轴套筒作轴向进给。工作台可沿立柱上的导轨作上下位置的调整，适应不同高度的工件加工。它只适用于单件、小批生产中加工中小型工件上的孔。

(3) 摇臂钻床

它可以作上下移动，左右径向移动，可以绕臂旋转，还能在加工中找正工件的孔中心，工作很方便，广泛用于大、中型零件的加工。

**2. 镗床**

镗床主要用于加工工件上已经有了铸造的孔或已加工的孔（或孔系）。常用于加工尺寸较大及精度较高的场合，特别适宜加工分布在不同表面上、孔距尺寸不同，精度和位置精度要求十分严格的孔系，如各种箱体、汽车发动机缸体的孔系。镗床主要用于小批量加工。

镗孔的位置精度主要取决于机床的精度，为保证孔系的位置精度，在批量生产条件下，一般均采用镗模。

镗床的主要类型如下。

(1) 卧式镗床

加工范围很广，除镗孔之外，还可以车端面、车外圆、车螺纹、车沟槽、铣平面、铣成型表面及钻孔等。对于体积较大的箱体类零件，能在一次安装中完成各种孔和箱体表面的加工，且能较好地保证尺寸精度和形状位置精度，这是其他机床难以完成的。

(2) 坐标镗床

它属于高精度机床，主要用在尺寸精度和位置精度都要求很高的孔及孔系的加工中，如钻模、镗模和量具上的精密孔的加工。其零部件的制造精度和装配精度都很高，而且还具有良好的刚性和抗震性；机床对使用环境温度和工作条件提出了严格要求；机床上配备有精密的坐标测量装置，能精确地确定主轴箱、工作台等移动部件的位置，一般定位精度可达 2 μm。

(3) 金刚镗床

主轴粗而短，由电机直接带动作高速旋转运动来进行切削。刀具多为金刚石或立方碳化硼等超硬材料制作的镗刀，因此称为金刚镗床。其特点是：切削速度广，加工钢件可达 100～600 m/min，加工铝合金可达 200～1 000 m/min；背吃刀量较小，一般小于 0.1 mm；进给量也很小，一般取 0.01～0.14 mm/r。

在高速、小切深及小进给的加工过程中可获得很高的加工精度和很小的表面粗糙度。其镗孔的尺寸精度可达 IT6 级，表面粗糙度可控制在 0.8～0.2 μm。常用于汽车、拖拉机制造中的发动机气缸、油泵壳体、连杆、活塞等零件上的精密孔加工。

**3. 镗模结构**

镗孔的夹具简称镗模，主要用来加工壳体类和箱体类零件上的精密孔和孔系。

采用导向元件来引导并支撑镗杆，使镗杆的刚性得以提高，以此保证被加工孔的尺寸精度、形状精度和表面质量。采用镗模后，被加工孔系的位置精度主要由镗模的精度保证。镗模按镗套的位置可分为以下几种。

(1) 单支撑镗模

它只有一个位于刀具前面或后面的导向支撑。镗杆与机床主轴采用刚性连接，镗杆插入机床主轴的模氏锥度孔中，使镗套中心线与主轴轴线重合。此种方法将使工件的镗孔精度受到机床主轴回转精度的很大影响。所以，只用于小孔和短孔的加工。

(2) 双支撑镗模

它有两个引导镗杆的支撑，镗孔的位置精度由镗模保证不受机床主轴精度的影响，镗刀杆与机床主轴采用浮动连接。

# 学习工作单 2.2　学会加工冲模导套

| 情景 2　冲模导套的加工<br>任务 2.2　掌握冲模导套的加工方法 | 姓名：__________ | 班级：__________ |
|---|---|---|
| | 日期：__________ | 共__________页 |

1. 导套零件的加工方案和加工路线是怎样安排的？

2. 对于同轴度要求较高的孔，不采用锥度心轴方法定位加工可以吗？为什么？

3. 薄壁套零件在加工中应该注意哪些问题？

4. 单件生产和批量生产在加工方法及工艺上没有区别，这种说法对吗？为什么？

5. 磨孔时，孔口产生喇叭形是什么原因？怎样防止？

6. 研磨时，孔口产生喇叭形是什么原因？怎样防止？

7. 根据任务图 2-2 所示衬套零件，批量为 60 件，材料为（ZQSn6-63）；特点是孔壁很薄，尺寸精度和形位公差要求都很高。

(1) 进行加工工艺分析；

(2) 拟定加工工艺路线并填写工艺卡片。

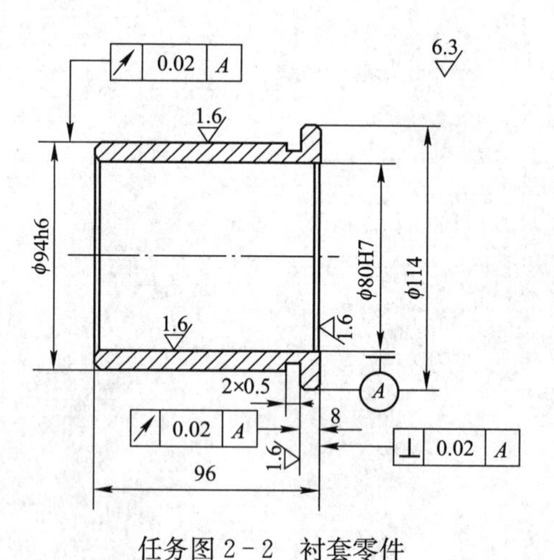


任务图 2-2　衬套零件

| 检查情况 | | 教师签名 | | 完成时间 | |
|---|---|---|---|---|---|

# 任务资讯 2.2　冲模导套的加工

## 任务资讯 2.2.1　导套的结构特点及技术分析

### 1. 冲模中导套的作用

导套如任务图 2－1 所示在模具中主要起导向作用，外圆 $\phi$45r6 与模座孔 $\phi$45H7 是配合面，导套孔 $\phi$32H7 与导柱外圆 $\phi$32r6 也有配合要求，在工作中必须保证导柱在导套内的上、下运动平稳，无滞阻现象，同时要保证凸模和凹模在工作时有正确的相对位置，保证模具能正常工作。所以，导套表面的尺寸和形状精度要求在加工中必须满足技术要求，否则就不能保证导柱、导套装配后模架的活动部分的运动要求。另外，还要保证导柱、导套各自配合面之间的同轴度要求。

### 2. 导套的尺寸精度和技术要求分析

① 导套的外圆表面和内圆表面的尺寸精度要求分别是 $\phi$45r6、$\phi$32H7。

② 导套内孔 $\phi$32H7 的直线度要求为 0.006 mm。

③ 导套外圆 $\phi$45r6 表面对内孔 $\phi$32H7 的轴线跳动值为 0.008 mm。

④ 导套外圆 $\phi$45r6 表面粗糙度为 0.2 $\mu$m；内孔 $\phi$32H7 表面粗糙度为 0.4 $\mu$m。

## 任务资讯 2.2.2　导套的加工方案选择和加工工艺分析

在机械加工过程中，除保证导套配合表面的尺寸和形状精度外，还要保证内外圆柱配合表面的同轴度要求。导套的内表面和导柱的外圆柱面为配合面，使用过程中运动频繁，为保证其耐磨性，需要有一定的硬度要求。因此，导套在精加工之前要进行渗碳、淬火等热处理，以提高其硬度。

在不同的生产条件下，导套的制造所采用的加工方法和设备不同，制造工艺也不同。

根据导套的尺寸精度和表面粗糙度要求，精度要求高的配合表面要采用磨削的方法进行精加工，以提高精度，且磨削加工应安排在热处理之后。精度要求不高的表面可以在热处理前车削到图样尺寸。

任务图 2－1 所示导套的长度是 110 mm，最大外圆直径是 48 mm，所以可以直接选用适当尺寸的热轧圆钢为毛坯材料。

### 1. 导套的加工路线和加工方案的选择

根据上述分析，导套的加工方案可选择为：备料→粗加工→半精加工→热处理→精加工→光整加工。导套的加工工艺路线如表 2－4 所示。

**表 2－4　导套的加工工艺路线**

| 工序号 | 工序名称 | 工序内容及要求 |
|---|---|---|
| 1 | 下料 | 用热轧圆钢按尺寸 $\phi$52 mm×115 mm 切断 |
| 2 | 车外圆及内孔 | 车外圆并钻、镗内孔，$\phi$45r6 外圆面及 $\phi$32H7 内孔留磨削余量 0.4 mm，其余达设计尺寸 |
| 3 | 检验 | |

续表

| 工序号 | 工序名称 | 工序内容及要求 |
| --- | --- | --- |
| 4 | 热处理 | 按热处理工艺进行，保证渗碳层深度 0.8～1.2 mm，硬度 50～62 HRC |
| 5 | 磨内外圆 | 用万能外圆磨床磨 ϕ45r6 外圆达设计要求，磨 ϕ32H7 内孔留研磨余量 0.01 mm |
| 6 | 研磨 | 研磨 ϕ32H7 内孔达设计要求研磨孔口圆弧 |
| 7 | 检验 | |

**2. 导套的加工工艺措施分析**

导套零件内外表面都要加工，内圆表面有直线度要求，外圆表面与轴线有同轴度要求。所以，在车削加工过程中，一次安装完成内外表面及全部加工，可以消除安装误差，并获得很高的相互位置精度。可以先加工外圆，以外圆为精基准加工内孔。于是直线度、同轴度和跳动误差小，此时可采用定心精度较高的夹具，如弹性膜片卡盘、液性塑料夹头、经过修磨的三爪自定心卡盘和软爪。导套类零件的壁很薄，加工中易变形，所以在切削中要注意夹紧力、切削力、内应力和切削热等因素的影响。批量加工时应注意将粗、精加工分开进行，应尽量减少加工余量，增加走刀次数，改变夹持方式和减少夹紧力。

要保证导套的尺寸精度和形状精度，还必须磨削。磨削导套要正确选择定位基准，对保证内外圆柱面的同轴要求是十分重要的。如 2－4 表所示，导套的工艺路线可在万能外圆磨床上，利用三爪自定心卡盘夹持 ϕ48 mm 外圆柱面进行加工，能保证同轴度要求。但要经常调整机床，所以这种方法只适宜单件生产。如果批量加工，可在专门设计的锥度心轴上，以心轴两端的中心孔定位，磨削外圆柱面，能获得较高的同轴度要求。这种心轴应具有很高的制造精度，其锥度在（1/1 000～1/5 000）的范围内选取，硬度在 60 HRC 以上。

为提高导套的精度，还可以用研磨的方法，研磨导套和研磨导柱相类似。在磨削和研磨过程中要注意喇叭口的产生、研具材料、磨料和磨液的选用。

**3. 加工过程中的质量保证方法**

1）定位基准的分析及选择

在外圆柱面进行车削和磨削之前总是先加工中心孔，以便为后继工序提供可靠的定位基准。若中心孔有较大的同轴度误差，将使中心孔和顶尖不能良好接触，影响加工精度。尤其当中心孔出现圆度误差时，将直接反映到工件上，使工件也产生圆度误差，如图 2－8 所示。导套在热处理后修正中心孔，目的在于消除中心孔在热处理过程中可能产生的变形和其他缺陷，使磨削外圆柱面时能获得精确定位，以保证外圆柱面的形状精度要求。修正中心孔可以采用磨、研磨和挤压等方法，可以在车床、钻床或专用机床上进行。

(1) 精度要求不高的中心孔修正方法

图 2－9 是挤压中心孔的硬质合金多棱顶尖。挤压时多棱顶尖装在车床主轴的锥孔内，其操作和磨中心孔相类似，利用车床的尾顶尖将工件压向多棱顶尖，通过多棱顶尖的挤压作用，修正中心孔的几何误差。此法生产率极高（只需几秒钟），但质量稍差，一般用于修正精度要求不高的中心孔。材料可用 20 钢，热处理渗碳深度为 0.8～1.2 mm，硬度为 58～62 HRC。

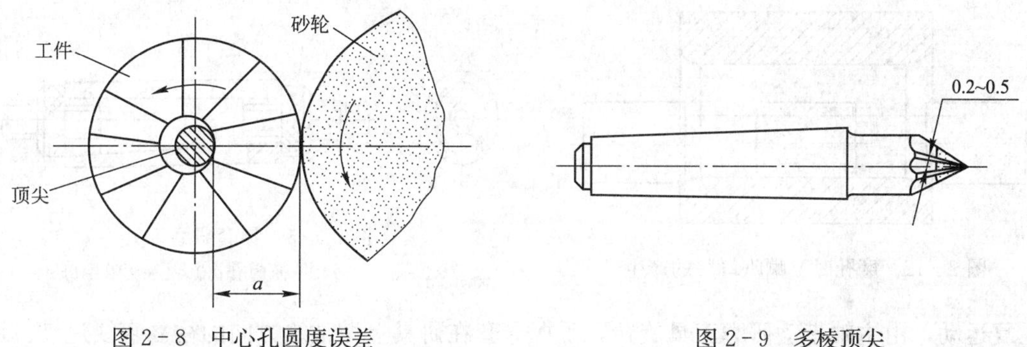


图2-8　中心孔圆度误差　　　　图2-9　多棱顶尖

(2) 精度要求高的中心孔修正方法

图2-10是在车床上用磨削方法修正中心孔。在被磨削的中心孔处，加入少量煤油或机油，手持工件进行磨削。用这种方法修正中心孔效率高，质量较好；但砂轮磨损快，需要经常修整。

2) 导套圆柱面定位基准的选择

如果批量加工同一尺寸的导套，可以先磨好内孔，以内孔作为定位基准，用专门设计的锥度心轴定位导套的外圆表面，如图2-11所示。借心轴和导套间的摩擦力带动工件旋转，这样能获得较高的同轴度要求，操作过程简单，生产率提高。

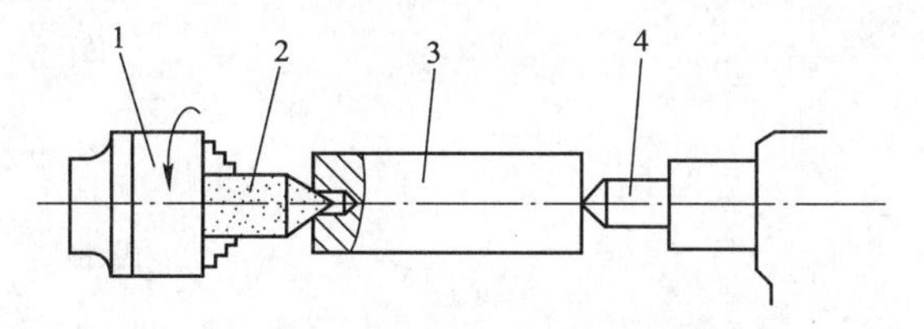


图2-10　磨削方法修正中心孔

1—三爪自定心卡盘；2—砂轮；3—工件；4—尾顶尖

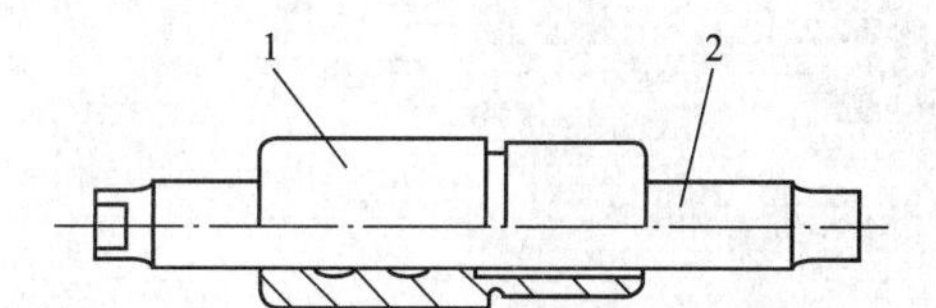


图2-11　用小锥度心轴安装导套

1—导套；2—心轴

3) 磨削和研磨时的缺陷

磨削和研磨导套孔时常见的缺陷是“喇叭口”(孔的尺寸两端大，中间小)，造成这种缺陷的原因可能来自以下两方面。

(1) 砂轮沿轴向超越长度大小的影响

磨削内孔时砂轮完全处在孔内，如图2-12中实线所示，砂轮与孔壁的轴向接触长度最大，磨杆所受的径向推力也最大，由于刚度原因，它所产生的径向弯曲位移使磨削深度减小，孔径相应变小。当砂轮沿轴向往复运动到两端孔口部位，砂轮必需超越两端面，如图2-12中虚线所示。超越的长度越大，则砂轮与孔壁的轴向接触长度越小，磨杆所受的径向推力减小，磨杆产生回弹，使孔径增大。要减小“喇叭口”，就要合理控制砂轮相对孔口端面的超越距离，以便使孔的加工精度达到规定的技术要求。

(2) 研磨剂堆积的影响

导柱和导套的研磨加工，其目的在于进一步提高加工的质量，以达到设计要求。可以在专用的研磨机床上研磨，单件小批量生产可以采用简单的研磨工具，在普通车床上进行研磨。如图2-13所示的研磨工具，导套放在研磨工具上并用手将其握住，做轴线方向的

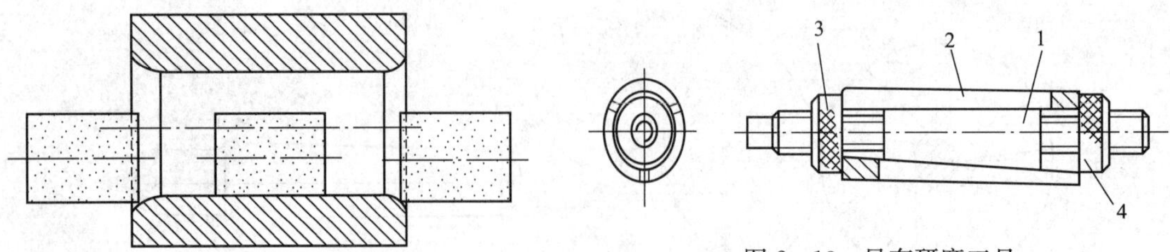


图 2-12 磨孔时“喇叭口”的产生

图 2-13 导套研磨工具

1—锥度心；2—研磨套；3、4—调整螺母

往复运动，由主轴带动研磨工具旋转，手握导套在研具上做轴线方向的往复直线运动。调节研具上的调整螺钉和螺母，可以调整研磨导套的直径，以控制研磨量的大小。

研磨导套时出现“喇叭口”的原因，是研磨时工件的往复运动使磨料在孔口处堆积，在孔口处切削作用增强所致。所以，在研磨过程中应及时清除堆积在孔口处的研磨剂，以防止和减轻这种缺陷的产生。

研磨导柱和导套用的研磨套和研磨棒一般是优质铸铁制造的，研磨剂用氧化铝或氧化铬（磨料）与机油或煤油（磨液）混合而成。磨料粒度一般在 220 号～W7 范围内选用。按被研磨表面的尺寸大小和要求，一般导柱、导套的研磨余量为 0.01～0.02 mm。

# 学习工作单 2.3　模具零件制造精度

| 情景 2　冲模导套的加工<br>任务 2.3　模具零件制造精度 | 姓名：________ | 班级：________ |
| --- | --- | --- |
| | 日期：________ | 共______页 |

1. 制约模具加工精度的因素主要有哪些?

2. 什么是工艺系统刚度?对模具零件加工有什么影响?

3. 传动力和惯性力对加工精度有什么影响?

4. 为减小工件残余应力引起的变形采取的措施有哪些?

5. 提高模具零件加工精度的技术有哪些?

6. 什么是加工精度、加工误差、公差、尺寸精度、误差补偿和热态几何精度?

7. 机床主轴的回转误差的基本形式有哪些?

8. 提高主轴回转精度的措施是什么?

| 检查情况 | | 教师签名 | | 完成时间 | |
| --- | --- | --- | --- | --- | --- |

# 任务资讯 2.3　模具零件制造精度

模具的制造精度主要体现在模具工作零件的精度和相关部位的配合精度。模具零件的加工质量是保证模具所加工产品质量的基础。零件的机械加工质量包括零件的机械加工精度和加工表面质量两大方面，这里主要讨论模具零件的机械加工精度问题。

## 任务资讯 2.3.1　模具制造精度分析

机械加工精度是指零件加工后的实际几何参数与理想几何参数的符合程度。其符合程度越高，加工精度就越高。

模具零件的加工精度包含三方面的内容：尺寸精度、形状精度和位置精度。这三者之间是有联系的。一般情况下，零件加工精度越高，加工成本就越高，生产效率就越低。因此，设计人员应根据零件的使用要求，合理地规定零件的加工精度。

在机械加工中，零件的尺寸、几何形状和表面间相对位置的形成，取决于工件和刀具在切削运动过程中相互位置的关系，而工件和刀具又安装在夹具和机床上，并受到夹具和机床的约束。因此，在机械加工时，机床、夹具、刀具和工件就构成了一个完整的系统，称为工艺系统，加工精度问题也就牵涉到整个工艺系统的精度问题。工艺系统中的种种误差，在不同的具体条件下，以不同的程度和方式反映为加工误差。工艺系统的误差是“因”，是根源，加工误差是“果”，是表现。因此，把工艺系统的误差称之为原始误差。一般模具的精度应与产品制件的精度相协调，同时也受模具加工技术手段的制约。影响模具精度的主要因素有以下几种。

(1) 产品制件的精度

产品制件的精度越高，模具工作零件的精度就越高。模具精度的高低不仅对产品制件的精度有直接影响，而且对模具的生产周期、生产成本及使用寿命都有很大的影响。

(2) 模具加工技术手段的高低

模具加工设备的加工精度和自动化程度，是保证模具精度的基本条件。今后模具零件精度将更大地依赖于模具加工技术手段的高低。

(3) 模具装配钳工的技术水平

模具的最终精度在很大程度上依赖于装配调试，模具光整表面的表面粗糙度大小也主要依赖于模具钳工的技术水平。因此，模具装配钳工技术水平是影响模具精度的重要因素。

(4) 模具制造的生产方式和管理水平

模具制造的生产方式和管理水平同样在很大程度上影响模具制造精度水平。例如，模具工作刃口尺寸在模具设计和生产时，是采用“配作法”还是“分开制造法”，是影响模具精度的重要方面。对于高精度模具只有采用“分开制造法”，才能满足高精度的要求和实现互换性生产。

## 任务资讯2.3.2 影响模具零件制造精度的因素

### 1. 工艺系统的几何误差对加工精度的影响

1）加工原理误差

加工原理误差是指采用了近似的成形运动或近似的刀刃轮廓进行加工而产生的误差。例如滚齿用的齿轮滚刀，就有两种误差：一种是为了制造方便，采用阿基米德蜗杆或法向直廓蜗杆代替渐开线蜗杆而产生的刀刃齿廓形状误差；另一种是由于滚齿加工的滚刀齿数有限，实际上加工出的齿形是由一条条微小折线段组成的曲线，和理论上的光滑渐开线有差异，从而产生加工原理误差。

采用近似的成形运动或近似的刀刃轮廓，虽然会带来加工原理误差，但往往可简化机床机构或刀具形状或可提高生产效率，且能得到满足要求的加工精度。因此，只要其误差不超过规定的精度要求，在生产中仍能得到广泛的应用。

2）调整误差

在机械加工的每一道工序中，总是要对工艺系统进行这样或那样的调整工作。由于调整不可能绝对地准确，因而产生调整误差。

通常工艺系统的调整有两种基本方法：试切法和调整法。不同的调整方式有不同的误差来源方式。

3）机床误差

引起机床误差的原因是机床的制造误差、安装误差和磨损。机床误差的项目很多，但对工件加工精度影响较大的主要有以下几种。

(1) 机床导轨导向误差

导轨是机床上确定各机床部件相对位置关系的基准，也是机床运动的基准。导轨误差是指机床导轨副的运动件的实际运动方向与理想运动方向之间的偏差值。导轨误差主要有以下3个方面：在水平面内的直线度误差；在垂直面内的直线度误差；前后导轨的扭曲度误差。导轨在水平面的直线度误差引起的加工误差如图2-14所示。

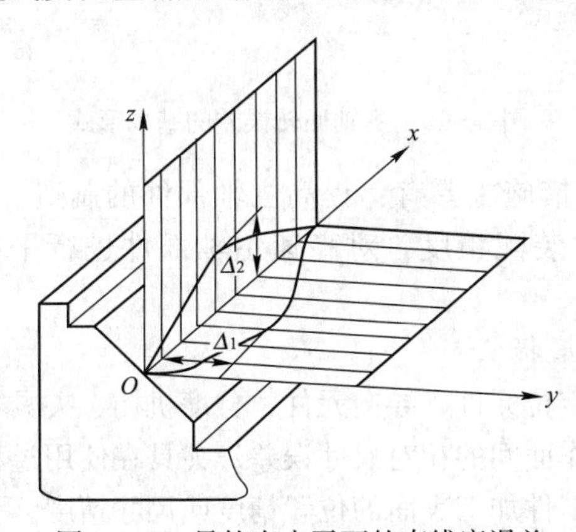


图2-14 导轨在水平面的直线度误差

(2) 机床主轴的回转误差

机床主轴的回转误差将直接影响被加工零件的精度，主轴在每瞬时回转轴线的空间位置是变动的，即存在着主轴回转误差。主轴回转误差是指主轴各瞬间的实际回转轴线相对其平均回转轴线的变动量。它可以分解为轴向窜动、径向跳动和角度摆动3种基本形式，如图2-15（d）所示。

① 轴向窜动。

轴向窜动主要影响零件的端面形状和轴向尺寸精度。例如，车削端面时，由于主轴的轴向窜动，使零件端面与刀具之间时而接近时而远离，造成实际背吃刀量时大时小，使得零件端面凸凹不平，如图2-15（a）所示。车削螺纹时，这种窜动会产生单个螺距内的周期误差，影响螺距值。

② 径向跳动。径向跳动主要影响零件的圆度和圆柱度。例如，车削外圆柱面时，由于主轴的径向跳动，使零件产生圆度误差，如图2-15（b）所示。

③ 角度摆动。角度摆动主要影响零件的形状精度。例如，车削外圆柱面时，由于主轴的角度摆动，使零件产生锥度，如图2-15（c）所示。

实际上，这3种形式的误差经常是同时存在的，如图2-15（d）所示。

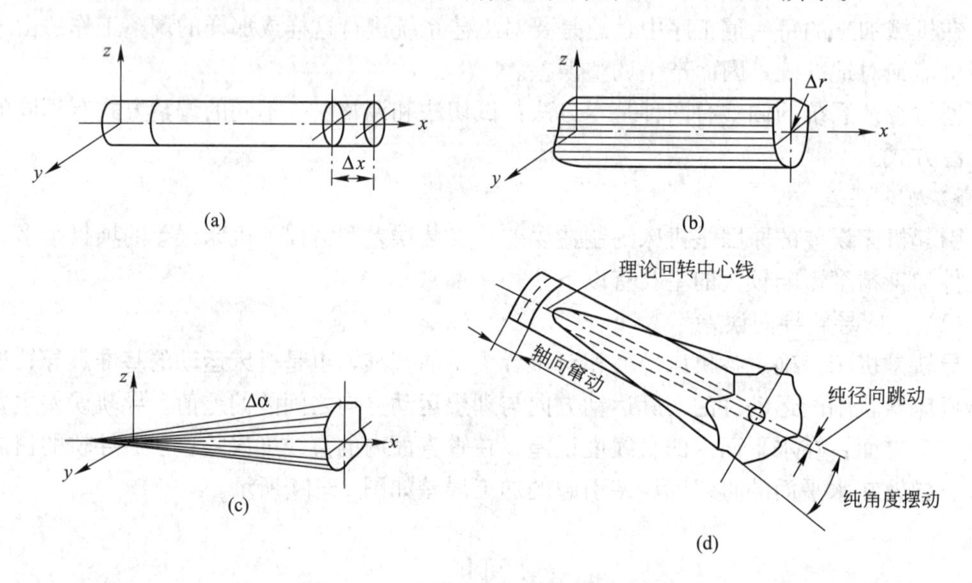


图2-15 主轴回转误差的基本形式

提高主轴回转精度的措施主要有：提高主轴部件的制造和安装精度，选用高精度的轴承，提高主轴部件的装配精度，对高速主轴部件进行平衡，对滚动轴承进行预紧等。

4）夹具的制造误差与磨损

夹具的误差主要有：定位元件、导向元件、分度机构、夹具零件等的制造误差；夹具装配后，以上各种元件工作面间的相对尺寸误差；夹具在使用过程中工作表面的磨损。

夹具误差将直接影响工件加工表面的位置精度或尺寸精度。一般来说，夹具误差对加工表面的位置误差影响最大。在设计或选择夹具时，凡影响工件精度的尺寸应严格控制其制造误差。粗加工用夹具的尺寸公差一般可取工件相应尺寸公差或位置公差的1/2～1/3，精加工用夹具则可取1/5～1/10。

5）刀具的制造误差与磨损

刀具制造误差对加工精度的影响与刀具的种类、材料等有一定关系。

① 采用定尺寸刀具（如钻头、铰刀、键槽铣刀、镗刀块及圆拉刀等）加工时，刀具的尺寸精度直接影响工件的尺寸精度。

② 采用成形刀具（如成形车刀、成形铣刀、成形砂轮等）加工时，刀具的形状精度将直接影响工件的形状精度。

③ 展成刀具（如齿轮滚刀、花键滚刀、插齿刀等）的刀刃形状必须是加工表面的共轭曲线。因此，刀刃的形状误差会影响加工表面的形状精度。

④ 对于一般刀具（如车刀、铣刀、镗刀），其制造精度对加工精度无直接影响，但这类刀具的耐用度较低，刀具容易磨损。

**2. 工艺系统受力变形误差**

切削加工时，由机床、刀具、夹具和工件组成的工艺系统，在切削力、夹紧力及重力等作用下，将产生相应的变形，使刀具和工件在静态下调整好的相互位置及切削成形运动所需要的正确几何关系会发生变化，从而造成加工误差。

工艺系统的受力变形是加工中一项很重要的原始误差。事实上，它不仅严重地影响工件加工精度，而且还影响加工表面质量，限制加工生产率的提高。

工艺系统受力变形通常是弹性变形。一般来说，工艺系统抵抗弹性变形的能力越强，加工精度就越高。工艺系统抵抗变形的能力，用刚度来描述。所谓工艺系统刚度，通常是指机床、夹具、刀具在切削力的作用下，不发生弹性变形的能力。刚度越高越不容易发生弹性变形，刚度越差越容易发生弹性变形，就会产生颤动。这个“度”，一般没有具体“量值”，只用高、低或好、差、强、弱来描述。系统中各独立零部件，其“刚度”也就是机械强度，在设计时是要经过强度较核的，承载外力是有具体“量值”的。

1）工艺系统刚度对加工精度的影响

① 切削力作用点位置变化引起的工件形状误差。切削过程中，工艺系统的刚度会随切削力作用点位置的变化而变化，这使得工艺系统受力变形亦随之变化，引起工件形状误差。

② 切削力大小变化引起的加工误差。例如，在车床上加工短轴，如果毛坯形状误差较大或材料硬度很不均匀，这时工件加工时切削力的大小就会有较大变化，工艺系统的变形也就会随切削力大小的变化而变化，因而引起工件加工误差。

③ 夹紧力和重力引起的加工误差。工件在装夹时，由于工件刚度较低或夹紧力着力点不当，会使工件产生相应的变形，造成加工误差。

2）传动力和惯性力对加工精度的影响

① 机床传动力对加工精度的影响，主要取决于传动件作用于被传动件上的力学分析情况。当存在有使工件及定位件产生变形的力时，刀具相对于工件发生误差位移，从而引起加工误差。

② 对加工精度也有一定的影响。如高速切削时，如果工艺系统中有不平衡的高速旋转构件存在，就会产生离心力，它和传动力一样，在工件的每一转中不断变更方向，引起工件几何轴线作摆动而引起加工误差。

周期性变化的惯性力还常常引起工艺系统的强迫振动。因此，机械加工中若遇到这种情况，可采用“对重平衡”的方法来消除这种影响，即在不平衡质量的反向加装重块，使两者的离心力相互抵消。

3）减小工艺系统受力变形对加工精度影响的措施

减小工艺系统受力变形是保证加工精度的有效途径之一。在生产实际中，常从以下几个方面采取措施予以解决。

（1）提高工艺系统的刚度

合理的结构设计，提高连接表面的接触刚度和采用合理的装夹和加工方式。

（2）减小载荷及其变化

采取适当的工艺措施，如合理选择刀具几何参数和切削用量以减小切削力，就可以减少受力变形。

（3）减小工件残余应力引起的变形

残余应力也称内应力，是指在没有外力作用下或去除外力后工件内存留的应力。具有残余应力的零件处于一种不稳定的状态，零件将会不断缓慢地翘曲变形，原有的加工精度会逐渐丧失。

残余应力是由于金属内部相邻组织发生了不均匀的体积变化而产生的。促成这种变化的因素主要来自冷、热加工。要减少残余应力可采取如下的措施。

① 增加消除内应力的热处理工序。

② 合理安排工艺过程，如粗精加工不在同一工序中进行，使粗加工后有一定时间让残余应力重新分布，以减少对精加工的影响。

③ 改善零件结构、提高零件的刚性、使壁厚均匀等均可减少残余应力的产生。

## 任务资讯 2.3.3　工艺系统的热变形对加工精度的影响

在机械加工过程中，工艺系统会受到各种热的影响而产生温度变形，一般也称为热变形。这种变形将破坏刀具与工件的正确几何关系和运动关系，造成工件的加工误差。另外，工艺系统热变形还影响加工效率。为减少受热变形对加工精度的影响，精加工时通常需要预热机床以获得热平衡，或降低切削用量以减少切削热和摩擦热，或粗加工后停机以待热量散发后再进行精加工，或增加工序（使粗、精加工分开）等。

热总是由高温处向低温处传递的。热的传递方式有 3 种，即导热传热、对流传热和辐射传热。引起工艺系统变形的热源可分内部热源和外部热源两大类。

工艺系统在各种热源的作用下，温度会逐渐升高，同时它们也通过各种传热方式向周围的介质散发热量。当工件、刀具和机床的温度达到某一数值时，单位时间内散发的热量与热源传入的热量趋于相等，这时工艺系统就达到了热平衡状态。在热平衡状态下，工艺系统各部分的温度就保持在一相对固定的数值上，因而各部分的热变形也就相应地趋于稳定。

（1）工件热变形对加工精度的影响

在工艺系统热变形中，机床热变形最为复杂，工件、刀具的热变形相对简单一些。这主要是因为在加工过程中，影响机床热变形的热源较多，也较复杂，而对工件和刀具来说，热源比较简单。因此，工件和刀具的热变形常可用解析法进行估算和分析。

（2）刀具热变形对加工精度的影响

刀具热变形主要是由切削热引起的。通常传入刀具的热量并不太多，但由于热量集中在切削部分，以及刀体小，热容量小，故仍会有很高的温升。

连续切削时，刀具的热变形在切削初始阶段增加很快，随后变得较缓慢，经过不长的一段时间后（约 10～20 min）便趋于热平衡状态。此后，热变形变化量就非常小。通常刀具总的热变形量可达 0.03～0.05 mm。

为了减小刀具的热变形，应合理选择切削用量和刀具几何参数，并给予充分冷却和润滑，以减少切削热，降低切削温度。

（3）机床热变形对加工精度的影响

机床在工作过程中，受到内外热源的影响，各部分的温度将逐渐升高。由于各部件的热源不同、分布不均匀，以及机床结构的复杂性，导致各部件的温升不同，而且同一部件不同位置的温升也不相同，进而形成不均匀的温度场，使机床各部件之间的相互位置发生变化，破坏了机床原有的几何精度而造成加工误差。

机床空运转时，各运动部件产生的摩擦热基本不变。运转一段时间之后，各部件传入的热量和散失的热量基本相等，即达到热平衡状态，变形趋于稳定。机床达到热平衡状态时的几何精度称为热态几何精度。在机床达到热平衡状态之前，机床几何精度变化不定，对加工精度的影响也变化不定。因此，精密加工应在机床处于热平衡之后进行。

## 任务资讯 2.3.4　提高零件加工精度的途径

机械加工误差是由工艺系统中的原始误差引起的。在对某一特定条件下的加工误差进行分析时，首先要列举出其原始误差，即要了解所有原始误差因素及对每一原始误差的数值和方向定量化。其次要研究原始误差与零件加工误差之间的数据转换关系。最后，用各种测量手段实测出零件的误差值，进而采取一定的工艺措施消除或减少加工误差。生产实际中尽管有许多减少误差的方法和措施，但从消除或减少误差的技术上看，可将它们分成以下两大类。

**1. 误差预防技术**

通过减少误差源或改变误差源与加工误差之间的数量转换关系，来减少原始误差的影响。具体方法有如下几种。

（1）直接减小原始误差法

这种方法是指在查明影响加工精度的主要原始误差因素之后，设法对其直接进行消除或减小。例如，加工细长轴时，主要原始误差影响因素是工件刚性差。所以，采用反向进给切削法，并加上跟刀架，使零件受拉伸，从而达到减小变形的目的，如图 2－16 所示。

（2）转移原始误差法

这种方法是指把影响加工精度的原始误差转移到不影响或少影响加工精度的方向上去。例如，车床的误差敏感方向是工件的直径方向，所以转塔车床在加工中都采用“立刀”安装法，把刀刃的切削基面放在垂直平面内，这样可把刀架的转位误差转移到误差不敏感的切线方向上，如图 2－17 所示。

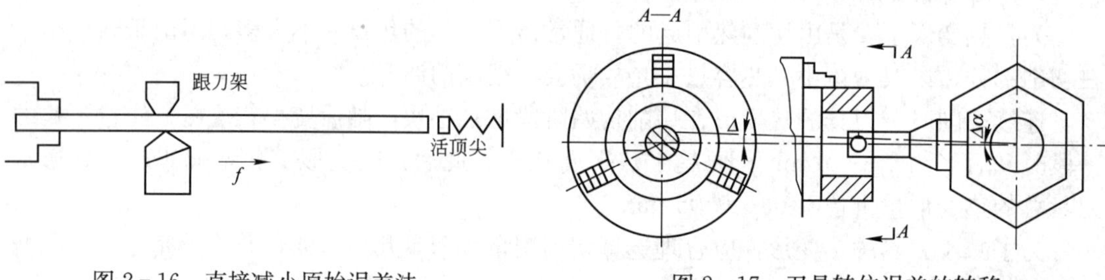


图 2-16 直接减小原始误差法

图 2-17 刀具转位误差的转移

(3) 误差分组法

当毛坯的精度太低，引起的定位误差或误差复映太大时，可以采用分组调整，把毛坯件按误差大小分成 $n$ 组，则每组零件的误差就缩小为原来的 $1/n$，再按组调整刀具和零件的相对位置以减小毛坯误差对加工精度的影响。这种方法比直接提高本工序的加工精度要简便易行一些。

(4)"就地加工"法

"就地加工"法是指把各相关零件、部件先行装配，使它们处于工作时要求的相互位置，然后就地进行最终加工。例如，车床尾架顶尖孔的轴线要求与主轴轴线重合，可以采用就地加工，把尾架装配到机床上后进行最终精加工。

**2. 误差补偿技术**

误差补偿技术是指在现存的原始误差条件下，通过分析、测量，并以这些误差源为依据，人为地在工艺系统中引入一个附加的误差源，使之与工艺系统原有的误差相抵消，以减少或消除零件的加工误差。从提高加工精度角度考虑，在现有工艺系统条件下，误差补偿技术是一种行之有效的方法。特别是借助计算机辅助技术，可达到很好的实际效果。

# 学习工作单 2.4　模具零件机械加工表面质量

| 情景 2　冲模导套加工<br>任务 2.4　模具机械加工表面质量 | 姓名：________ | 班级：________ |
| --- | --- | --- |
| | 日期：________ | 共________页 |

1. 模具零件表面质量的含义包含哪些主要内容?

2. 引起表面残余应力的原因是什么?

3. 影响表面质量的因素及改善途径有哪些?

4. 为什么模具零件加工的表面质量与加工精度有同等重要的意义?

5. 如何理解表面完整性与表面粗糙度?

6. 磨削烧伤与温度有什么关系? 怎么控制?

7. 工艺系统的热变形是如何影响加工精度的?

8. 提高模具零件表面加工质量的方法有哪些?

| 检查情况 | | 教师签名 | | 完成时间 | |
| --- | --- | --- | --- | --- | --- |

# 任务资讯 2.4 模具零件机械加工表面质量

## 任务资讯 2.4.1 加工表面质量含义

机械加工表面质量是以零件的加工表面和表面层作为分析和研究对象的。经过机械加工的零件表面总是存在一定程度的微观不平、冷作硬化、残余应力及金相组织的变化，虽然只产生在很薄的表面层，但对零件使用性能的影响是很大的。

机械零件的破坏，一般总是从表面层开始的。研究模具零件机械加工表面质量的目的，就是为了掌握模具零件在机械加工中各种工艺因素对加工表面质量影响的规律，以便运用这些规律来控制加工过程，最终达到改善表面质量、提高模具产品使用性能和寿命的目的。

机械加工表面质量也称表面完整性，它主要包含两个方面的内容。

**1. 表面的几何特征**

(1) 表面粗糙度

表面粗糙度是指加工表面上具有的较小间距和峰谷所组成的微观几何形状误差，其波长与波高的比值一般小于 50。它主要与刀刃的形状、刀具的进给、切屑的形成等因素有关。

(2) 表面波度

表面波度是介于表面宏观几何形状误差和表面粗糙度之间的几何形状误差，其波长与波高的比值等于 50～1 000。它主要是由切削刀具的偏移和工艺系统的震动造成的。

(3) 表面加工纹理

即表面微观结构的主要方向。它取决于形成表面所采用的机械加工方法，即主运动和进给运动的关系。

(4) 伤痕

即在加工表面上一些个别位置上出现的缺陷，如砂眼、气孔、裂痕和划痕等。

**2. 零件表面的力学性能**

(1) 表面层的加工硬化

表面层的加工硬化是指机械加工过程中，表面层金属的硬度有所提高的现象。一般情况下表面硬化层的深度可达 0.05～0.30 mm。

(2) 表面层金相组织变化

表面层金相组织变化是指机械加工过程中，由于切削热的作用引起表面层金属的金相组织发生变化。

(3) 表面层残余应力

表面层残余应力是指机械加工后，零件表面层残留的压应力或拉应力。

## 任务资讯 2.4.2 零件表面质量对零件使用性能的影响

零件使用性能包括耐磨性、疲劳强度、耐蚀性、配合精度等方面，零件的表面质量对各种性能的影响也不相同。

**1. 零件的表面质量对耐磨性的影响**

影响零件耐磨性的因素有摩擦副的材料、润滑条件和零件的表面质量。当前两个条件都已确定的情况下，零件的表面质量对耐磨性就起着决定性的作用。

（1）表面粗糙度对耐磨性的影响

当两个刚加工好的零件构成一个摩擦副时，两个接触表面之间在最初阶段只在凸峰顶部接触，实际接触面积远小于理论接触面积，表面越粗糙，实际接触面积就越小。在相互接触的凸峰顶部有非常大的单位应力，使实际接触面积处产生塑性变形、弹性变形和峰部之间的剪切破坏，引起严重磨损。即使在有润滑的条件下，由于凸峰顶部处的压强超过临界值，使润滑油膜被破坏，金属材料直接接触，也加剧了零件的磨损。

一般来说，表面粗糙度值越小，零件耐磨性越好。但表面粗糙度值太小，紧密接触的两个光滑表面之间润滑油不易储存，容易发生分子粘接，磨损反而增加。因此，接触面的粗糙度有一个最佳值，这个值与零件的工作情况有关，重载荷下的表面粗糙度最佳值比轻载荷时大。

（2）表面加工硬化对耐磨性的影响

表面层的加工硬化使摩擦副表面层金属的硬度提高，所以一般可使耐磨性提高。但也不是冷作硬化程度越高，耐磨性就越高，这是因为过度的加工硬化将会引起金属组织过度疏松，甚至出现裂纹和表层金属的剥落，使耐磨性下降。所以，零件的表面硬化层必须控制在一定的范围内。

**2. 零件的表面质量对疲劳强度的影响**

零件在交变载荷作用下，往往在零件表面微观不平的凹谷处和表面层的缺陷处发生疲劳破坏，因此零件的表面质量对疲劳强度影响很大。

（1）表面粗糙度对疲劳强度的影响

在交变载荷作用下，表面粗糙度的凹谷部位容易引起应力集中，产生疲劳裂纹，造成零件的疲劳破坏。表面粗糙度值越大，应力集中越严重，越容易形成和扩展疲劳裂纹。减小表面粗糙度，可以提高零件抗疲劳破坏的能力。

（2）表面层残余应力对疲劳强度的影响

表面层残余应力对零件疲劳强度的影响很大。表面层残余拉应力将使疲劳裂纹扩大，加速疲劳破坏；而表面层残余压应力能够阻止疲劳裂纹的扩展，延缓疲劳破坏的产生。

（3）表面加工硬化对疲劳强度的影响

加工硬化可以在零件表面形成一个冷硬层，能够防止裂纹产生并阻止已有裂纹的扩展，从而提高零件的疲劳强度。但是如果冷硬层过深过硬，反而容易产生疲劳裂纹。所以，零件的加工硬化程度和冷硬层的深度应控制在一定范围内。

**3. 零件的表面质量对耐蚀性能的影响**

零件的耐蚀性在很大程度上取决于表面粗糙度。表面粗糙度值越大，则凹谷中聚积腐蚀性物质就越多，渗透和腐蚀作用就越强烈。因此，零件的表面粗糙度值越大，耐蚀性能就越差。

表面层的残余应力对零件的耐蚀性能也有较大影响。表面层的残余拉应力会降低零件的耐蚀性，而残余压应力则能增强零件的耐蚀性。

**4. 零件表面质量对配合精度的影响**

表面粗糙度值的大小将影响配合表面的配合精度。对于间隙配合，表面粗糙度值大会使磨损加大，使实际间隙增大，破坏了要求的配合性质。对于过盈配合，装配过程中一部分表面凸峰被挤平，使实际过盈量减小，降低了配合件之间的连接强度。

总之，提高加工表面质量，对保证零件的使用性能、提高零件的寿命都是很重要的。所以，在模具零件加工时一定要注意加工表面质量。

## 任务资讯 2.4.3 影响表面质量的因素

零件的加工表面质量，受许多因素的影响。对于不同的工艺方法，影响零件表面质量的因素也各不相同。

**1. 机械加工后的表面粗糙度**

1）切削加工对表面粗糙度的影响因素

切削加工中影响表面粗糙度的因素有 3 个方面：几何因素、物理因素和工艺系统震动。

（1）几何因素

影响表面粗糙度的几何因素主要是指刀具相对于零件作进给运动时，在加工表面留下了切削层残留面积，其形状与刀具几何形状有关。从几何角度考虑，该残留面积的高度就是表面粗糙度，残留面积越大，表面越粗糙。减小进给量，减小刀具主、副偏角及增大刀尖圆弧半径，均可减小残留面积的高度，从而减小表面粗糙度。

此外，适当增大刀具的前角、合理选择切削液和提高刀具刃磨质量，也是减小表面粗糙度值的有效措施。

（2）物理因素

加工塑性材料时，由于刀具对金属的挤压产生了塑性变形，加之刀具迫使切屑与零件分离的撕裂作用，使表面粗糙度值加大。零件材料韧性越好，金属的塑性变形越大，加工表面就越粗糙。

加工脆性材料时，其切屑呈碎粒状，由于切屑的崩碎而在加工表面留下许多麻点，使表面粗糙度值增加。

（3）工艺系统震动

工艺系统的震动，造成刀具和零件沿震动方向的附加运动，产生明显的表面震痕，使表面粗糙度值加大。可以通过合理选择切削用量。合理选择刀具的几何角度和几何结构，提高机床、零件、刀具自身的抗震性，以及采用减震装置等措施来提高工艺系统的抗震性，从而降低表面粗糙度。

2）磨削加工对表面粗糙度的影响

（1）砂轮的粒度

砂轮粒度能表明磨粒的尺寸大小。粒度号数越大，磨粒的尺寸越小，参加的磨粒就越多，磨削出的表面就越光滑。

（2）砂轮的硬度

砂轮太软，磨粒容易脱落而不利于保持磨粒的等高性；砂轮太硬，磨粒磨钝后不容易脱落而不利于保持磨粒的锋利性，都会使表面粗糙度增大。

(3) 砂轮的修整

修整砂轮时，切深和进给量越小，修整出的砂轮就越光滑，磨削刃的等高性越好，磨削出来的零件表面粗糙度值就越小。即使砂轮粒度大，经过修整后在磨粒上车出切削微刃，也能降低磨削表面的粗糙度。

(4) 磨削速度

砂轮磨削速度越高，单位时间内通过被磨表面的磨粒数就越多，零件表面就越光滑。

(5) 磨削深度

增大磨削深度将增加塑性变形程度，从而加大表面粗糙度。实际磨削中，经常在磨削开始时采用较大的磨削深度以提高生产率，而在磨削最后采用小的磨削深度或无进给磨削以降低表面粗糙度。

(6) 零件转速和纵向进给量

磨削加工中，零件的转速越高，纵向进给量越大，单位时间内通过被磨表面的磨粒数将减少，会使表面粗糙度值增加。

(7) 零件材料的硬度及韧性

零件材料太硬，容易使砂轮磨钝；零件材料太软，容易堵塞砂轮；零件材料韧性太大，容易使磨粒崩落，因此都会使表面粗糙度值增加。

**2. 机械加工后的表面层物理机械性能**

在切削加工中，零件由于受到切削力和切削热的作用，使表面层金属的物理机械性能产生变化，最主要的变化是表面层金属显微硬度的变化、金相组织的变化和残余应力的产生。由于磨削加工时所产生的塑性变形和切削热比刀刃切削时更严重，因此磨削加工后零件表面层上述三项物理机械性能的变化会很大。

1) *表面层加工硬化*

机械加工过程中由于加工硬化的作用，使表面层金属的硬度和强度提高，其结果是增大了金属变形的阻力，减小了金属的塑性，金属的物理性质也会发生变化。

被硬化的金属处于高能位的不稳定状态，只要一有可能，金属的不稳定状态就要向比较稳定的状态转化，这种现象称为弱化。机械加工过程中的切削热，将使金属在塑性变形中产生的硬化现象得到恢复。

由于金属在机械加工过程中同时受到力和热的作用，因此加工后表层金属的最后性质取决于硬化和弱化综合作用的结果。

2) *表面层材料金相组织变化*

金相组织发生变化的主要因素是温度，当加工过程中产生的切削热使被加工表面的温度超过相变温度后，表层金属的金相组织将会发生变化。但是对于一般的切削加工，切削热大部分被切屑带走，加工区的温度达不到相变温度。但是在磨削加工中，磨削速度特别大，单位切削面积上的切削力要比其他加工方法大得多，所消耗的能量比一般的切削加工大得多并且所消耗的能量绝大部分都转化为热量，热量中的70%以上都传给了零件，当被磨削零件表面层温度达到相变温度以上时，表层金属发生金相组织的变化，使表层金属强度和硬度降低，并伴有残余应力产生，甚至出现微观裂纹，这种现象称为磨削烧伤。

磨削热是造成磨削烧伤的根源，所以改善磨削烧伤有两个途径：一是尽可能地减少磨削热的产生；二是改善冷却条件，尽量使产生的热量少传入零件。具体措施有以下几个方面。

(1) 正确选择砂轮

应注意合理选择砂轮的硬度、结合剂和组织。硬度太高的砂轮，由于砂轮钝化后不易脱落，容易产生烧伤，所以应选择较软的砂轮。选择具有一定弹性的结合剂（如橡胶结合剂、树脂结合剂），并且要及时修整砂轮。此外，为了减少砂轮与零件之间的摩擦热，在砂轮的孔隙内浸入石蜡之类的润滑物质，对降低磨削区的温度、防止零件烧伤也有一定效果。

(2) 合理选择磨削用量

合理选择磨削用量时，既要考虑避免零件烧伤，同时也要考虑不能增大零件表面粗糙度。磨削深度对磨削温度影响极大，磨削深度增大，磨削温度就增大，所以磨削深度不宜过大。增大零件转速，磨削表面的温度也会升高，但其增长速度与磨削深度的影响相比小得多。增大纵向进给量可以减少砂轮与零件的接触时间，提高了散热效果，降低了磨削温度；但是同时会导致零件表面粗糙度值变大，常采用较宽的砂轮来弥补。

因此，选用较小的磨削深度和较大的零件转速，是防止零件烧伤和保持较高生产率的有效措施。

(3) 改善冷却条件

目前常用的冷却方法如图 2 - 18 所示，实际上真正进入磨削区的切削液很少，绝大部分是淋在已离开磨削区的加工面上，而此时零件已经烧伤。因此必须改善冷却条件，防止烧伤现象的发生。

如图 2 - 19 所示的内冷却是一种效果较好的冷却方法。内冷却法的工作原理是，经过严格过滤的冷却液通过中空主轴法兰套引入砂轮的中心腔内，由于离心力的作用，这些冷却液就会通过砂轮内部的孔隙向砂轮四周的边缘甩出，因此冷却液就有可能直接注入磨削区。但是，目前内冷却法还未得到广泛应用，主要原因是使用内冷却装置时，磨床附近有大量水雾，操作工人劳动条件差，另外精磨加工时无法通过观察火花试磨对刀。

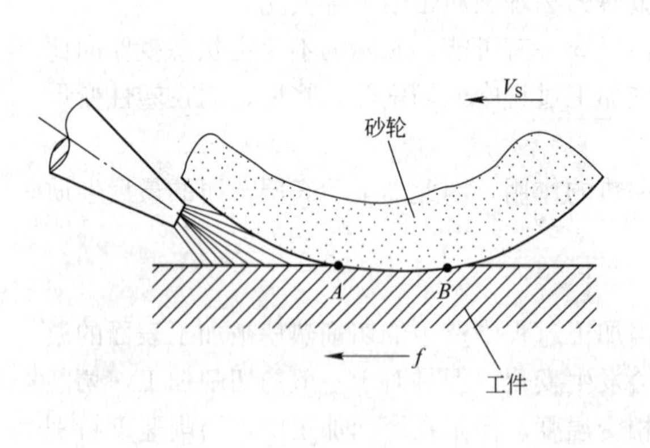


图 2 - 18 常用的冷却方法

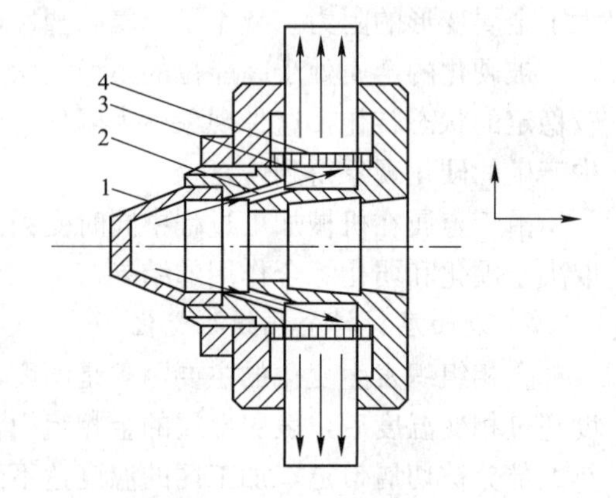


图 2 - 19 内冷却砂轮结构

1—锥型盖；2—切削液通孔；
3—砂轮中心腔；4—小孔薄壁套

3) 表面层残余应力

在机械加工过程中，当零件的表面层金属组织发生形状变化、体积变化或金相组织变化时，将在表面层金属与其基体金属之间产生互相平衡的残余应力。

产生残余应力的原因主要有以下几个方面。

(1) 冷态塑性变形的影响

机械加工时，在切削力的作用下，表面金属层内产生塑性变形而伸长，体积膨胀，不可避免地要受到与它相连的里层金属的阻止，因此就在表面金属层产生了残余压应力，而在里层金属中产生残余拉应力。

(2) 热态塑性变形的影响

切削加工中会有大量的切削热产生，表面金属层在切削热的作用下产生热膨胀，此时基体金属的温度较低，因此表面金属层的热膨胀受到基体的限制而产生热压缩应力。当切削过程结束后，表面温度下降到与基体温度一致，表面层的冷却收缩受到基体的限制，表面层产生残余拉应力，里层产生残余压应力。磨削时由于磨削温度较高，热塑性变形也较大，所以温度较低，因此表面层的残余拉应力也较大，有时甚至使零件产生裂纹。

(3) 金相组织变化的影响

切削或磨削时产生的高温会引起表面层的金相组织变化。由于不同的金相组织具有不同的密度，表面层的金相组织变化就会造成体积的变化。表面层体积膨胀时，因为受到基体的限制，产生了压应力；表面层体积缩小时，则产生了拉应力。

4) 提高和改善零件表面层物理机械性能的措施

对于承受高应力、交变载荷的零件，为了使表面层产生有利于提高耐疲劳强度及抗腐蚀性能的残余压应力和冷硬层，并降低表面粗糙度值，可以采用喷丸、滚压、挤压等表面强化工艺。

(1) 喷丸强化

喷丸是一种用压缩空气或离心力将大量直径细小（0.05～1.5 mm）的钢丸或玻璃丸以35～50 m/s的速度向零件表面喷射的方法，如图2-20所示。它使工件表面产生冷硬层和残余压应力，可以显著提高零件的疲劳强度和使用寿命。这种方法可以用于任何复杂形状的零件。

(2) 滚压加工

滚压加工是用工具钢淬硬制成的钢滚轮或钢珠在零件上进行滚压，如图2-21所示，将表层的凸起部分向下压，凹下部分往上挤，这样将前道工序留下的波峰压平，从而修正零件表面的微观几何形状。此外，它还会使零件表面金属组织细化，形成残余压应力。

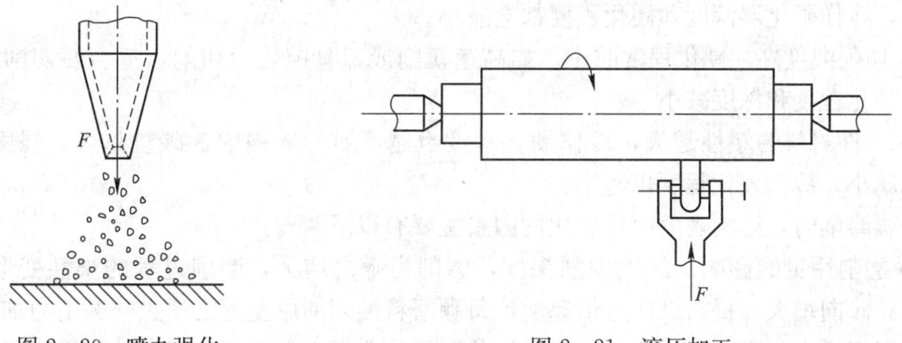


图2-20　喷丸强化　　图2-21　滚压加工

(3) 挤压加工

挤压加工是用经过研磨的、具有一定形状的超硬材料（金刚石或立方氮化硼）作为挤压头，安装在专用的弹性刀架上，在常温状态下对金属表面进行挤压。挤压后的金属表面粗糙度值下降，硬度提高，表面层形成残余压应力，从而提高了表面疲劳强度。

## 任务资讯 2.4.4　表面加工工艺因素及其改进措施

由于受到切削力和切削热的作用，表面金属层的力学物理性能会产生很大的变化，最主要的变化是表层金属显微硬度的变化、金相组织的变化和在表层金属中产生残余应力等。

**1. 冷作硬化的产生**

机械加工过程中产生的塑性变形，使晶格扭曲、畸变，晶粒间产生滑移，晶粒被拉长，这些都会使表面层金属的硬度增加，这种现象统称为冷作硬化（或称为强化）。表层金属冷作硬化的结果，会增大金属变形的阻力，减小金属的塑性，金属的物理性质（如密度、导电性、导热性等）也有所变化。

由于金属在机械加工过程中同时受到力因素和热因素的作用，机械加工后表面层金属的最后性质取决于强化和弱化两个过程的综合。

评定冷作硬化的指标有下列 3 项。

① 表层金属的显微硬度 HV。

② 硬化层深度 $h(\mu m)$。

③ 硬化程度 $N$。

硬化程度与显微硬度的关系如下。

$$N=\frac{HV-HV_0}{HV_0}\times 100\% \tag{2-2}$$

式中：$HV_0$——工件原表面层的显微硬度。

**2. 影响表面冷作硬化的因素**

金属切削加工时，影响表面层加工冷作硬化的因素可从 4 个方面来分析。

① 切削力越大，塑性变形越大，硬化程度越大，硬化层深度也越大。因此，增大进给量、背吃刀量、减小刀具前角，都会增大切削力，使加工冷作硬化严重。

② 当变形速度很快（即切削速度很高）时，塑性变形可能跟不上，这样塑性变形将不充分，冷作硬化层深度和硬化程度都会减小。

③ 切削温度高，硬化程度减小。如高速切削或刀具钝化后切削，都会使切削温度上升，使硬化程度和深度减小。

④ 工件材料的塑性越大，冷作硬化程度也越严重。碳钢中含碳量越大，强度越高，其塑性越小，冷作硬化程度也越小。

金属磨削时，影响表面冷作硬化的因素主要有以下两种。

① 磨削用量的影响。加大磨削深度，磨削力随之增大，磨削过程的塑性变形加剧，表面冷硬倾向增大。提高纵向进给速度，每颗磨粒的切屑厚度随之增大，磨削力加大，冷作硬化程度增大。因此，加工表面的冷硬状况要综合考虑上述两种因素的作用。提高工件

转速会缩短砂轮对工件热作用的时间，使软化倾向减弱，因而表面层的冷硬增大。提高磨削速度，每颗磨粒切除的切削厚度变小，减弱了塑性变形程度；而磨削区的温度增高，弱化倾向增大。所以，高速磨削时加工表面的冷硬程度比普通磨削时低。

② 砂轮粒度的影响。砂轮的粒度越大，每颗磨粒的载荷越小，冷硬程度也越小。

**3. 冷作硬化的测量方法**

冷作硬化的测量主要是指表面层的显微硬度 HV 和硬化层深度 $h$ 的测量。硬化程度 $N$ 可由表面层的显微硬度 HV 和工件内部金属原来的显微硬度 $HV_0$ 计算求得。

表面层显微硬度 HV 的常用测定方法是用显微硬度计来测量，它的测量原理与维氏硬度计相同。加工表面冷硬层很薄时，可在斜截面上测量显微硬度。对于平面试件可按图 2-22（a）磨出斜面，然后逐点测量其显微硬度，并将测量结果绘制如图 2-22（b）所示的图形。斜切角口常取为 0°30′～2°30′。采用斜截面测量法，不仅可测量显微硬度，还能较为准确地测出硬化层深度 $h$。由图 2-22（a）可知

$$h=l\sin\alpha+R_a \tag{2-3}$$

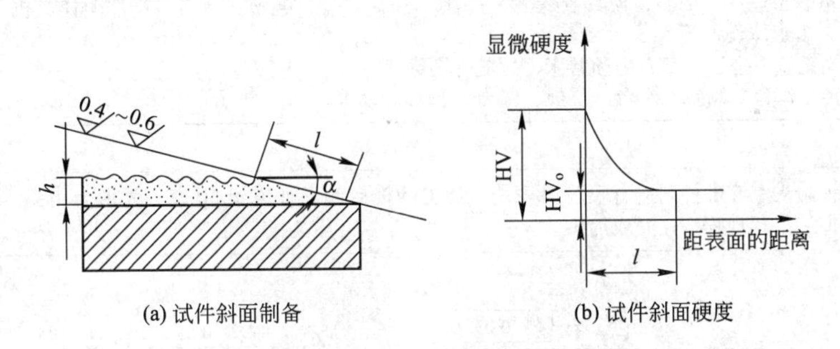

(a) 试件斜面制备　(b) 试件斜面硬度

图 2-22　显微硬度

# 情境3　冲模模座加工

## 情境学习指南3　学会模具箱体类零件加工

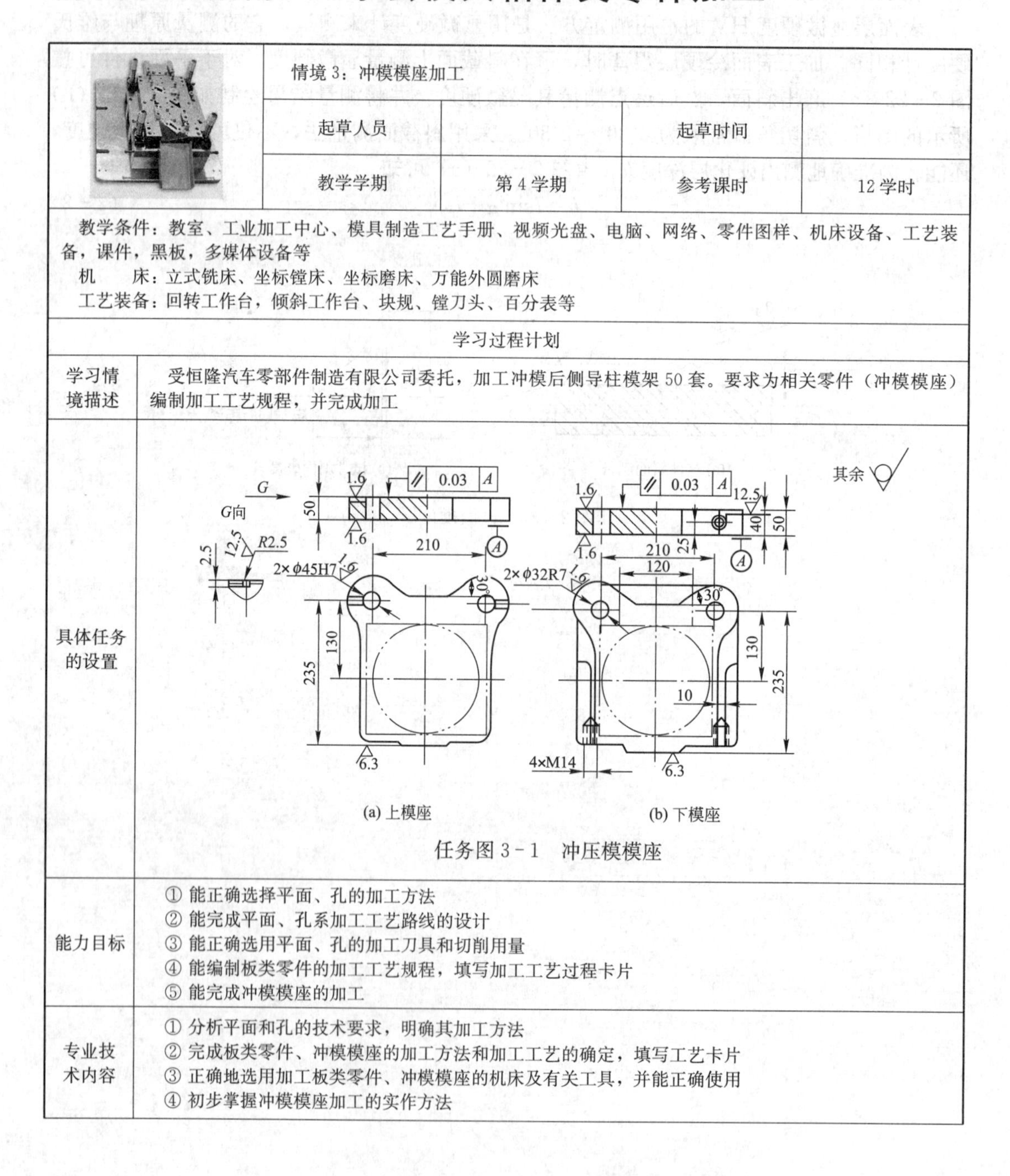

| | | | | |
|---|---|---|---|---|
| | 情境3：冲模模座加工 | | | |
| | 起草人员 | | 起草时间 | |
| | 教学学期 | 第4学期 | 参考课时 | 12学时 |
| 教学条件：教室、工业加工中心、模具制造工艺手册、视频光盘、电脑、网络、零件图样、机床设备、工艺装备，课件，黑板，多媒体设备等<br>机　　床：立式铣床、坐标镗床、坐标磨床、万能外圆磨床<br>工艺装备：回转工作台，倾斜工作台、块规、镗刀头、百分表等 | | | | |
| 学习过程计划 | | | | |
| 学习情境描述 | 受恒隆汽车零部件制造有限公司委托，加工冲模后侧导柱模架50套。要求为相关零件（冲模模座）编制加工工艺规程，并完成加工 | | | |
| 具体任务的设置 | (a) 上模座　(b) 下模座<br>任务图3-1　冲压模模座 | | | |
| 能力目标 | ① 能正确选择平面、孔的加工方法<br>② 能完成平面、孔系加工工艺路线的设计<br>③ 能正确选用平面、孔的加工刀具和切削用量<br>④ 能编制板类零件的加工工艺规程，填写加工工艺过程卡片<br>⑤ 能完成冲模模座的加工 | | | |
| 专业技术内容 | ① 分析平面和孔的技术要求，明确其加工方法<br>② 完成板类零件、冲模模座的加工方法和加工工艺的确定，填写工艺卡片<br>③ 正确地选用加工板类零件、冲模模座的机床及有关工具，并能正确使用<br>④ 初步掌握冲模模座加工的实作方法 | | | |

续表

| 教学论与方法建议 | 任务驱动法、多媒体教学、现场实作、分组讨论 | |
|---|---|---|
| 学习小组行动阶段 | 1. 资讯 | 学生从工作任务中收集工作的必要信息。初步掌握板类零件加工的专业知识和技能 |
| | 2. 计划 | 学生制定学习计划，建立工作小组 |
| | 3. 决策 | 确定工作方案，工作任务分配到个人，并记录到工作记录表中 |
| | 4. 实施 | 学生以小组的形式，在学习工作单的引导下完成专业知识的学习和技能训练，完成实际板类零件的加工操作及实作质量的检测 |
| | 5. 检查 | ① 工艺编程是否正确　② 实作方法是否正确<br>③ 产品是否合格　④ 生产情况是否安全 |
| | 6. 评价 | ① 是否掌握实作技能<br>② 能否完成加工<br>③ 学习实作的心得体会，按照成绩评定标准给予评价（成绩评定标准教师事先制订）填写反馈表 |
| 方法媒介和环境 | 1. 分析 | 课堂对话、四步法<br>讲解、演示、模仿、练习<br>教师指导、讲解、示范、学生实作 |
| | 2. 计划 | 课堂对话、课堂分组、教师监督、小组长负责 |
| | 3. 决策 | 师生互动<br>老师只进行评估 |
| | 4. 实施 | 在教师指导下分组工作，工业中心实操实作产品，合理编程并试运行，小组完成零件加工。分组讨论，课堂对话，教师监督 |
| | 5. 总结 | 答疑，任务对话，学生评价，教师评价，企业评价，专家评价 |
| | 6. 成绩 | 工作文件 20%，操作过程 40%，工作结果 20%，汇报效果 10%，团队 10% |

# 学习工作单 3.1　平面的加工方法

<table>
<tr><td rowspan="2">情景 3　冲模模座的加工<br>任务 3.1　平面的加工</td><td>姓名：________</td><td>班级：________</td></tr>
<tr><td>日期：________</td><td>共________页</td></tr>
<tr><td colspan="3">1. 平面加工常用哪些方法？要用哪些设备及工艺装备？<br><br>2. 铣削加工能代替磨削加工，因为它的精度等级很高、效率也高，这种说法对吗？为什么？<br><br>3. 刨削不能加工斜面，而且装夹很复杂，所以很少使用该设备，对吗？<br><br>4. 圆周磨削法和端面磨削法有什么特点？工作中怎样选用？<br><br>5. 板类零件加工的工艺路线怎样确定？<br><br>6. 如何正确理解磨削工艺要点及其应用？</td></tr>
</table>

| 检查情况 | | 教师签名 | | 完成时间 | |
|---|---|---|---|---|---|

# 任务资讯 3.1　平面的加工

如图 3-1 所示，冲模模架由上模座、下模座、导柱、导套组成，上、下模座形状基本相似，上、下模座的作用是直接或间接地安装冲模的其他所有零件，分别与压力机滑块和工作台连接，传递压力。为了保证模架的装配要求，模架工作时上模座沿导柱必须上、下运动平稳，无滞阻现象，保证模具能正常工作。

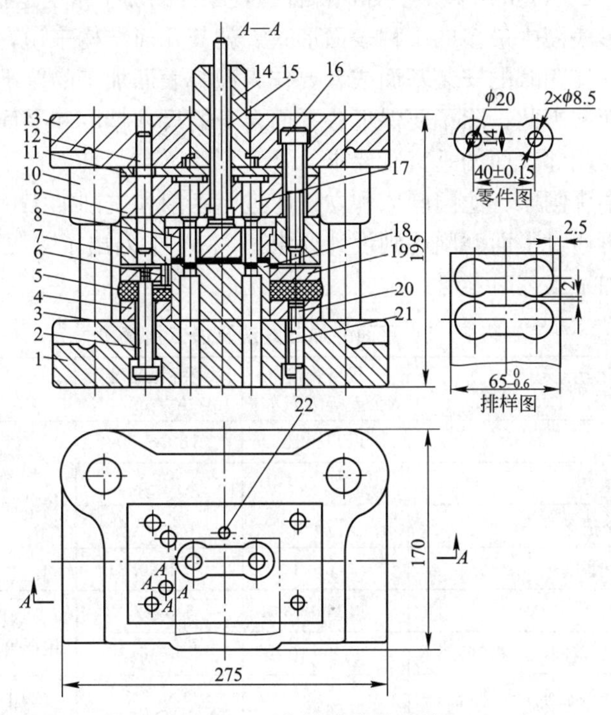


图 3-1　落料冲孔复合模

1—下模座；2—卸料螺钉；3—导柱；4—固定板；5—橡胶；6—导料销；7—落料凹膜；8—推件块；9—固定板；10—导套；11—垫板；12—销钉；13—上模座；14—模柄；15—打杆；16、21—螺钉；17—冲孔凸模；18—凸凹模；19—卸料板；22—定位销

从模座零件图分析可知，模座零件的主要加工面是：上、下表面，平行度为 0.03 mm，表面粗糙度 $R_a$ 为 1.6 μm；模座的导柱、导套安装孔，要求上、下模座的导柱、导套安装孔的孔中心距必须一致，且导柱、导套安装孔的轴线还应与模座的上、下平面垂直。实际上冲模的模座、塑料模的动、定模座板，以及各种固定板、套板、支承板、垫板、卸料板、推件板等这些都属于板类零件，其结构、尺寸已标准化。在制造过程中，板类零件主要是进行平面加工和孔系加工。为保证模架的装配要求，板类零件的加工质量要求主要有以下几个方面。

(1) 表面间的平行度和垂直度

为了保证模具装配后各模板能够紧密贴合，对于不同功能和不同尺寸的模板其平行度和垂直度均按 GB 1184—1980 执行。具体公差等级和公差数值应按冲模国家标准（GB/T

2851～2875—1990）及塑料注射模国家标准（GB 4169.1～11—1984）等加以确定。

（2）表面粗糙度和精度等级

一般模板平面的加工质量要达到 IT7～IT8，$R_a$=0.8～3.2 μm。对于平面为分型面的模板，加工质量要达到 IT6～IT7，$R_a$=0.4～1.6 μm。

（3）模板上各孔的精度、垂直度和孔间距的要求

常用模板各孔径的配合精度一般为 IT6～IT7，$R_a$=0.4～1.6 μm。对安装滑动导柱的模板，孔轴线与上下模板平面的垂直度要求为 4 级精度。模板上各孔之间的孔间距应保持一致，一般误差要求在±0.02 mm 以下。如何保证板类零件的加工精度是我们学习的重点。

平面是模具外形表面中最多的一种表面形式。就其几何结构来说，平面很简单，但是这些平面要作为模具使用时的安装基面或者要作为型腔表面加工的基准，有时又要作为模具零件之间的接合面。因此，除了要保证各平面自身的尺寸精度和平面度外，还要保证各相对平面的平行度及相邻表面的垂直度要求。

平面一般采用牛头刨床、龙门刨床和立铣床进行刨削和铣削加工，去除毛坯上的大部分加工余量，然后再通过平面磨削达到设计要求。表 3-1 列出了常见模具平面的加工方案，可供制定模具加工工艺时参考。

**表 3-1 平面的加工方法及加工精度**

| 序号 | 加工方法 | 经济精度（公差等级表示） | 经济粗糙度 $R_a$/μm | 适用范围 |
|---|---|---|---|---|
| 1 | 粗车 | IT11～13 | 12.5～50 | 端面 |
| 2 | 粗车→半精车 | IT8～10 | 3.2～6.3 | |
| 3 | 粗车→半精车→精车 | IT7～8 | 0.8～1.6 | |
| 4 | 粗车→半精车→磨削 | IT6～8 | 0.2～0.8 | |
| 5 | 粗刨（或粗铣） | IT11～13 | 6.3～25 | 一般不淬硬平面（端铣表面粗糙度 $R_a$ 值较小） |
| 6 | 粗刨（或粗铣）→精刨（或精铣） | IT8～10 | 1.6～6.3 | |
| 7 | 粗刨（或粗铣）→精刨（或精铣）→刮研 | IT6～7 | 0.1～0.8 | 精度要求较高的不淬硬平面，批量较大时宜采用宽刃精刨方案 |
| 8 | 以宽刃精刨代替上述刮研 | IT7 | 0.2～0.8 | |
| 9 | 粗刨（或粗铣）→精刨（或精铣）→磨削 | IT7 | 0.2～0.8 | 精度要求高的淬硬平面或不淬硬平面 |
| 10 | 粗刨（或粗铣）→精刨（或精铣）→粗磨→精磨 | IT6～7 | 0.025～0.4 | |
| 11 | 粗铣→拉 | IT7～9 | 0.2～0.8 | 大量生产，较小的平面（精度视拉刀精度而定） |
| 12 | 粗铣→精铣→磨削→研磨 | IT5 以上 | 0.006～0.1 | 高精度平面 |

从生产效率方面考虑，大型平面多采用龙门刨床加工，中型平面多采用牛头刨床刨削加工，中、小型平面多采用立铣床铣削加工。

## 任务资讯 3.1.1 铣削加工

铣削是在铣床上用铣刀进行加工的方法。铣削加工时是以铣刀的旋转做主运动，工件

或铣刀作进给运动。铣床的种类主要有卧式铣床、立式铣床、龙门铣床、工具铣床等。工件在铣床上的装夹可以采用平口钳、回转工作台及万能分度头等来实现。铣刀是一种多齿刀具，根据铣削对象的不同，需要不同种类的铣刀。

平面的铣削可采用圆柱形铣刀对工件进行周铣或用端铣刀对工件进行端铣（图3-2）。与周铣相比，端铣同时参加工作的刀齿数目较多，切削厚度变化较小，刀具与工件加工部位的接触面较大，切削过程较平稳，且端铣刀上有修光刀齿，可对已加工表面起修光作用，加工质量较好。另外，端铣刀刀杆的刚性大，切削部分大都采用硬质合金刀片，可采用较大的切削用量，常可在一次走刀中加工出整个工作表面，生产效率较高。因此，在立铣床上使用端铣刀加工平面或斜面，这种加工方法在模具零件的加工中得到了广泛应用。

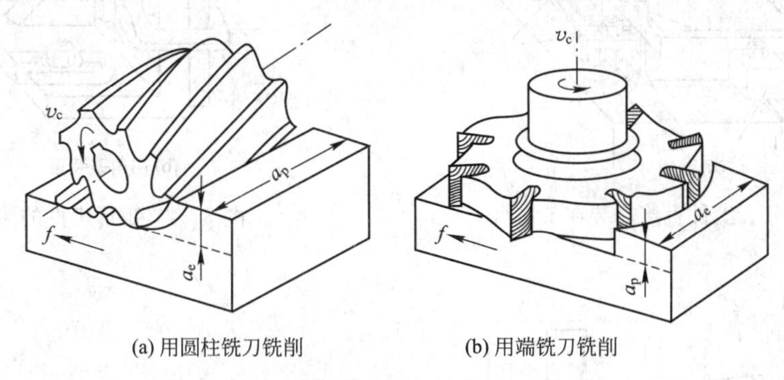

(a) 用圆柱铣刀铣削　　(b) 用端铣刀铣削

图3-2　铣削的应用

在模具零件的铣削加工中，应用最广的是立式铣床和万能工具铣床的立铣加工，其加工精度可达IT10，表面粗糙度 $R_a$ 为1.6 μm。若选用高速、小用量铣削，则工件精度可达IT8，表面粗糙度 $R_a$ 为0.8 μm。铣削时，留0.05 mm的修光余量，经钳工修光即可。当精度要求高时，铣削加工仅作为中间工序，铣削后还需进行精加工。

## 任务资讯3.1.2　刨削加工

刨削加工是以刨刀（或工件）的直线往复运动为主运动，以方向与之垂直的工件（或刨刀）的间歇移动为进给运动的切削加工方法。大、中型平面的加工可采用刨削来完成，中小型零件广泛采用牛头刨床加工，而大型零件则需用龙门刨床。刨削加工的精度可达IT10，表面粗糙度 $R_a$ 为1.6 μm。牛头刨床主要用于平面与斜面的加工。

**1. 平面的加工**

对于较小的工件，通常用平口钳装夹；对于较大的工件，可直接安装在牛头刨床的工作台上（图3-3）。如果工件的相对两平面要求平行，相邻两平面要求互成直角，应采用平行垫块和垫上圆棒的方法在平口钳上装夹，较大的工件也可用角铁装夹，如图3-4所示。

**2. 斜面的加工**

刨削斜面时，可在工件底部垫入斜垫块使之平整，并用撑板夹紧工件（图3-5）。斜垫块是预先制成的一批不同角度的垫块，并可用两块以上组成其他不同角度的斜垫块。

对于工件的内斜面，一般采用倾斜刀架的方法进行刨削。图3-6所示为V形槽的刨削加工过程。

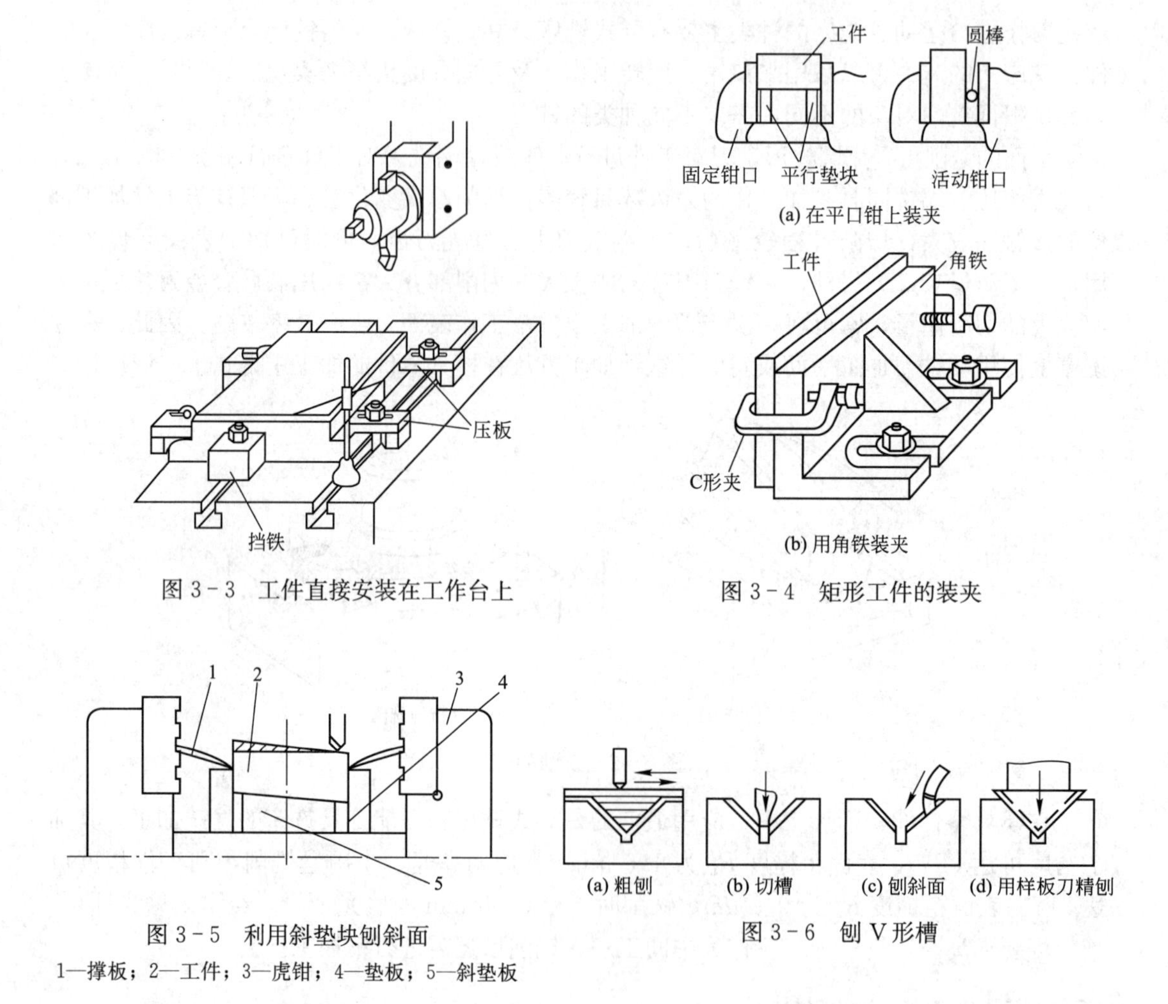


图 3-3 工件直接安装在工作台上

图 3-4 矩形工件的装夹

图 3-5 利用斜垫块刨斜面

1—撑板；2—工件；3—虎钳；4—垫板；5—斜垫板

图 3-6 刨 V 形槽

## 任务资讯 3.1.3 磨削加工

平面磨削在平面磨床上进行，加工时工件通常装夹在电磁吸盘上，用砂轮的周面对工件进行磨削。平面磨削可分为卧轴周磨（图 3-7（a））和立轴端磨（图 3-7（b））两种方法。周磨是用砂轮的圆周面磨削平面，周磨平面时砂轮与工件的接触面积很小，排屑和冷却条件均较好，工件不易产生热变形。因砂轮圆周表面的磨粒磨损均匀，加工质量较高，

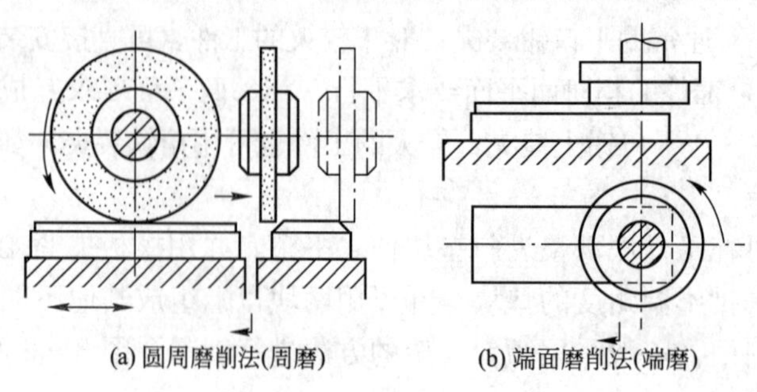


图 3-7 平面磨削方法

适用于精磨。端磨是用砂轮的端面磨削工件平面，端磨平面时砂轮与工件的接触面积大，冷却液不易注入磨削区内，工件热变形大。另外，因砂轮端面各点的圆周速度不同，端面磨损不均匀，故加工精度较低，磨削效率高，适用于粗磨。

用平面磨床加工模具零件时，要求分型面与模具的上下面平行，同时还应保证分型面与有关平面之间的垂直度。加工时，两平面的平行度小于 0.01 ∶ 100，加工精度可达 IT5～IT6，表面粗糙度 $R_a$ 为 0.4～0.2 μm。平面磨削工艺要点见表 3-2。

**表 3-2　平面磨削工艺要点**

| 工艺内容及简图 | | 工艺要点 |
| --- | --- | --- |
| 砂轮 | 磨淬硬钢选用 $R_3$～$ZR_1$<br>磨不淬硬钢选用 $R_3$～$ZR_2$ | 砂轮粒度一般在 $36^{\#}$～$60^{\#}$，常用 $46^{\#}$ |
| 周面磨削用量 | ① 砂轮圆周速度。钢工件：粗磨 22～25 m/s，精磨 25～30 m/s<br>② 纵向进给量一般选用 1～12 m/min<br>③ 砂轮垂直进给量：粗磨 0.015～0.05 mm，精磨 0.005～0.01 mm | ① 磨削时横向进给量与砂轮垂直进给量应相互协调<br>② 在精磨前应修整砂轮<br>③ 精磨后应在无垂直进给下继续光磨 1 或 2 次 |
| 平行平面磨削 | ① 一般工件磨削顺序。粗磨去除 2/3 余量→修整砂轮→精磨→光磨 1 或 2 次→翻转工件粗精磨第二面<br>② 垫弹性垫片。在工件与磁力台间垫一层约 0.5 mm 厚的橡皮或海绵，工件吸紧后磨削，并使工件两平面反复交替磨削，最后直接吸在磁力台上磨平<br>③ 垫纸法。在工件定位时，在各定位面（精加工）下面垫纸，直至各定位面下的纸用手抽不动为止，然后将其夹紧进行加工。由于机床精度的影响和工件解除夹紧状态后的弹性变形量的恢复，很难做到一次加工中各项精度达到合格 | ① 若工件左右方向平行度有误差，则工件翻转磨第二面时应左右翻。若工件前后方向有误差，则在磨第二面时应前后翻<br>② 带孔工件端平面的磨削，要注意选准定位基面，以保证孔与平面的垂直度。在一般情况下前道工序应对基面做上标记<br>③ 要提高两平面的平行度，须反复交替磨削两平面，由于需要多次装夹、垫纸，使质量和进度得不到保证 |
| 垂直平面磨削 | 用精密平口钳装夹工件，磨削垂直面 | ① 用磨削平行面的方法磨好上下两大平面<br>② 用精密平口钳装夹工件，磨好相邻两垂直面<br>③ 以相邻两垂直侧面为基面，用磨削平行面的方法磨出其余两相邻垂直面 |
| | 用精密圆柱角尺或精密角尺找正、磨垂直面。找正时用光隙法，借垫纸调整位置后，在磁力台上磨削。该法能够获得比精密平口钳装夹更高的垂直度 | ① 磨好两平行平面<br>② 用精密平口钳装夹磨相邻两垂直面作为粗基准<br>③ 用光隙法找正，置于磁力台上磨出垂直面<br>④ 再以找正后磨出的垂直面为基面，磨出另外两垂直面 |
| 垂直平面磨削 | 用精密角铁 2 和平行夹头装夹工件 1，适于磨削较大尺寸平面工件的侧垂直面<br>1　2 | ① 磨好两平行大平面<br>② 工件装夹在精密角铁上，用百分表找正后磨削出垂直面<br>③ 用磨出的面为基面，在磁力台上磨对称平行面<br>④ 需要六面对角尺的工件，其余两垂直平面的磨削采用精密角尺找正的方法，在精密角铁上装夹后磨出 |

续表

| | 工艺内容及简图 | 工艺要点 |
|---|---|---|
| 垂直平面磨削 | 用导磁角铁1和垫铁3装夹工件2磨垂直面，适用于磨削比较狭长的工件 | ① 装夹时应将工件上面积较大的平面作为定位基面，并使其紧贴于导磁角铁面上<br>② 磨削顺序<br>磨出一平面→用导磁角铁磨出垂直面→以相互垂直的两平面作基面，磨出对称平行面 |
| | 用精密V形铁1和夹紧爪2装夹台肩或不带台肩的圆柱形工件3，磨削端面 | 在螺钉夹紧工件圆柱面处垫入铜皮，保护已加工表面 |

# 学习工作单 3.2　认识孔系的加工

<table>
<tr><td>情景3　冲压模模座的加工<br>任务3.2　孔系的加工</td><td>姓名：__________</td><td>班级：__________</td></tr>
<tr><td></td><td>日期：__________</td><td>共________页</td></tr>
<tr><td colspan="3">1. 孔系的加工方法有几种？说明各种加工方法的特点及应用范围。<br><br>2. 坐标镗床是在工件淬火前进行孔加工的，为什么要这样安排加工工序呢？<br><br>3. 坐标镗削加工前要做哪些准备工作？<br><br>4. 基准面找正的方法有多少种，怎么选用？<br><br>5. 坐标镗床加工孔时，其切削用量怎样选用？<br><br>6. 孔距精度要求高的零件，采用什么方法进行加工呢？<br><br>7. 用什么方法使工件的找正与定位能准确无误地进行？<br><br>8. 坐标磨床上只能磨削内孔对吗？为什么呢？</td></tr>
</table>

| 检查情况 | | 教师签名 | | 完成时间 | |
|---|---|---|---|---|---|

## 任务资讯 3.2　孔系的加工

一些模具零件中常带有一系列圆孔，如凸模、凹模固定板，上、下模座等，这些孔称为孔系。加工孔系时除了要保证孔本身的尺寸精度外，还要保证孔与基准平面、孔与孔的距离尺寸精度，有的还要求保证各平行孔的轴线平行度、各同轴孔的轴线同轴度、孔的轴线与基准平面的平行度和垂直度等。加工这种孔系时一般是先加工好基准平面，然后再加工所有的孔。

### 任务资讯 3.2.1　单件孔系的加工

对于同一零件的孔系加工，有如下几种常用方法。

(1) 画线法加工

在加工过的工件表面上画出各孔的位置，并用中心冲在各孔的中心处冲出中心孔，然后在车床、钻床或镗床上按照画线逐个找正并进行孔加工。由于画线和找正都具有较大的误差，所以孔的位置精度较低，一般在 0.25～0.5 mm 范围内，适用于相对精度要求不高的孔系加工。

(2) 找正法加工

在普通镗床、铣床等通用机床上，借助一些辅助装置来找正各孔的正确位置，称为找正法，如图 3-8 所示。可用精密芯轴和量块来找正孔的位置。将芯轴分别插在机床主轴孔和已加工的孔内，用量块来找正主轴。校正时要用薄塞规测量量块与芯轴之间的间隙，不能使芯轴直接接触量块，以免芯轴发生变形而影响加工精度。找正法加工的设备简单，但生产效率低，一般孔中心距精度可达 0.15 mm。

(3) 通用机床坐标加工法

坐标法是将被加工各孔之间的距离尺寸换算成互相垂直的坐标尺寸，然后通过机床纵、横进给机构的移动确定孔的加工位置来进行加工的方法。在立铣床或镗床上利用坐标法加工，孔的位置精度一般不超过 0.06～0.08 mm。

如果用百分表装置来控制机床工作台的纵、横移动，则可以将孔的位置精度提高到 0.02 mm 以内。附加百分表在铣床上镗孔的方法如图 3-9 所示。在立铣床的工作台上安装一个百分表（图 3-9 中表示的是控制纵向位移的百分表），当要求工作台纵向移动 $H$

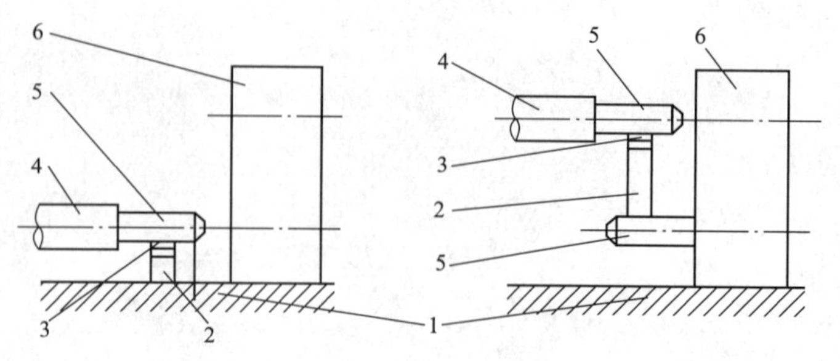


图 3-8　找正法加工

1—机床工作台；2—量块；3—塞规；4—机床主轴；5—芯轴；6—工件

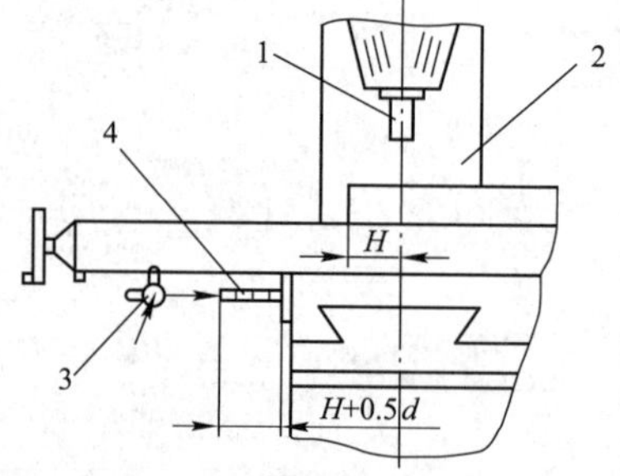


图 3-9　附加百分表在铣床上镗孔

1—检验棒；2—立铣床；
3—百分表；4—量块组

距离时，在机床主轴上安装一根直径为 $d$ 的检验棒，在图 3－9 所示位置用量块组装垫出检验棒的半径加上要移动的 $H$ 距离的尺寸，用百分表控制工作台在纵向准确移动 $H$ 距离。横向移动也可同样控制。

利用立铣工作台纵向和横向移动加工工件上的坐标孔时，因驱动工作台移动的丝杆和螺母之间存在间隙，故孔距的加工精度不高。当孔距精度要求较高时，可用坐标铣床。这种铣床是以孔加工和立铣加工为主要对象的，在机床上装有光电式或数字式读数装置，其加工精度比立式铣床高。

（4）坐标镗床加工

坐标镗床是利用坐标法原理工作的一种高精度孔加工的精密机床，主要用于加工零件各面上有精确孔距要求的孔。所加工的孔不仅具有很高的尺寸精度和几何精度，而且具有极高的孔距精度。孔的尺寸精度可达 IT6～IT7，表面粗糙度取决于加工方法，一般可达 0.8 μm，孔距精度可达 0.005～0.01 mm。此外，坐标镗床应安装在特别干燥和清洁的厂房内，室温应保持恒温（20±1）℃，空气湿度应在（55±5）%的范围。

坐标镗床按照布置形式的不同分为立式单柱、立式双柱和卧式等主要类型。在模具零件加工中常用立式坐标镗床。图 3－10 所示为 T4240B 型双柱光学坐标镗床。

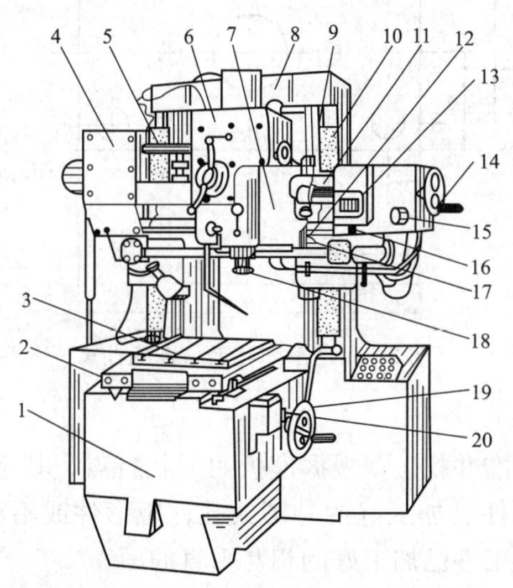


图 3－10　T4240B 型双柱光学坐标镗床

1—床身；2—主传动座；3—工作台；4—主变速箱；5、10—立柱；6—主轴箱；7—溜板；8—顶梁；9、15、16、20—手钮；11—横梁；12—粗定位标尺；13—光屏；14、19—手轮；17—指针；18—主轴

坐标镗床靠精密的坐标测量来确定工作台、主轴的位移距离，以实现工件和刀具的精确定位。工作台和主轴箱的位移方向上有粗读数标尺，通过带校正尺的精密丝杠坐标测量装置来控制位移，表示整毫米位移尺寸。毫米以下的读数通过精密刻度尺，在光屏读数器坐标测量装置的光屏上读出。另外，还设有百分表中心校准器、光学中心测定器、校准校正棒、端面定位工具等附件供找正工件。弹簧中心冲、精密夹头、镗杆及万能镗头等工具可供装夹刀具用。

坐标镗床可进行孔及孔系的钻、锪、铰、镗加工，以及精铣平面和精密画线、检验等。一般直径大于 20 mm 的孔应先在其他机床上钻预孔，小于 20 mm 的孔可在坐标镗床上直接加工。加工孔系时，为防止切削热影响孔距精度，应先钻孔距较近的大孔，然后铰钻小孔。孔径为 10 mm 以下，孔距精度为 0.03 mm 时可直接进行钻铰加工；孔径大于10 mm时应采用钻、扩、铰工序加工。当孔径及孔距公差较小时，应采用钻、镗加工方法。

坐标镗床是在工件淬火前进行孔加工的，淬火后凹模必然会受到热处理变形的影响。因此，对于精度要求较高的凹模一般都设计成镶拼结构，固定板用普通钢材制造，经过坐标镗床加工各孔后，不进行热处理，这就保证了加工的孔距精度，而凹模镶件是在淬火和磨削后分别压入固定板的各个孔内。

**1. 坐标镗削加工前的准备工作**

(1) 对上道工序的要求

坐标镗削加工应在平面精加工之后进行，且加工前应在恒温室内保持一段时间，以减少温度对尺寸精度的影响。加工前还要确定坐标原点，并对工件已知尺寸进行坐标转换。模板平面孔系孔距坐标尺寸的换算如图 3－11 所示。

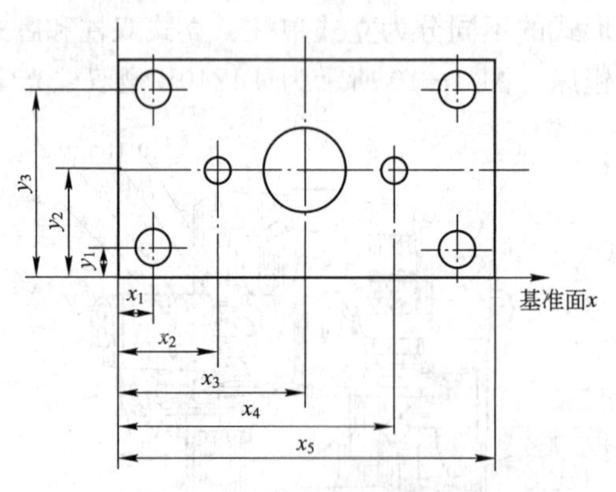


图 3－11 平面孔系坐标的计算

(2) 工件的定位装夹

工件装夹中要确定基准并找正。根据模板的形状特点，其定位基准主要有以下几种：工件表面上的线；圆形工件已加工好的外圆或孔；矩形件或不规则外形工件已加工好的孔；矩形件或不规则外形工件已加工好的相互垂直的面。

工件的找正方法有多种，应根据零件及其要求和设备条件等选定。一般对圆形工件的基准找正是使其轴心线与机床主轴轴心线重合；对矩形工件是使其侧基面与机床主轴轴心线对齐，并与工作台坐标方向平行，具体说明见表 3－3。

**表 3－3 基准面找正**

| 方 式 | 简 图 | 说 明 |
| --- | --- | --- |
| 外圆柱面找正 | 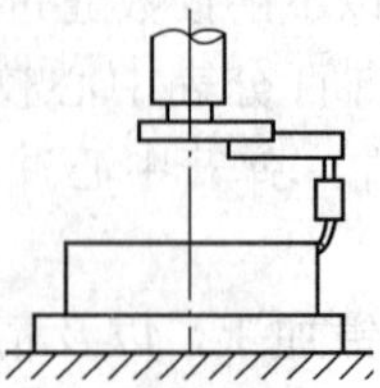  | 百分表架装在主轴孔内，转动主轴找正外圆，使机床主轴轴心线与工作外圆轴心线重合 |

续表

| 方　式 | 简　图 | 说　明 |
|---|---|---|
| 内孔找正 | | 与找正外圆相似 |
| 用专用槽块找正矩形工件侧基准面 | 专用基准槽块 | 百分表在相差 180°方向上找正专用槽块，若两侧读数相等，则此时主轴轴心线便与侧基准面对齐 |
| 用标准槽块找正矩形工件侧基准面 | 标准槽块<br>20 | 首先找正工件侧基准面与工作台坐标方向平行；用百分表找正标准槽块，并记下表的读数。移动工作台并转动主轴，使百分表靠上工件侧基准面，使得表的极值读数与找正槽块的读数相等，此时主轴轴心线与侧基准面的距离为 1/2 槽宽 |
| 用块规辅助找正矩形工件侧基准面 | 块规 | 转动主轴使百分表靠上工件侧基准面，得一极值读数。主轴转过 180°，让表靠上与侧基准面贴紧的块规表面，又得一极值读数，两读数之差的 1/2 便是主轴轴心线与侧基准面之间的距离 |

**2. 坐标镗削加工**

在模板已经安装的基础上，可按下述步骤进行坐标镗削加工。

(1) 孔中心定位

根据已换算的坐标值，在各孔中心用弹簧中心冲确定孔的位置（即打样冲点）。弹簧中心冲如图 3－12 所示。打样冲点时转动手轮 3，使手轮上的斜面将柱销向上推，从而使顶尖 4 被提升并压缩弹簧 1，当柱销 2 达到斜面最高位置时继续转动手轮 3，则弹簧 1 将顶尖 4 弹下，即打出中心点。

(2) 钻定心孔

在孔中心钻定心孔，以防直接钻孔时轴向力引起钻头的位置偏斜。

(3) 钻孔

以定心孔定位钻孔。钻孔时应根据各个孔的直径按从大到小的顺序钻出所有的孔，以减少工件变形对加工精度的影响。钻孔的质量要高，以便为钻孔后的镗削打下良好的基础。钻孔时要按加工性质要求依粗加工、半精加工、精加工的顺序安排加工工序。为提高生产效率，减少工作台移动的时间，应优先加工相邻的孔。

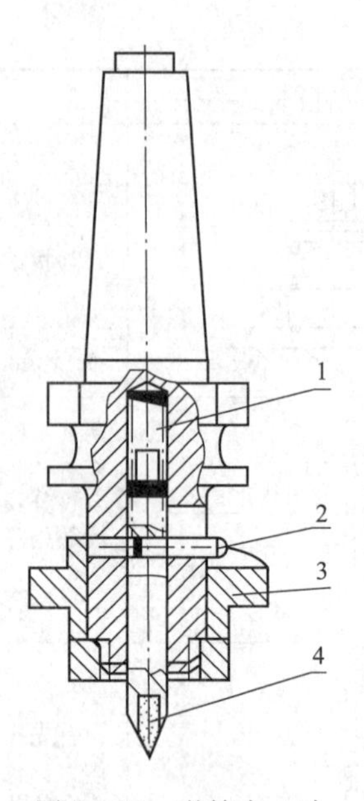


图 3-12 弹簧中心冲

1—压缩弹簧；2—柱销；3—手轮；4—顶尖

(4) 镗孔

当工件直径小于 20 mm，精度要求为 IT7 级以下，表面粗糙度 $R_a>1.25\ \mu m$ 时，可以铰孔代替镗孔。对于精度要求高于 IT7，表面粗糙度 $R_a<1.25\ \mu m$ 的孔，在钻孔后应安排半精镗和精镗加工。

(5) 切削用量的选择

坐标镗削的加工精度和生产率与工件材料、刀具材料及镗削用量有着直接关系。表 3-4 为坐标镗床加工孔的切削用量，可在镗削加工中参考。

**表 3-4 坐标镗床加工孔的切削用量**

| 加工方式 | 刀具材料 | 切削深度/mm | 进给量/(mm/min) | 切削速度/(m/min) | | | |
|---|---|---|---|---|---|---|---|
| | | | | 软钢 | 中硬钢 | 铸铁 | 铜合金 |
| 钻　孔 | 高速钢 | | 0.08～0.15 | 20～25 | 12～18 | 14～20 | 60～80 |
| 扩　孔 | 高速钢 | 2～5 | 0.1～0.2 | 22～28 | 15～18 | 20～24 | 60～90 |
| 半精镗 | 高速钢 | 0.1～0.8 | 0.1～0.3 | 18～25 | 15～18 | 18～22 | 30～60 |
| | 硬质合金 | 0.1～0.8 | 0.08～0.25 | 50～70 | 40～50 | 50～70 | 150～200 |
| 精钻精铰 | 高速钢 | 0.05～0.1 | 0.08～0.2 | 6～8 | 5～7 | 6～8 | 8～10 |
| 精　镗 | 高速钢 | 0.05～0.2 | 0.02～0.08 | 25～28 | 18～20 | 22～25 | 30～60 |
| | 硬质合金 | 0.05～0.2 | 0.02～0.06 | 70～80 | 60～65 | 70～80 | 150～200 |

(6) 辅助工具的选择

在用坐标镗床加工时，应备有回转工作台、倾斜工作台、块规、镗刀头、百分表等辅助工具，以满足加工工件上轴线不平行孔系、回转孔系等加工的要求。

## 任务资讯 3.2.2　相关孔系的加工

模具零件中有些零件本身的孔距精度要求并不高，但相互之间的孔位要求必须高度一致；有些相关零件不仅孔距精度要求高，而且要求孔位一致。这些孔常用的加工方法如下。

(1) 同镗（合镗）加工法

对于上、下模座的导柱孔和导套孔，动、定模模座的导柱孔和导套孔及模座与固定板的销钉孔等，可以采用同镗加工法。同镗加工法就是将孔位要求一致的 2 个或 3 个零件用夹钳装夹固定在一起，对同一孔位的孔同时进行加工，如图 3－13 所示。

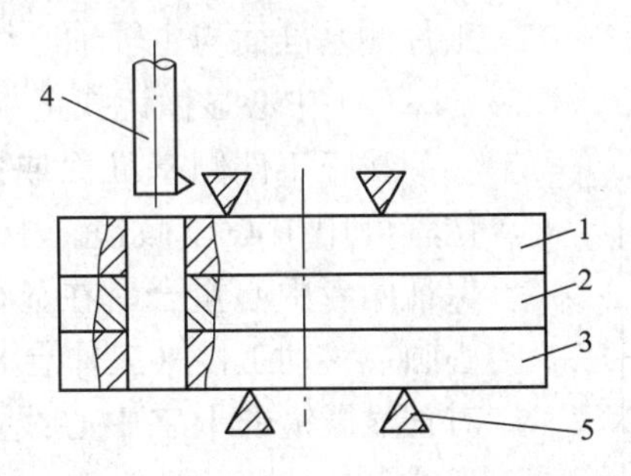


图 3－13　模具零件的同镗（合镗）加工

1、2、3—零件；4—钻头；5—夹钳

(2) 配镗加工法

为了保证模具零件的使用性能，许多模具零件都要进行热处理。热处理后零件会发生变形使热处理前的孔位精度受到破坏，如上模与下模中各对应孔的中心会发生偏斜等。在这种情况下，可以采用配镗加工法，即加工某一零件时，不按图样的尺寸和公差进行加工，而是按与之有对应孔位要求的热处理后的零件实际孔位来配做。例如，将热处理后的凹模放到坐标镗床上实测出各孔的中心距，然后以此来加工未经热处理的凸模固定板上的各对应孔。通过这种方法可保证凹模和凸模固定板上各对应孔的同心度。

(3) 坐标磨削法

配镗不能消除热处理对零件的影响，加工出的孔位绝对精度不高。为了保证各相关件孔距的一致性和孔径精度，可以采用高精度坐标磨削的方法来消除淬火件的变形，保证孔距精度和孔径精度。

坐标磨床与坐标镗床相似，也是利用准确的坐标定位实现孔的精密加工的，但它不是用钻头或镗刀，而是用高速旋转的砂轮对已淬火或高硬度的工件的内孔进行磨削加工。它是一种高精度的加工工艺方法，主要用于淬火或高硬度工件的加工，对消除工件热处理变形、提高加工精度尤为重要。因此，其加工精度很高，可达到 5 μm 左右，表面粗糙度达 0.2 μm 以上，可磨削的孔径为 0.8～200 mm。对于精密模具，常把坐标镗床的加工作为孔加工的预备工序，最后用坐标磨床进行精加工。坐标磨削对于位置、尺寸精度和硬度要求高的多孔、多型孔的模板和凹模，是一种较理想的加工方法。

在坐标磨床上可进行各种加工，如内、外圆磨削，沉孔磨削和锥孔磨削等。下面是模板零件的坐标磨削加工要点。

**1. 工件的找正与定位**

坐标磨床工件的定位和找正方法与坐标镗床类似，常用的定位找正工具及其操作如下。

(1) 百分表找正

可用来找正工件基准侧面与主轴轴线重合的位置，其操作参见表 3-3。

(2) 开口型端面规找正

找正工件基准侧面与主轴轴线重合的位置，如图 3-14 所示，将百分表装在主轴上，永磁性开口型端面规 2 吸在被测工件 1 的侧面，移动工件使百分表 3 测量端面规的开口槽面，在 180°方向上读数相等时，再移动工件 10 mm，工件侧基准面与主轴轴心线重合时，即可完成找正。

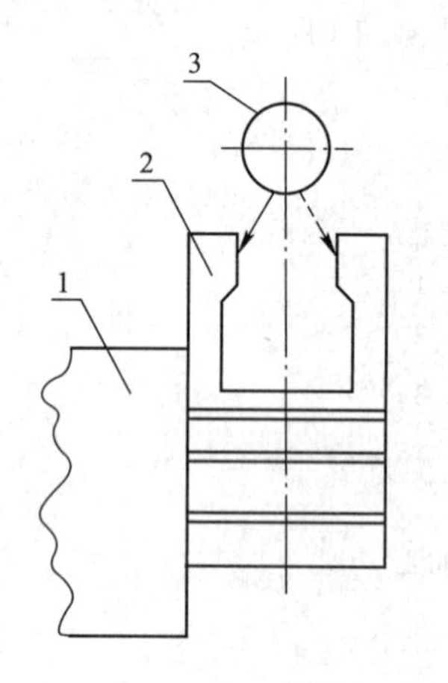

图 3-14 开口型端面规找正
1—工件；2—开口型端面规；3—百分表

(3) 中心显微镜找正

找正工件侧基准面或孔的轴线与主轴轴线重合的位置可用中心显微镜。中心显微镜装在机床主轴上，保证两者中心重合。在显微镜上刻有十字中心线和同心圆，移动工件（工作台）使其侧基准面或孔的轴线对正显微镜的十字中心线。为了确保位置正确，可在 180°方向上找正重合。

(4) 芯棒、百分表找正

为找正孔位，可将与小孔相配的芯棒（如钻头柄等）插入小孔后再用百分表找正芯棒，使小孔和机床主轴轴线重合。

当工件侧基准面的垂直度低或工件被测棱边不清晰时，找正工件基准侧面与主轴中心线重合还可用 L 型端面规。

**2. 坐标磨削方法**

坐标磨床的磨削能完成三种基本运动，即砂轮的高速自转运动、行星运动（砂轮轴心线的圆周运动）及砂轮沿机床主轴轴线方向的直线往复运动，如图 3-15 所示。

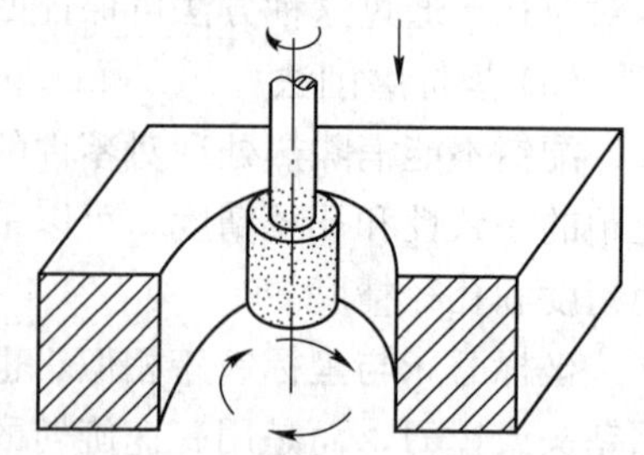
图 3-15 砂轮的三种基本运动

在坐标磨床上进行坐标磨削加工的基本方法有以下几种。

(1) 内孔磨削

进行内孔磨削时，由于砂轮直径受到孔径大小的限制，磨小孔时多取砂轮直径为孔径的 3/4 左右。砂轮高速回转（主运动）的线速度一般不超过 35 m/s，行星运动（圆周进给）的速度大约是主运动线速度的 0.15 倍。慢的行星运动速度将减小磨削量，但对加工表面的质量有好处。砂轮的轴向往复运动（轴向进给）的速度与磨削的精度有关。粗磨时行星运动每转 1 周，往复行程的移动距离略小于砂轮高度的 2 倍，精磨时应小于砂轮的高度，尤其在精加工结束时要用很低的行程速度。

(2) 外圆磨削

外圆磨削也是利用砂轮的高速自转、行星运动和轴向直线往复运动来实现的，如

图 3 - 16（a）所示。

（3）锥孔磨削

磨削锥孔是通过利用机床上的专门机构，使砂轮在轴向进给的同时连续改变行星运动的半径实现的，如图 3 - 16（b）所示。锥孔的锥顶角大小取决于两者的变化比值，一般磨削锥孔的最大锥顶角为 12°，磨削锥孔的砂轮应修正出相应的锥角。

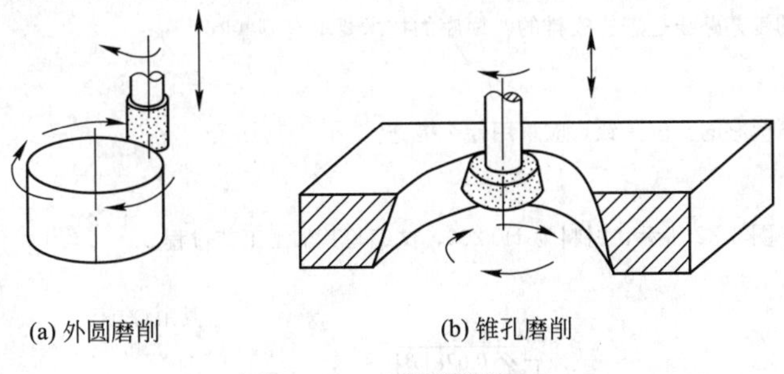

(a) 外圆磨削　　(b) 锥孔磨削

图 3 - 16　坐标磨削加工

（4）综合磨削

将以上几种基本的磨削方法进行综合运用，可以对一些形状复杂的型孔进行磨削加工。图 3 - 17 为磨削凹模型孔，在磨削时用回转工作台装夹工件，逐次找正工件回转中心与机床主轴轴线重合，磨出各段圆弧。

图 3 - 18 是利用磨槽附件对清角型孔轮廓进行磨削加工。磨削中，1、4、6 是采用成型砂轮进行磨削，2、3、5 是利用平砂轮进行磨削。中心 $O$ 的圆弧磨削时要使中心 $O$ 与主轴线重合，操纵车头来回摆动，磨削圆弧至要求的尺寸。

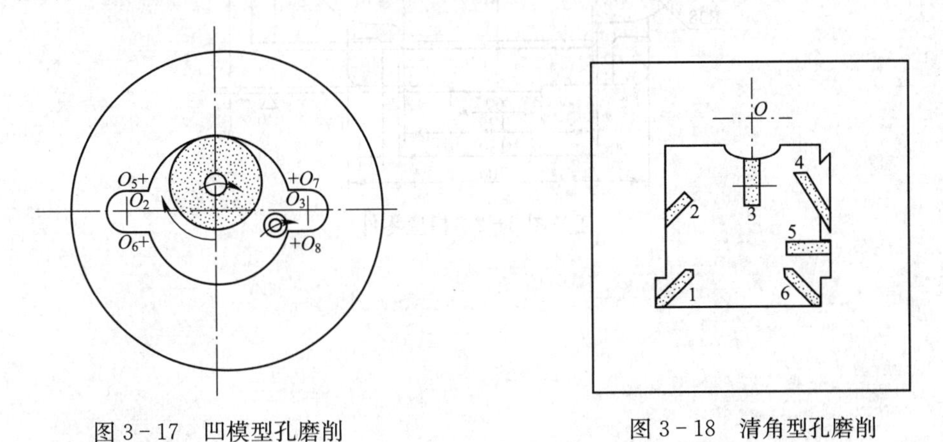


图 3 - 17　凹模型孔磨削　　图 3 - 18　清角型孔磨削

另外，孔系还可采用数控机床、线切割机床加工，加工精度可达 0.01 mm；也可采用加工中心进行加工，工件一次装夹后可自动更换刀具，一次加工出各孔。

# 学习工作单 3.3　学会冲模模座加工实作

<table>
<tr><td>情景 3　冲模模座的加工<br>任务 3.3　冲模模座的加工实作</td><td>姓名：<br>日期：</td><td>班级：<br>共　　页</td></tr>
<tr><td colspan="3">

1. 冲模模座加工的工艺路线是怎样安排的？模座的技术要求有哪些？

2. 为了保证上、下模座的孔位一致，应采用什么措施？

3. 模座零件如任务图 3-2 所示，材料为 HT200，试编写其加工工艺过程。

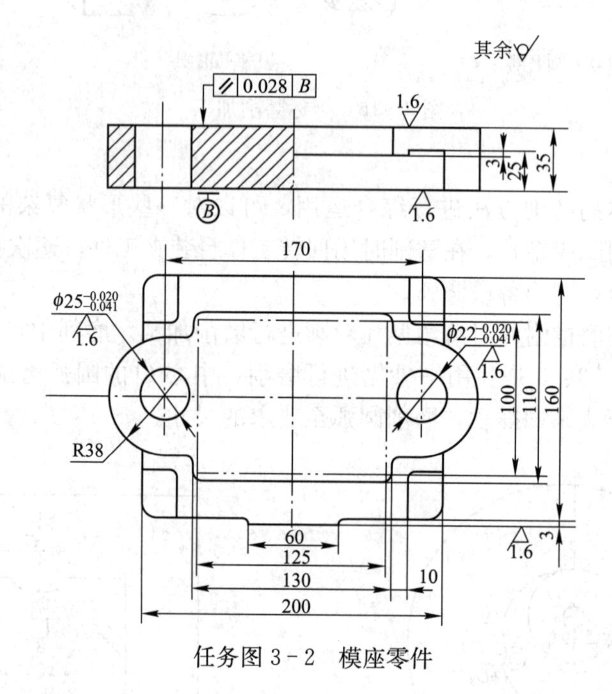


任务图 3-2　模座零件

</td></tr>
<tr><td>检查情况</td><td>教师签名</td><td>完成时间</td></tr>
</table>

# 任务资讯 3.3　冲模模座加工实作

## 任务资讯 3.3.1　模座零件加工方法

根据本情境任务图 3-1（见情境学习指南 3）来分析冲模模座的加工工艺过程。

**1. 零件工艺性分析**

(1) 加工表面分析

模座零件的主要加工面是：上、下表面；模座的导柱、导套安装孔；次要加工表面是：前部平面、螺纹孔、圆弧槽。

(2) 技术要求分析

一般模板平面的加工质量要达到 IT7～IT8，冲模模座上下表面的平行度公差一般为 4 级，表面粗糙度 $R_a$ 一般为 1.6～0.8 μm，在保证平行度的前提下，可允许 $R_a$ 降低为 3.2～1.6 μm，该模座上、下表面平行度为 0.03 mm，表面粗糙度 $R_a$ 为 1.6 μm；常用模板各孔径的配合精度一般为 IT6～IT7，$R_a$＝0.4～1.6 μm。对安装滑动导柱的模板，孔轴线与上、下模板平面的垂直度要求为 4 级精度。模板上各孔之间的孔间距应保持一致，一般误差要求在±0.02 mm 以下。所以，上、下模座的导柱、导套安装孔的孔中心距必须一致，导柱、导套安装孔的轴线与模座的上、下平面要垂直。

(3) 分析结果

该零件结构简单，工艺性较好，能完成模具零件的机械加工。

**2. 选择毛坯**

模座材料为 HT200，毛坯为铸件，在小批生产类型下，考虑到零件结构比较简单，所以采用木模手工造型的方法生产毛坯，铸件精度较低。

**3. 选择定位基准和确定工件装夹方式**

模座加工常用 3 个相互垂直的平面作定位基准，有利于保证孔系和各平面间的相互位置精度。定位准确可靠，夹具结构简单，工件装卸方便，生产中应用较广。另外，因毛坯精度较低，粗加工时部分采用划线找正装夹。

**4. 确定零件加工工艺路线**

(1) 主要表面加工方案

① 上、下平面的表面粗糙度为 1.6 μm，平行度 0.03 mm。

加工方案：粗刨/铣→半精刨/铣→粗磨。

模座的毛坯经过刨削或铣削加工后，再对平面进行磨削可以提高模座平面的平面度和上、下平面的平行度，同时容易保证孔的垂直度要求。

② 孔 2×$\phi$45H7，表面粗糙度为 1.6 μm，孔的直径较大，要求较高。

加工方案：钻→粗镗→半精镗→精镗。

(2) 加工阶段划分和工序集中的程度

该零件加工要求较高，平面和孔的加工均划分为粗加工、半精加工、精加工 3 个阶段。

(3) 加工顺序的安排

模座的加工主要是平面加工和孔系加工。在加工过程中为了保证技术要求和加工方便，一般遵循“先面后孔”、“先基面后其他”的原则，先加工上、下表面，然后加工孔，最后适当安排次要表面（前部平面、螺纹孔、圆弧槽）的加工和其他辅助工序。

(4) 拟定加工工艺路线

加工上、下模座的工艺路线见表3-5和表3-6。

**5. 工序设计**

① 选择机床和工装。根据小批生产类型的工艺特征，选择通用机床和通用夹具来加工，尽量采用标准的刀具和量具。机床的型号名称和工装的名称规格见表3-5和表3-6。

② 加工余量和工序尺寸的确定（参照学习情境1中导柱的相关内容和工艺手册）。

③ 切削用量和工时定额的确定（用查表法确定，参照模具制造工艺手册）。

**6. 填写工艺卡片**

**表3-5 冲模模座零件加工工艺过程卡**

| (单位) | 工艺卡片 | | | | 共 页 | 第 页 | |
|---|---|---|---|---|---|---|---|
| 工装图号 | 任务图3-1(a) | 件号 | 19 | | | | |
| 零件名称 | 冲模上模座 | 数量 | 50 | | | | |
| 材料牌号 | HT200 | | | | | | |
| 单件毛坯尺寸 | | | | | | | |
| 单件总工时 | | | | | | | |
| 工序号 | 工序名称 | 工序主要内容 | 主要设备 | 工艺装备 | | | 时间定额 |
| | | | | 夹具 | 刀具 | 量具 | |
| 1 | 备料 | 铸造毛坯 | | | | | |
| 2 | 刨平面 | 刨上、下平面，保证尺寸50.8 mm | 牛头刨床 | 通用夹具 | 刨刀 | 游标卡尺 | |
| 3 | 磨平面 | 磨上、下平面，保证尺寸50 mm，保证平面度要求 | 平面磨床 | 通用夹具 | 砂轮 | 游标卡尺 | |
| 4 | 钳工划线 | 划前部平面和导套孔线 | 钳台 | | | | |
| 5 | 铣床加工 | 按划线铣前部平面 | 立式铣床 | 通用夹具 | 立铣刀 | 游标卡尺 | |
| 6 | 钻孔 | 按划线钻导套孔至$\phi$43 mm | 立式钻床 | 通用夹具 | 钻头 | 游标卡尺 | |
| 7 | 镗孔 | 和下模座重叠，一起镗孔至$\phi$45H7，保证垂直度 | 镗床或立式铣床 | 通用夹具 | 镗刀 | 千分尺 | |
| 8 | 铣槽 | 按划线铣R2.5的圆弧槽 | 卧式铣床 | 通用夹具 | 铣刀 | 游标卡尺 | |
| 9 | 检验 | | | | | 千分尺 | |
| 更改记录 | | | | | | | |
| 超差处理 | | | | | | | |
| 编制 | | 校对 | | 定额员 | | 时间 | |

**表3-6　模具零件加工工艺卡片**

| （单位） | | 工艺卡片 | | | 第　页 | | 共　页 |
|---|---|---|---|---|---|---|---|
| 工装图号 | | 任务图3-1（b） | 件号 | 20 | | | |
| 零件名称 | | 冲模下模座 | 数量 | 50 | | | |
| 材料牌号 | | HT200 | | | | | |
| 单件毛坯尺寸 | | | | | | | |
| 单件总工时 | | | | | | | |
| 工序号 | 工序名称 | 工序主要内容 | 主要设备 | 工艺装备 | | | 时间定额 |
| | | | | 夹具 | 刀具 | 量具 | |
| 1 | 备料 | 铸造毛坯 | | | | | |
| 2 | 刨平面 | 刨上、下平面，保证尺寸50.8 mm | 牛头刨床 | 通用夹具 | 刨刀 | 游标卡尺 | |
| 3 | 磨平面 | 磨上、下平面，保证尺寸50 mm，保证平行度要求 | 平面磨床 | 通用夹具 | 砂轮 | 游标卡尺 | |
| 4 | 钳工划线 | 划前部平面和导柱孔线及螺纹孔线 | 钳台 | | | 游标卡尺 | |
| 5 | 铣床加工 | 按划线铣前部平面，铣两侧面达尺寸 | 立式铣床 | 通用夹具 | 立铣刀 | 游标卡尺 | |
| 6 | 钻孔 | 按划线钻导柱孔至$\phi$30 mm，钻螺纹底孔，攻螺纹 | 立式钻床 | 通用夹具 | 钻头 | 游标卡尺 | |
| 7 | 镗孔 | 和上模座重叠，一起镗孔至$\phi$32R7，保证垂直度 | 镗床或立式铣床 | 通用夹具 | 镗刀 | 千分尺 | |
| 8 | 检验 | | | | | 千分尺 | |
| | | | | | | | |
| 更改记录 | | | | | | | |
| 超差处理 | | | | | | | |
| 编　制 | | 校　对 | | 定额员 | | 时　间 | |

## 任务资讯3.3.2　模座零件加工要点

在平面加工中要特别注意防止弯曲变形。在粗加工后若模座有弯曲变形，在磨削中电磁吸盘会把这种变形矫正过来，磨削后加工表面的这种形状误差又会恢复。为此，在加工前，应在电磁吸盘与模座间垫入适当厚度的垫片，再进行磨削。上下两面用同样的方法交替磨削，可获得较高的平面度。若需要更高精度的平面，应采用刮研的方法加工。

上、下模座孔的镗削加工，可根据加工要求和工厂的生产条件，在铣床或摇臂钻等机床上采用坐标或利用引导元件进行加工。批量较大时可以在专用镗床、坐标镗床上进行加工。为保证导柱、导套的孔间距离一致，在镗孔时经常将上、下模座重叠在一起，一次装夹同时镗出导柱和导套的安装孔，即同镗（合镗）加工法。对单件生产，可以用划线的方法，找正孔的加工位置，进行加工。

在对模座进行镗孔加工时，应在模座平面精加工后以模座的大平面及两相邻侧面作定位基准，将模座放置在机床工作台的等高垫铁上。各等高垫铁的高度应保持一致。对于精密模座，等高垫铁的高度差应小于 3 μm。工作台和垫铁应用净布擦拭，彻底清除铁屑粉末。在使模座大致达到平行后，轻轻夹住，然后以长度方向的前侧面为基准，用百分表找正后将其压紧，最后将工作台再移动一次，进行检验并加以确认。

模座用螺栓加垫圈紧固，压板着力点不应偏离等高垫铁中心，以免模座变形。

# 情境 4　塑料模型腔加工

## 情境学习指南 4　学会塑料模型腔的加工

<table>
<tr><td rowspan="3"></td><td colspan="4">情境 4：塑料模型腔加工</td></tr>
<tr><td>起草人员</td><td></td><td>起草时间</td><td></td></tr>
<tr><td>教学学期</td><td>第 4 学期</td><td>参考课时</td><td>18 学时</td></tr>
<tr><td colspan="5">教学条件：教室、工业加工中心、模具制造工艺手册、视频光盘、电脑、网络、零件图样、机床设备、工艺装备、课件、黑板、多媒体等设备<br>机　　床：卧式车床、立式铣床、机械式仿形铣床、成形磨床、万能外圆磨床<br>工艺装备：正弦精密平口钳、正弦磁力台和测量调整器等工装量具</td></tr>
<tr><td colspan="5">学习过程计划</td></tr>
<tr><td>学习情境描述</td><td colspan="4">受精镒模具厂委托，加工塑料模两套。要求为相关零件（塑料模动模型腔及固定板）编制加工工艺规程，并完成加工</td></tr>
<tr><td>具体任务的设置</td><td colspan="4">其余 3.2<br>A—A<br>材料: CrWMn<br>热处理: 淬硬50HRC<br>数量: 2<br>任务图 4 - 1　塑料模型腔</td></tr>
<tr><td>能力目标</td><td colspan="4">① 能正确选择塑料模型腔的加工方法<br>② 能完成塑料模型腔的加工工艺路线的设计<br>③ 能正确选用塑料模型腔的加工刀具和切削用量<br>④ 能编制塑料模型腔的加工工艺规程，填写加工工艺过程卡片<br>⑤ 能完成塑料模型腔的加工操作</td></tr>
<tr><td>专业技术内容</td><td colspan="4">① 分析塑料模型腔的尺寸精度及技术要求<br>② 完成塑料模型腔的加工方法和加工工艺的确定，填写工艺卡片<br>③ 正确地选用塑料模型腔的加工机床及有关的工模夹具，并能正确使用<br>④ 初步掌握塑料模型腔加工的操作方法</td></tr>
</table>

续表

<table>
<tr><td>教学论与方法建议</td><td colspan="2">① 项目导向教学法<br>② 学生分组讨论<br>③ 多媒体教学<br>④ 现场实作</td></tr>
<tr><td rowspan="6">学习小组行动阶段</td><td>1. 资讯</td><td>学生从工作任务中收集工作的必要信息，初步掌握塑料模型腔零件加工的专业知识和技能</td></tr>
<tr><td>2. 计划</td><td>学生制定学习计划，建立工作小组</td></tr>
<tr><td>3. 决策</td><td>确定工作方案，工作任务分配到个人，并记录到工作记录表中</td></tr>
<tr><td>4. 实施</td><td>学生以小组的形式，在学习工作单的引导下完成专业知识的学习和技能训练，完成实际塑料模型腔零件的加工操作及实作质量的检测</td></tr>
<tr><td>5. 检查</td><td>① 工艺编程是否正确　② 实作方法是否正确<br>③ 产品是否合格　④ 安全生产情况</td></tr>
<tr><td>6. 评价</td><td>① 能否加工出合格的产品<br>② 是否为最合适的加工方案<br>③ 学习目的是否达到；按照成绩评定标准给予评价（成绩评定标准教师事先制定）填写反馈表</td></tr>
<tr><td rowspan="6">方法媒介和环境</td><td>1. 分析</td><td>课堂对话、四步法<br>讲解、演示、模仿、练习<br>教师指导、讲解、示范、学生实作</td></tr>
<tr><td>2. 计划</td><td>课堂对话、课堂分组、教师监督、小组长负责</td></tr>
<tr><td>3. 决策</td><td>师生互动<br>老师只进行评估</td></tr>
<tr><td>4. 实施</td><td>在教师指导下分组工作，工业中心实操实作产品，合理编制零件加工工艺规程，小组完成塑料模型腔零件加工</td></tr>
<tr><td>5. 总结</td><td>答疑，任务对话，学生评价，教师评价，企业评价，专家评价</td></tr>
<tr><td>6. 成绩</td><td>工作文件 20%，操作过程 40%，工作结果 20%，汇报效果 10% ，团队 10%</td></tr>
</table>

# 学习工作单 4.1　塑料模型腔的机械加工

<table>
<tr><td>情景 4　塑料模型腔的加工<br>任务 4.1　塑料模型腔的机械加工</td><td>姓名：__________<br>日期：__________</td><td>班级：__________<br>共__________页</td></tr>
<tr><td colspan="3">1. 型腔类零件有何特点？其主要加工方法有哪些？<br><br>2. 型腔按其结构形式和形状大致可分为多少种？<br><br>3. 型腔车削加工中常用哪些成型刀具？<br><br>4. 要保证型腔的形状正确，在加工中常用哪些专用工具，怎样保证其加工质量？<br><br>5. 多型腔模具用什么方法进行加工？<br><br>6. 灯座型腔用什么方法进行加工？其特点如何？</td></tr>
</table>

| 检查情况 | | 教师签名 | | 完成时间 | |
|---|---|---|---|---|---|

# 任务资讯 4.1 塑料模型腔的机械加工

任务图 4-1 所示的零件是塑料模型腔。型腔零件是成型塑料件外表面的主要零件，其精度和表面质量要求较高。从零件图分析可知，型腔的主要加工面是：外圆 $\phi 40^{+0.024}_{+0.008}$，保证型腔的正确安装位置；孔 $\phi 25.1^{+0.03}_{0}$，成型塑件外表面；孔 $\phi 8^{+0.015}_{0}$、孔 $2-\phi 4^{+0.012}_{0}$ 与其他杆类零件配合安装（如推杆、小型芯）。

如何确保任务图 4-1 中型腔零件的工作型腔、分型面、定位安装的结合面的尺寸和形位精度、粗糙度等技术要求将是工艺分析的重点。下面先介绍型腔的一般机械加工方法。

## 任务资讯 4.1.1 塑料模型腔的机械加工

型腔是模具的重要成型零件，型腔的种类、形状、大小有很多种，有的表面还有花纹、图案、文字等，属于复杂的内成型表面。因此，其制造工艺过程复杂，制造难度较大。

型腔按其结构形式可分为整体式、镶拼式和组合式。按型腔的形状大致可分为回转曲面和非回转曲面两种。

对回转曲面的型腔，一般用车削、内圆磨削或坐标磨削进行加工制造，工艺过程比较简单。而非回转曲面型腔的加工制造要困难得多，其加工工艺概括起来有以下 3 个方面。

① 用机械切削加工配合钳工修整进行制造，该工艺不需要特殊的加工设备，采用通用机床切除型腔的大部分多余材料，再由钳工精加工修整。它的劳动强度大，生产效率低，质量不易保证。在制造过程中应充分利用各种设备的加工能力，尽可能减少钳工的工作量。

② 应用仿形、电火花、超声波、电化学加工及化学加工等专用设备进行加工，可以大大提高生产效率，保证型腔的加工质量。但工艺准备周期长，在加工中工艺控制复杂，有的还会污染环境。

③ 采用数控加工或模具计算机辅助设计与制造（即模具 CAD/CAM）技术，可以加快模具的研制速度，缩短模具的生产准备时间，优化模具制造工艺和结构参数，提高模具的质量和寿命。这种方法是模具制造技术的发展方向。

对于回转曲面的型腔或者组成内表面中部分为回转曲面的型腔，应用最普遍的加工方法是车削加工（采用数控车削加工更容易）。下面介绍车削加工模具型腔所用的特种刀具、专用工具及加工案例。

**1. 型腔车削的特种刀具**

在型腔车削加工中，除圆柱、圆锥内形表面可以使用普通内孔车刀进行车削外，对于球面、半圆面或圆弧面，一般都采用样板车刀进行最后的成型车削。常用的样板车刀有车刀式样板刀、成型样板刀和弹簧式样板刀。

(1) 车刀式样板刀

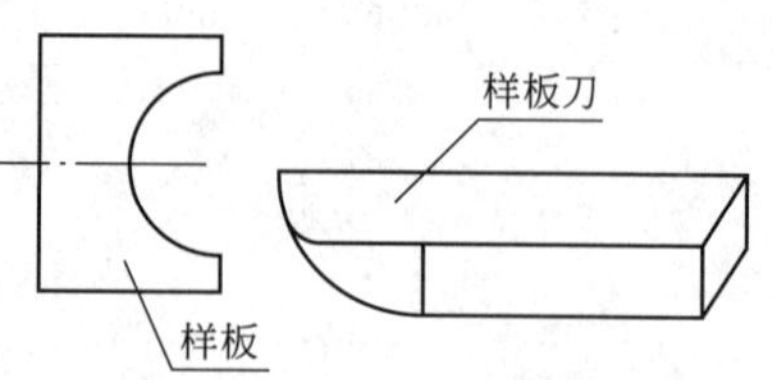

图 4-1 车刀式样板刀

如图 4-1 所示，它是在高速钢或硬质合金车刀的基础上磨制而成的。磨制前应根据型腔所要求的曲面形状、尺寸制造样板，然后再根据样板的曲面磨制成样板车刀，其前角、后角可根据被加工材料选择，最后用油石磨光刃口。车削时先将该部分型腔粗加工，并留有一定的加工余量，最后再用样板车刀进行精车成型。

车刀式样板车刀制造简单，使用方便，可磨制成各种形状，使用磨损后可重新刃磨多次。但它不能有效地单独控制型腔的表面形状，必须配合样板校对型腔的形状。

(2) 成型样板刀

图4-2所示为半圆形双刃口成型样板车刀。它的刃口部分的形状完全和型腔加工曲面相同，而尾部为锥柄。操作时将成型样板车刀安装在车床尾座的套筒内，利用尾座丝杠实现进给切削运动。

成型样板刀可根据型腔曲面的半径大小制成单刃、双刃或多刃，在车削加工时不需要用样板校对型腔，能有效地控制型腔的形状。但这种车刀使用时必须使尾座套筒的中心和车床主轴中心一致，否则会扭坏刀具或扩大型腔尺寸。

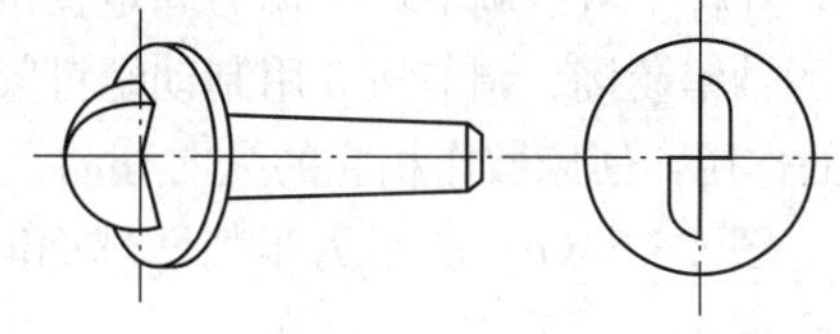
图4-2　成型样板刀

(3) 弹簧式样板刀

样板车刀在车削过程中，因切削面积较大容易引起振动，造成车削表面粗糙度达不到要求，因此将样板车刀安装在弹簧刀杆上成为弹簧式样板车刀，如图4-3所示。这种车刀可有效地减小或消除车削过程中的振动，降低加工表面的粗糙度。

(4) 型腔条纹刀具

塑料瓶盖类的制品为了和瓶体能有效地旋紧，一般其外圆表面都有深浅和长短不等的突出条纹，这些条纹在模具上则为内形表面条纹。对这种内形表面条纹的加工也可以在车床上采用专用的刀具进行加工。

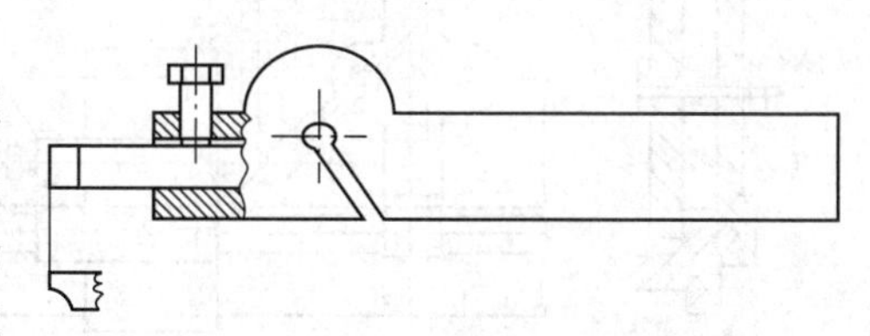
图4-3　弹簧式样板刀

① 直线滚花刀。图4-4所示滚花刀是由直纹滚花刀和与其配合的刀轴安装在刀杆上的小孔内，并用螺钉固定而成的直线滚花刀具。使用时将刀杆安装在刀架上，找正车床主轴水平中心，并与型腔滚花部位对正。先低速小吃刀，试切后观察条纹深浅是否一致，如不一致则调整刀架角度，直至条纹轴向深浅一致后再开车滚花。在滚花中应从内向外进刀并要润滑，每隔一定时间要清洗滚花刀，确保条纹清晰。

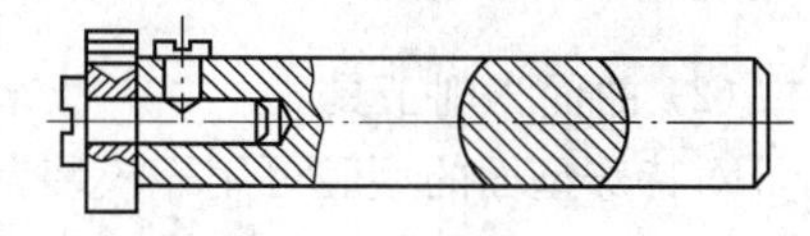
图4-4　直线滚花刀

② 条纹拉刀。在型腔条纹较深较宽的情况下，用滚花刀无法加工。对这样的条纹可采用专用的条纹拉刀加工，如图4-5所示。进行条纹加工时，将条纹拉刀安装在刀架上并找正中心位置。根据图纸要求的条纹数量在型腔上均匀地分度划线，使刀尖对准其中一条划线，摇动小拖板向前拉削。利用小拖板和中拖板的刻度分别控制条纹的长短和深浅，分几次拉削达到所要求的条纹长度和深度。加工一

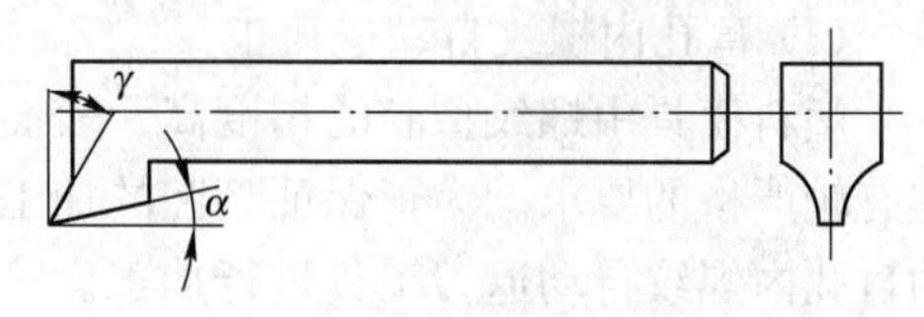

图4-5　条纹拉刀

条条纹结束后转动车床卡盘，使刀尖对正另一条划线加工第 2 条条纹，依次加工出所有条纹。拉削刀杆要有一定的强度，以免引起条纹不清晰和粗糙度达不到要求。

**2. 型腔车削的专用工具**

型腔的车削加工中，对回转曲面除应用成型样板车刀进行车削加工外，对加工数量较多的型腔应用专用的车削工具进行加工，在保证质量的前提下提高生产效率。

(1) 球面车削工具

拉深凸模、弯曲模、浮动模柄、球面垫圈和塑料模的型芯等零件，往往带有球面。若在卧式车床上增设一个球面车削工具，则可方便而又准确地进行球面加工。如图 4 - 6 (a) 所示，连杆 1 可以调节，一端与固定在机床导轨的基准板 2 上的轴销铰接，另一端与调节板 3 上的轴销铰接。调节板 3 用制动螺钉紧固在中滑板上。当中滑板横向自动进给时，由于连杆 1 的作用，使床鞍作相应的纵向移动，而连杆绕基准板上的轴销回转使刀尖作圆弧运动。

图 4 - 6 (b) 所示为车削凹球面时的安装。

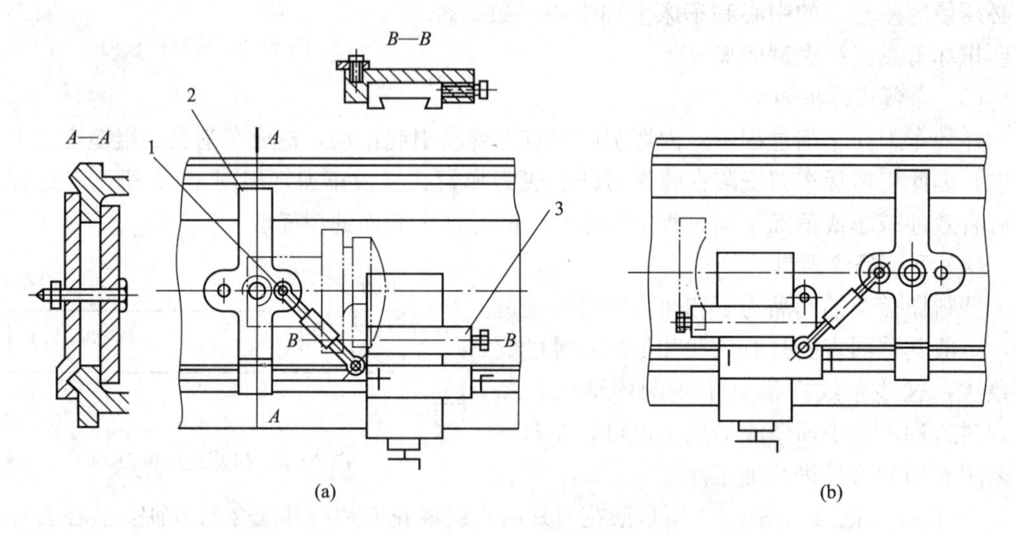


图 4 - 6　车球面工具

1—连杆；2—基准板；3—调节板

(2) 曲面车削工具

对特殊型面的型腔可用靠模装置进行仿形车削加工。靠模的种类较多，图 4 - 7 所示为安装在机床导轨后面的靠模。靠模 1 上有曲线沟槽，槽的形状、尺寸与型腔型面的曲线形状、尺寸相同。在机床中拖板上安装连接板 2，滚子 3 安装在连接板端部，并正确地与靠模沟槽配合。车削时中拖板丝杆抽掉，大拖板纵向移动时中拖板和车刀随靠模作横向移动，车削出和曲线沟槽完全相同的型腔表面。

(3) 盲孔内螺纹自动退刀工具

塑料模具中螺纹型腔的精度高，表面粗糙度低，螺纹退刀部分的表面粗糙度和长度同样有较严格的要求。为了保证型腔的加工质量，对型腔中的螺纹部分可采用图 4 - 8 所示的盲孔内螺纹自动退刀工具进行加工。

使用时将螺纹自动退刀工具装在刀架上，扳动手柄 1 将滑块向左拉出，使销钉 11 进

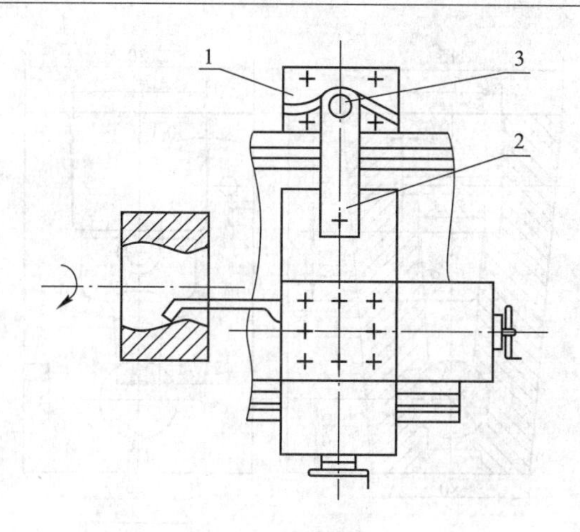


图 4－7　曲面车削工具

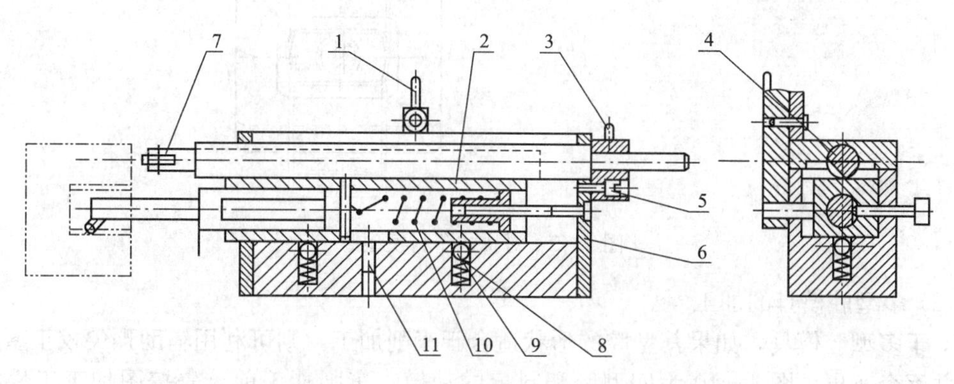


图 4－8　盲孔内螺纹自动退刀工具

1、3—手柄；2—滑块；4—半圆轴；5、11—销钉；6—盖板；
7—滚动轴承；8—弹簧；9—滚珠；10—拉力弹簧

入滑块 2 的定位槽内。同时搬动手柄 3 使半圆轴 4 转动，将滑块 2 压住，并将半圆轴沿轴向推动使销钉 5 插入盖板 6 的孔内。调节刀头与半圆轴端部滚动轴承 7 的距离后，即可进行车削。当车削至接近要求的螺纹长度时，滚动轴承 7 撞在工件端面上，向后推动半圆轴。当销钉 5 被推出盖板 6 时，在弹簧 8 的作用下通过滚珠 9 将滑块 2 沿横向推动，使半圆轴的平面转为水平状态，此时销钉 11 和滑块 2 的定位槽脱开。在拉力弹簧 10 的作用下将滑块 2 拉回，使刀具退出型腔，完成一次车削的退刀。重复以上操作过程，可以完成螺纹车削的自动退刀。

**3. 典型型腔车削加工**

(1) 对拼式型腔的加工

在模具设计中，为了便于取出工件，往往把型腔设计成对拼式，即型腔的形状由两个半片或多个镶件组成。这种情况在注射模、吹塑模、压铸模、玻璃模和胀形模等模具中都比较常见。

加工对拼式型腔（图 4－9）时，为了保证型腔尺寸的准确性，通常应预先将各镶件间的接合面磨平，互相间用工艺销钉固定，组成一个整体后才进行车削。

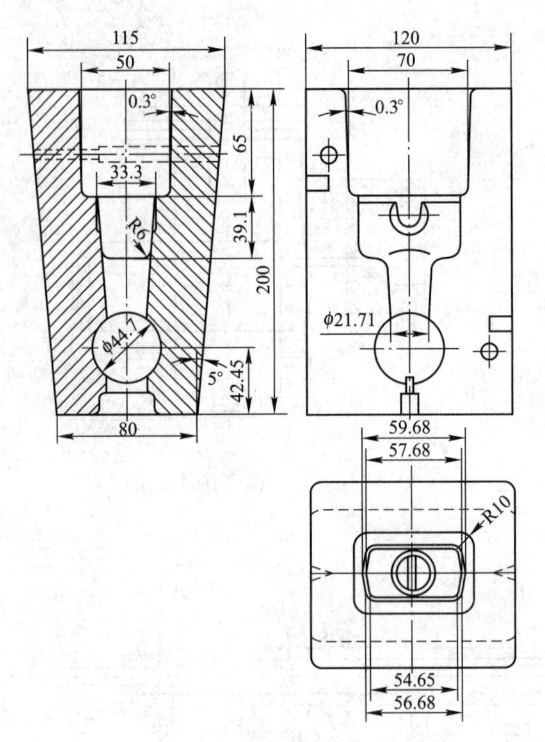


图 4 - 9　对拼式塑料模型腔

(2) 多型腔模具的加工

对于多型腔模具，如果其型腔的形状适合于车削加工，则可利用辅助顶尖校正型腔中心，并逐个车出。图 4 - 10 为四型腔塑料模的动模。车削加工前，先按图加工工件的外形，并在四个型腔的中心上打样冲眼或中心孔。车削时，把工件初步装夹在车床卡盘上，将辅助顶尖一端顶住打样冲眼或中心孔，另一端顶在车床尾座上，用手转动车头，以千分表校正辅助顶尖外圆，调整工件位置，使辅助顶尖的外圆校正为止（图 4 - 11）。车完一个型腔后，用同样的方法校正另一个型腔中心，进行车削。

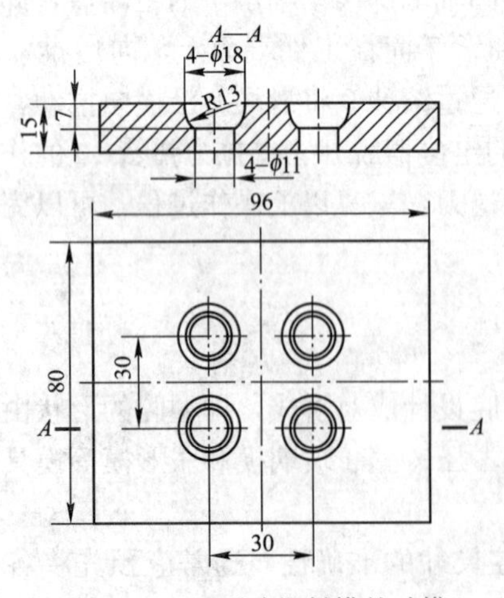


图 4 - 10　四型腔塑料模的动模

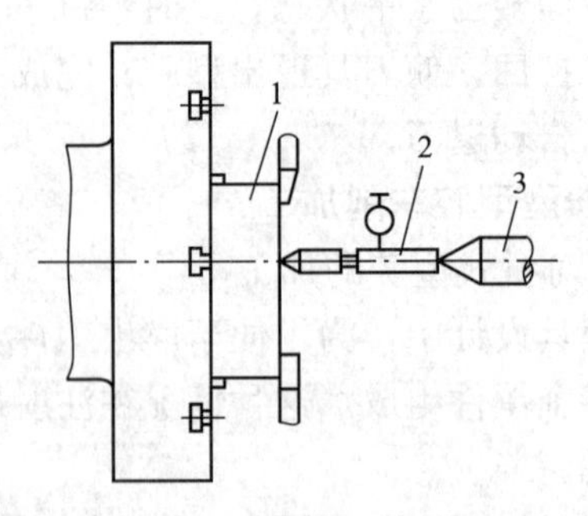


图 4 - 11　用辅助顶尖找正中心

1—坯料；2—辅助顶尖；3—车床尾座

(3) 塑料钮扣压缩模型腔的加工

多腔塑料钮扣压缩模型腔如图 4－12 所示。在车削前要对毛坯进行刨削、铣削、磨削加工，使除型腔以外的其余尺寸、精度均达到图纸要求，并按型腔的排列和尺寸进行钳工划线。车削时用压板将型腔板装卡在车床花盘上，按划线校正其中一个型腔的位置与机床中心重合，采用 3 把样板车刀依次车削型腔的三个部位，如图 4－13 所示。A 车刀车削型腔外圆弧，B 车刀车削型腔的内圆弧。A、B 车刀为粗车刀，车削深度比图纸要求深度浅 0.05～0.1 mm，随后用 C 车刀进行精车修光成型。

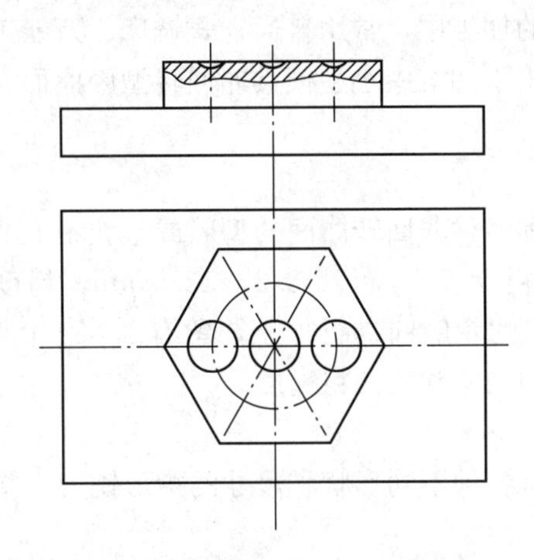

图 4－12　塑料钮扣压制模的型腔

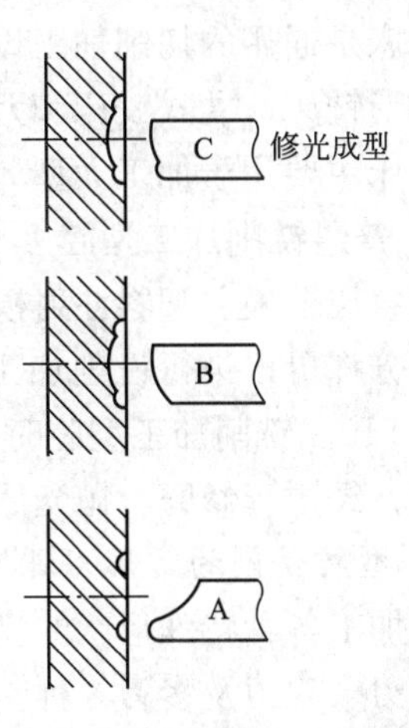


图 4－13　型腔成型车削

(4) 灯座型腔的车削

图 4－14 所示为塑料灯座压缩模型腔。根据图纸要求，可采用成型样板车刀车削型腔的曲面，车削工艺过程如下。

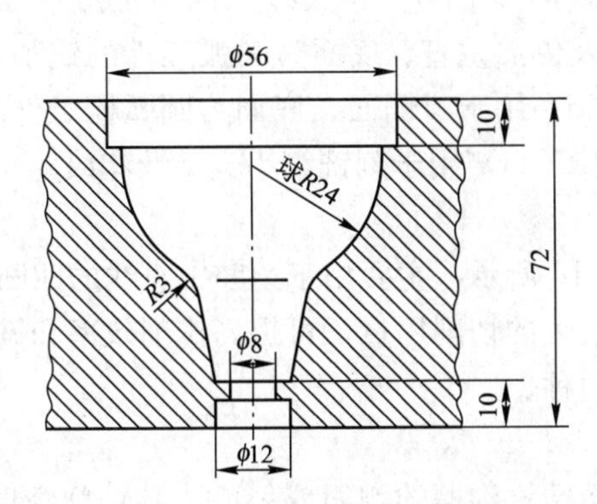


图 4－14　塑料灯座模具的型腔

① 预加工。按图刨削平面达到尺寸要求，并与其他模板配作加工导柱孔及配装导柱。

② 划线。钳工划线，确定各型腔的相对位置。

③ 装夹工件。将型腔板装在四爪卡盘上，找正一个型腔与车床主轴中心重合。

④ 车削 $R24$ 圆弧。粗车 $R24$，留加工余量 0.1 mm，用样板校对，然后用样板车刀成型精车 $R24$，使其达到要求。

⑤ 钻孔、铰孔。对 $\phi 8$ 孔进行钻孔、铰孔，使其达到要求。

⑥ 车削锥孔。按图纸锥度要求调整车床的小拖板角度，车削内锥孔使其达到要求。

⑦ 车削 $R3$ 圆弧。粗车 $R3$ 并留余量，然后用 $R3$ 样板车刀进行成型精车，完成型腔曲面的车削加工。

## 任务资讯 4.1.2 非回转曲面型腔的铣削

铣床是通用的切削加工设备。在模具型腔的加工中，常用普通立式铣床、万能工具铣床和仿形铣床。立式铣床和万能工具铣床主要用于加工中小型模具非回转型腔曲面，一般仿形铣床主要用于加工大型非回转曲面的型腔。

**1. 普通铣削加工型腔**

塑料压缩模、塑料注射模、压铸模、锻模等各种非回转曲面的型腔或型腔中的非回转曲面部分都可以进行铣削加工。加工后的表面粗糙度 $R_a$ 可达 3.2～12.5 μm，精度可达 IT8～IT10。铣削加工型腔时一般先按型腔划出的轮廓线进行加工，留有 0.05～0.1 mm 的余量；经钳工修磨、抛光后达到型腔所要求的尺寸和表面粗糙度。

1）型腔铣削的常用刀具

为加工各种特殊形状的型腔表面，必须备有各种不同形状和尺寸的指形铣刀。指形铣刀有单刃、双刃及多刃 3 种。

（1）单刃指形铣刀

单刃指形铣刀是应用广泛、制造最为方便的一种铣刀常用的单刃指形铣刀如图 4 - 15 所示。为了获得较好的加工质量和提高生产率，铣刀的几何参数是根据型腔和刀具的材料、强度、耐用度及其他加工条件合理选择而确定的。一般前角 $\alpha_q=5°$，后角 $\alpha_h=25°$，副后角 $\alpha_{fh}=15°$，副偏角 $\Psi=15°$。图 4 - 15（a）用于平底、侧面为垂直平面工件的铣削；图 4 - 15（b）用于半圆槽及侧面垂直、底面为圆弧工件的铣削；图 4 - 15（c）用于平底斜侧面的铣削；图 4 - 15（d）用于斜侧面、底面为圆弧槽工件的铣削；图 4 - 15（e）用于凸圆弧面的铣削；图 4 - 15（f）用于刻铣细小文字及花纹。

（2）双刃指形铣刀

双刃指形铣刀如图 4 - 16 所示，主要用于型腔中直线的凹凸型面和深槽的铣削。由于切削时受力平衡，能承受较大的切削用量，可提高铣削效率和铣削精度。双刃指形铣刀为标准产品，有锥柄和直柄两种。

（3）多刃指形铣刀

多刃指形铣刀主要用于精铣沟槽的侧面或斜面。其铣削精度较高，表面粗糙度较低，但制造困难。

2）圆弧面的加工

圆转台是立铣加工中常用的附件，利用它可进行各种圆弧面的加工。圆转台安装在立式铣床的工作台上，而工件则安装在圆转台上。安装工件时，必须使被加工圆弧中心与圆转台的回转中心重合，并根据工件形状来确定铣床主轴中心是否需要与圆转台中心重合。利用圆转台进行立铣加工圆弧面的方式如表 4 - 1 所示。

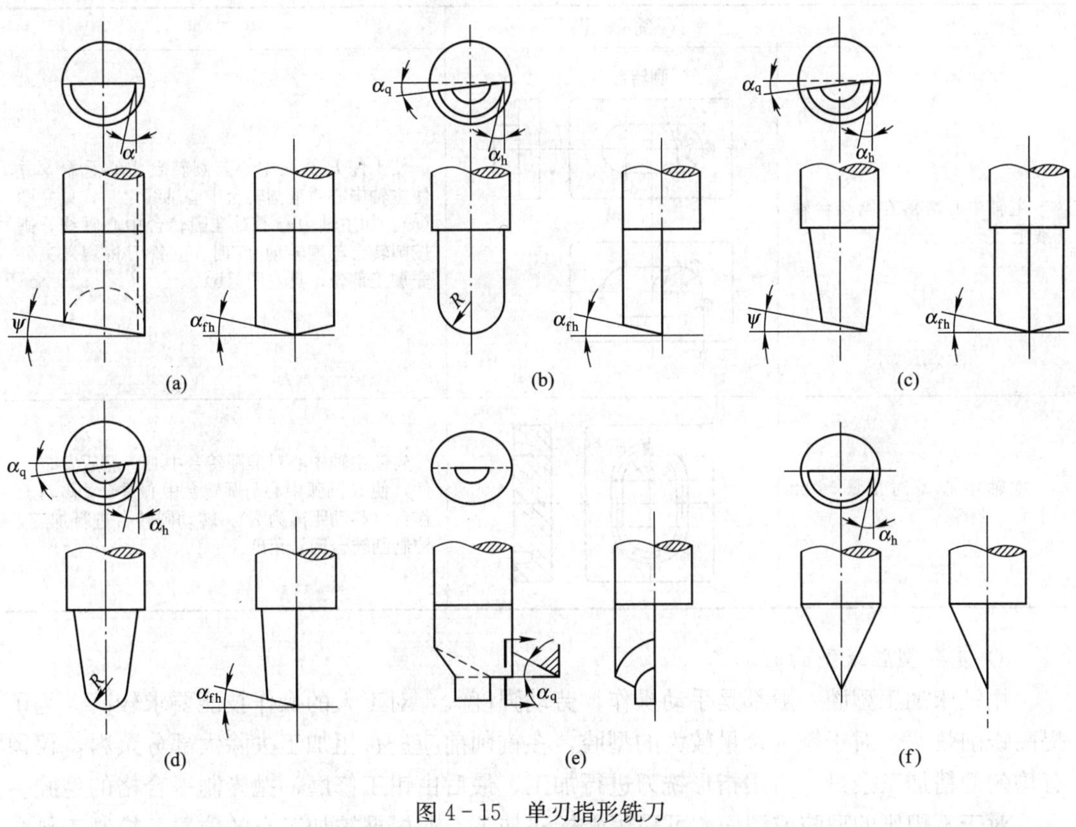


图 4 - 15　单刃指形铣刀

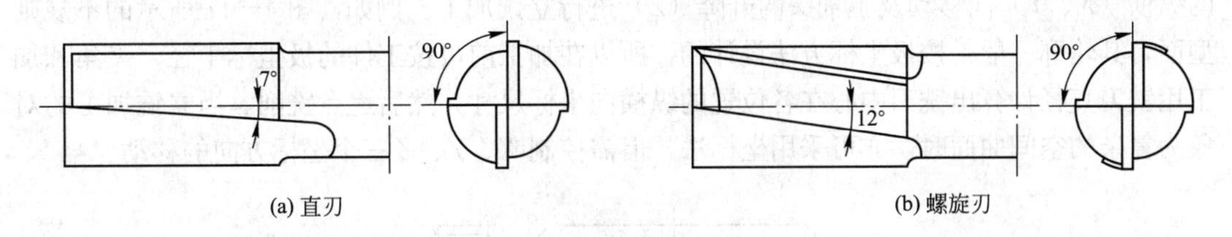


图 4 - 16　双刃指形铣刀

**表 4 - 1　利用圆转台进行立铣加工圆弧面的方式**

| 方　式 | 简　图 | 说　明 |
| --- | --- | --- |
| 主轴中心不需对准圆转台中心 | 立铣刀 | 将工件 $R$ 圆弧中心与圆转台中心重合。转动圆转台，由立铣刀加工 $R$ 圆弧侧面，由于任意转动圆转台都不致使铣刀切入非加工部位，因此主轴中心不需对准圆转台回转中心 |

续表

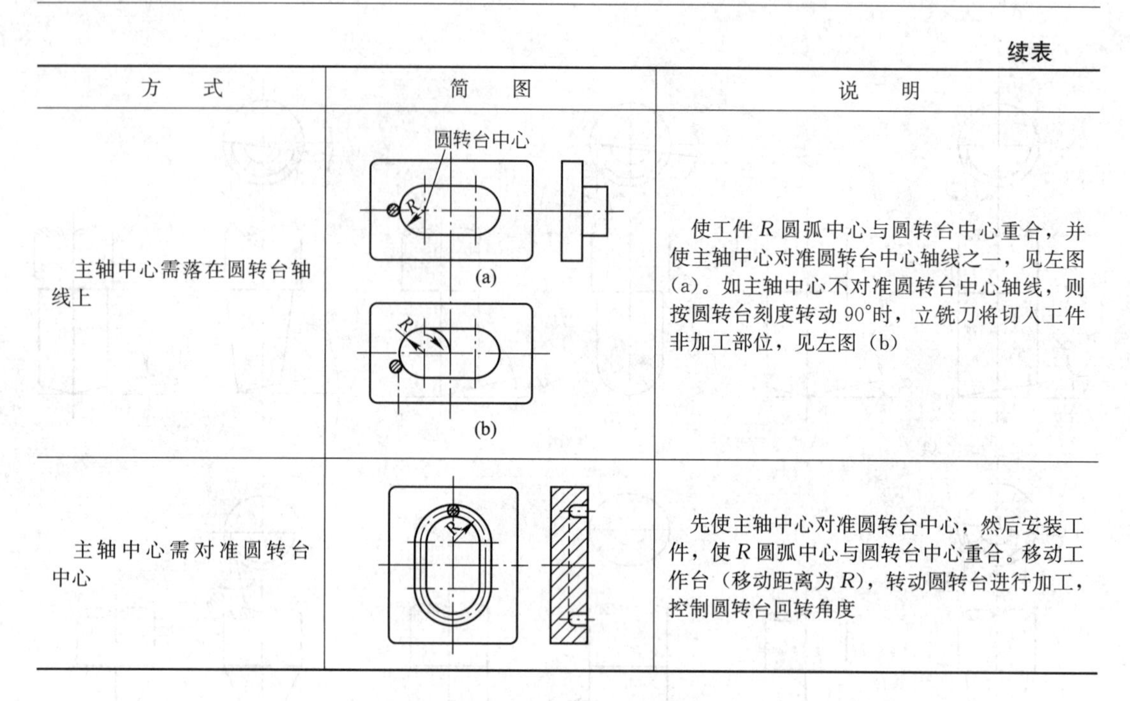


| 方　式 | 简　图 | 说　明 |
| --- | --- | --- |
| 主轴中心需落在圆转台轴线上 | (a)<br>(b) | 使工件 $R$ 圆弧中心与圆转台中心重合，并使主轴中心对准圆转台中心轴线之一，见左图(a)。如主轴中心不对准圆转台中心轴线，则按圆转台刻度转动 90°时，立铣刀将切入工件非加工部位，见左图（b） |
| 主轴中心需对准圆转台中心 |  | 先使主轴中心对准圆转台中心，然后安装工件，使 $R$ 圆弧中心与圆转台中心重合。移动工作台（移动距离为 $R$），转动圆转台进行加工，控制圆转台回转角度 |

3）复杂型腔或型面的加工

用铣床加工型腔一般都是手动操作，劳动强度大，对工人的操作技能要求较高。为了提高铣削效率，对于铣削余量较大的型腔，在铣削前应进行粗加工去除大部分余料，仅留有均匀的精加工余量，再用指形铣刀进行加工，最后由钳工修磨、抛光制得合格的型腔。

对于不规则的型腔或型面，可采用坐标法加工，即根据被加工点的位置，控制工作台的纵横（$X$、$Y$）向移动及主轴头的升降（$Z$）进行立铣加工。例如，图 4-17 所示的不规则型面，其轮廓一般是按极坐标方法设计的，所以在加工前可按工件的极坐标半径、夹角和加工用铣刀直径计算出铣刀中心在各位置的纵横向坐标尺寸，然后逐点铣削。当立铣加工的对象为复杂的空间曲面时，亦可采用坐标法，但需控制 $X$、$Y$、$Z$ 三个坐标方向的移动。

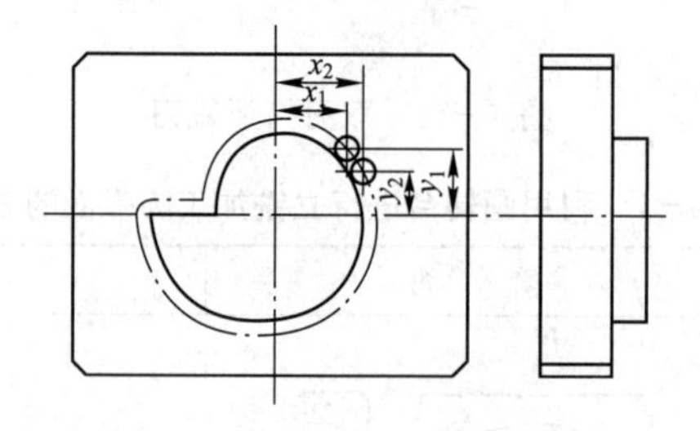


图 4-17　不规则型面的立铣加工

**2. 仿形铣削加工型腔**

仿形加工以事先制成的靠模为依据，加工时触头对靠模表面施加一定的压力，并沿其表面上移动，通过仿形机构，使刀具作同步仿形动作，从而在模具零件上加工出与靠模相同的型面。仿形加工是对各种模具型腔或型面进行机械加工的主要方法之一。常用的仿形加工有仿形车削、仿形刨削、仿形铣削和仿形磨削等。

1) 仿形加工的控制方式及工作原理

实现仿形加工的方法很多，根据触头传输信息的形式和机床进给传动控制方式的不同，可分为机械式、液压式、电控式、电液式和光电式等。

机械式仿形的触头与刀具之间刚性连接或通过其他机构，如缩放仪及杠杆等连接，以实现同步仿形加工。图 4－18 所示为机械式仿形铣床的原理图。仿形触头 5 始终与靠模 4 的工作表面接触，并作相对运动，通过中间装置 3 把运动信息传递给铣刀 1 对工件 2 进行加工。平面轮廓仿形（如图 4－18（a））需要两个方向的进给，其中 $s_1$ 为主进给运动，$s_2$ 随靠模的形状不断改变，称为随动进给。立体仿形（如图 4－18（b））需要三个方向的进给运动互相配合，其中 $s_1$、$s_3$ 为主进给运动，$s_2$ 为随动进给运动。这类机床多数用手动或手动与机动进给配合等多种方式实现仿形。

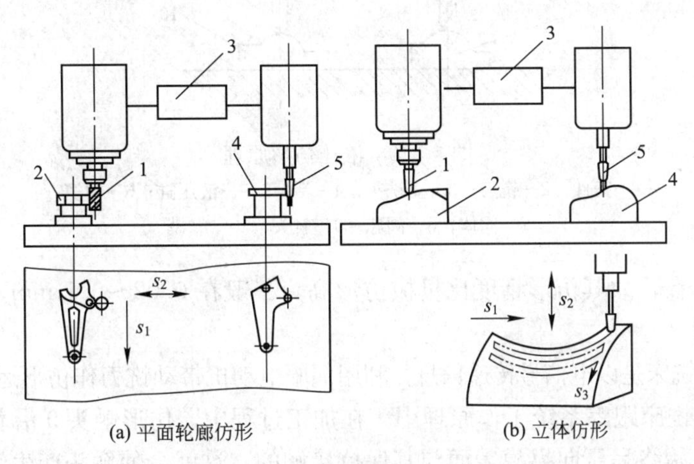


图 4－18　机械式仿形工作原理

1—铣刀；2—工件；3—中间装置；4—靠模；5—仿形触头

采用机械式仿形机床加工时，由于靠模与仿形触头之间的压力较大（约 10～50 N），工作面容易磨损，而且在加工过程中，仿形触头及起刚性连接的中间装置需要传递很大的力，会引起一定的弹性变形，故其仿形加工精度较低（加工误差大于 0.1 mm），不适宜加工精度要求高的模具。

液压式仿形是利用油液作为介质来传递信息和动力的。图 4－19 所示为液压仿形铣床的工作原理图。液压缸 5 固定在铣床机架上，用活塞 4 带动立铣头 3、铣刀 2 和阀体 7 一起上升或下降，而活塞的运动是由滑阀控制的。工件 1 和靠模 10 均固定在工作台上，仿形前，在弹簧 6 的作用下将阀芯 8 压向靠模。当工作台作纵向进给运动，使触头 9 沿靠模表面上升时，阀芯 8 上端的间隙 $\delta$ 逐渐减小，压力油流过时，由于 $\delta$ 变小而产生节流作用，使油缸上腔油压 $p_2$ 降低，但下腔油压不变，因而使活塞带动刀具提升，产生仿形动作，同时活塞带动阀体 7 上升。但因滑阀的阀芯受到弹簧 6 的压力作用并不上升，因此阀芯上端的间隙 $\delta$ 逐渐增大，最后达到液压缸上下腔压力平衡为止，即 $p_1A_1=p_2A_2$（其中 $A_2>A_1$）。这就构成不断平衡而又不断上升的跟踪过程。若当靠模表面使触头下降时，仿形的情况与上述过程相反。

液压仿形具有结构简单、体积小而输出功率大和工作适应性强等优点。液压仿形装置

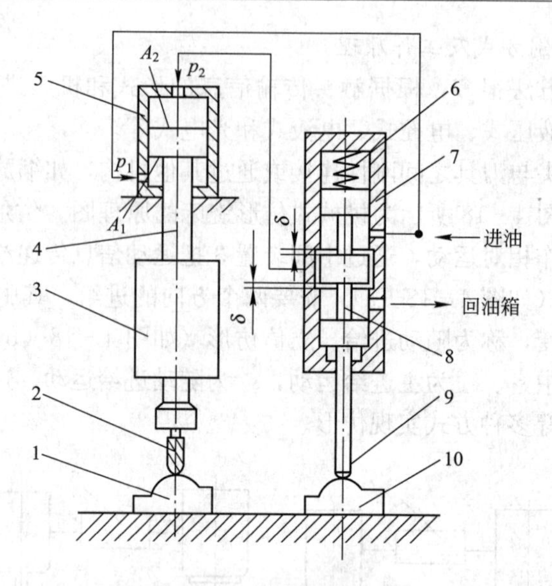


图 4-19 液压仿形原理

1—工件；2—铣刀；3—立铣头；4—活塞；5—液压缸；6—弹簧；
7—阀体；8—阀芯；9—触头；10—靠模

没有传动间隙存在，故其仿形精度比机械仿形高，一般在 0.02～0.1 mm。其仿形触头压力约为 6～10 N。

电控式仿形铣床是以电信号传递信息，利用伺服电动机带动铣刀作仿形运动的。图 4-20 所示是立体仿形铣床跟踪系统工作原理图。在加工过程中，仿形触头 9 沿着靠模 8 相对移动，而仿形触头始终是压向靠模表面与其保持接触的，这就会使触头产生轴向移动，从而发出信号。此信号经过传感器变成电信号，经随动系统放大后，用来控制随动电动机 3，由丝杠带动铣刀作与触头相应的运动。电控式仿形的铣刀与触头之间采用电伺服联动实现仿形加工，其结构紧凑，传递信号快，易于实现远距离控制，可用计算机与其构成多工序连续控制仿形加工系统。

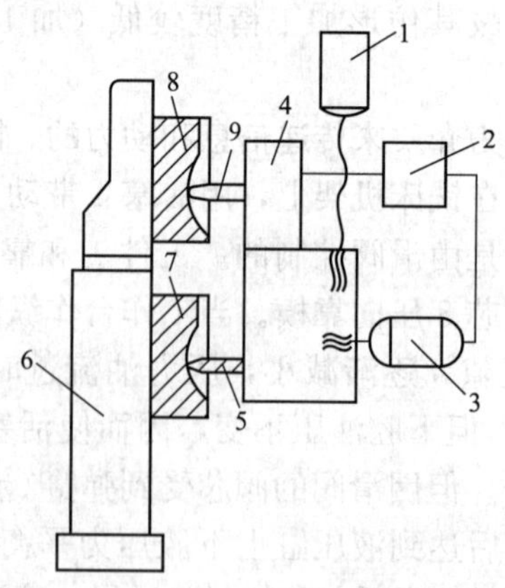


图 4-20 立体仿形铣床跟随系统工作原理

1—始发运动电动机；2—放大器；3—随动运动电动机；4—随动机构；5—铣刀；
6—支架；7—工件；8—靠模；9—仿形触头

电液式仿形以电传感器传递信息，利用液压作为动力进行仿形加工。仿形加工时，电传感器得到的电信号经电-液转换机构（电液伺服阀），使液压执行机构（液压缸、液压马达）驱动工作台作相应的伺服运动。为了得到较高的加工精度，要求电液伺服阀的启动、换向、停止等动作灵敏、准确，并具有较大的功率放大倍数。这种系统的仿形触头压力约在1～6 N。

光电式仿形是利用光电传感器传递信息的。加工时，不需要靠模，只需图样，由光电跟踪图样反射的光信号，经光敏元件转换成电信号送往控制部分进行变换处理和放大后，分别控制 $X$、$Y$ 两方向的伺服电动机带动工作台作仿形运动。

2）仿形加工工艺

在仿形铣床上加工型腔的效率高，其粗加工效率为电火花加工的40～50倍，尺寸精度可达0.05 mm，表面粗糙度 $R_a$ 为3.2～6.3 μm。由于铣刀强度的限制，不能加工出内清角和较深的窄槽等，因此对于精度要求较高的模具来说，仿形铣削一般只作为粗加工工序，加工时留一定的余量，供电火花精加工用。仿形铣削之前，必须先做好准备工作，包括制作靠模、选择适当的仿形触头和铣刀等，然后才着手进行仿形加工。

（1）靠模

靠模可分为平面靠模和立体靠模。平面靠模用于平面轮廓的仿形，立体靠模用于三维复杂表面的仿形，在模具型腔的加工中主要使用立体靠模。

靠模是仿形加工的依据。为了保证仿形加工精度，除了要求靠模具有一定的尺寸精度外，还应保证在使用中不产生变形和磨损。

平面轮廓仿形用的样板，通常用0.5～1 mm厚的钢板或塑料板作为靠模材料，由钳工按划线加工而成。对于精度要求高的样板，可用电火花线切割机床或数控铣床加工。

立体靠模的制造工艺较为复杂。用于制作立体靠模的材料有如下几类。

① 非金属材料。如木材、树脂混合石膏和合成树脂等。木材的材质要坚硬而且不易变形，制成靠模后要涂漆或硬化树脂；树脂混合石膏是在石膏中添加常温硬化性粉末树脂，以增强耐压能力；合成树脂有酚醛树脂、环氧树脂和聚酯树脂三种，其密度轻、强度好、收缩小、制作容易。合成树脂通常以玻璃纤维作增强材料，用层压浇注法制作靠模。

② 黑色金属。如钢、铸铁，主要用切削加工法制作靠模，适合于大批量生产。

③ 有色金属。如铜合金、铝合金、锌基合金和低熔点合金等，可用铸造法制作靠模。

此外，对于精密加工用的靠模，常用电铸成形法或喷镀法，即先用石膏、蜂蜡、木材、树脂等材料制成原模型，然后在原模型上电铸成形或喷镀1～3 mm厚的铜、锌、铝等制成靠模外壳，再用石膏、水泥等材料填充于壳内，以增加其强度。

（2）仿形触头

仿形铣削时，为使触头沿靠模表面顺利地运动，要求触头的头部与靠模表面形状相适应（图4-21）。触头的倾斜角 $\alpha$ 应小于靠模工作面上的最小斜角 $\beta$，仿形触头头部半径 $R$ 应小于靠模工作面上的最小半径 $r$。此外，仿形触头的形状还应与铣刀形状相适应，其直径差别如图4-22所示。

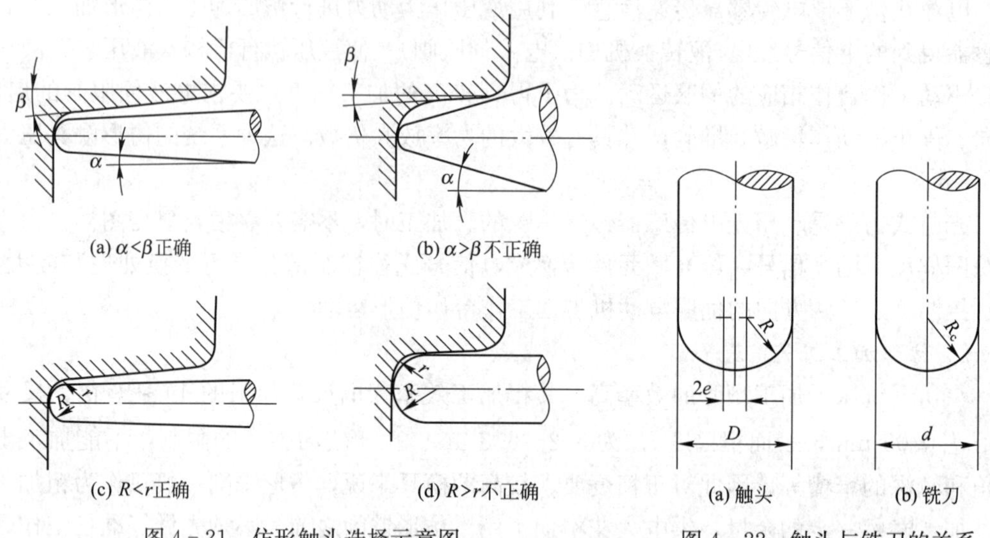


图 4-21 仿形触头选择示意图

图 4-22 触头与铣刀的关系

仿形触头与铣刀理论上应具有相同的尺寸，但实际加工中考虑到机构惯性的影响，仿形触头尺寸 $D$ 应稍大于铣刀尺寸 $d$，$D$ 可按下式确定，即

$$D=d+2(a+e) \tag{4-1}$$

式中：$d$——铣刀直径（mm）；

$a$——型腔加工后需留的钳工修正量；

$e$——触头偏移的修正量。

在仿形铣床上触头一般容易发生偏移，偏移的大小取决于仿形触头构造、触头长度、仿形速度和模具型腔的形状等。$e$ 值的大小必须在机床上经过实测才能确定，并在修正后才进行仿形加工。精仿时，一般取 $e=0.06\sim0.1$ mm。

常用的仿形触头有 3 种：圆柱形触头，以圆柱面为仿形基准面，用于平面轮廓和型腔底部清根的仿形；球头形触头，以球头为仿形基准，用于三维型腔的表面加工，可保证在任何方向上触头与靠模曲面都成法向接触；锥形球头触头，以球头为仿形基准，用于曲率半径较小的深型腔复杂型面的立体仿形。

仿形触头可用钢、硬铝、铜或塑料制成，其工作表面应具有一定的硬度，并经抛光。触头结构应尽量轻、短，以减小仿形误差。

（3）铣刀

仿形加工常用的铣刀有如下几种。

① 圆柱立铣刀（图 4-23（a））。它是仿形铣削中最常用的铣刀，适合于型腔粗加工及要求型腔底部为清角的仿形加工。这种铣刀常与圆柱形触头配用。

② 圆柱球头铣刀（图 4-23（b））。它在型腔仿形铣削的半精加工和精加工中应用最广，适合于加工底面与侧壁间有圆弧过渡的型腔。这种铣刀常与球头型触头配用。

③ 锥形球头铣刀（图 4-23（c））。它可对型腔侧面的出模斜度及底部过渡圆角同时进行精加工，或对具有一定深度和较小的凹圆弧进行加工。这种铣刀常与球头形触头配用。

④ 小型锥指铣刀（图 4-23（d））。它用于加工特别细小的花纹。

⑤ 双刃硬质合金铣刀（图 4-23（e））。它用于铸铁工件的粗、精仿加工。

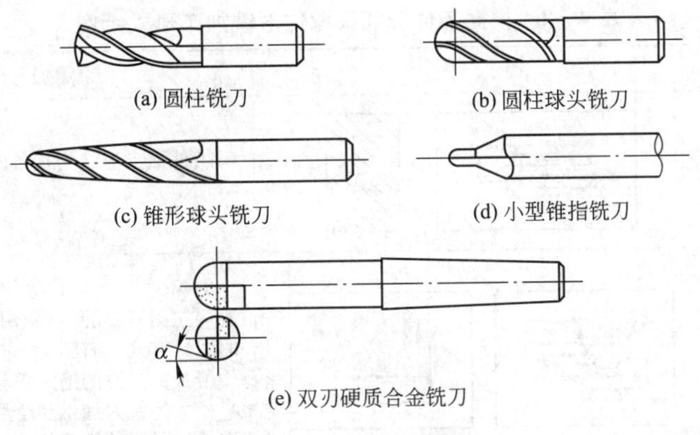


(a) 圆柱铣刀　(b) 圆柱球头铣刀　(c) 锥形球头铣刀　(d) 小型锥指铣刀　(e) 双刃硬质合金铣刀

图 4-23　仿形铣刀的类型

仿形铣刀的尺寸和形状，主要根据型腔的形状，尤其是型面圆角半径的大小来选用。粗仿形加工时，宜用刚度和直径大的铣刀；精仿形加工时，宜用切削刃圆角半径小于工件内圆角半径的球头铣刀或小型锥指铣刀。

## 任务资讯 4.1.3　仿形加工

### 1. 仿形加工的基本方式

仿形加工方式因铣床的不同而存在差异，但其基本方式可有以下 3 种，如图 4-24 所示。

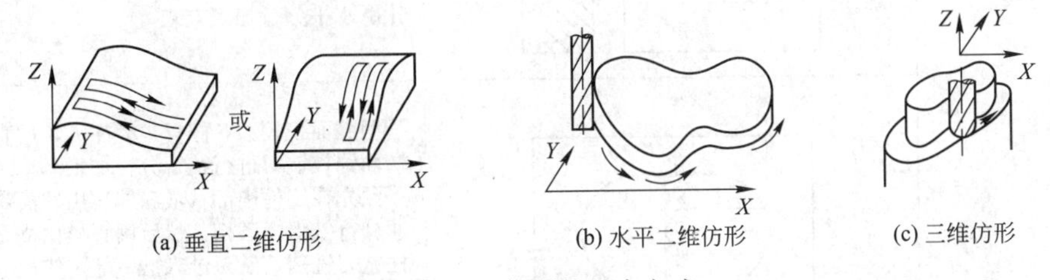


(a) 垂直二维仿形　(b) 水平二维仿形　(c) 三维仿形

图 4-24　仿形的基本方式

（1）垂直二维仿形

如图 4-24（a）所示，仿形时，工作台在 $X$ 轴（或 $Y$ 轴）方向以一定速度运动，通过靠模装置使铣刀在靠模的 $X$-$Z$（或 $Y$-$Z$）断面上作 $Z$ 轴方向的仿形。为了仿出型面的全部形状，还要给予 $Y$ 轴（或 $X$ 轴）方向以周期进给，进行型面的往复仿形，简称为行切。

（2）水平二维仿形

如图 4-24（b）所示，型面的轮廓仿形，必须在 $Z$ 轴方向作周期进给。

（3）三维（立体轮廓）仿形

如图 4-24（c）所示，仿形时，$X$、$Y$ 和 $Z$ 三个方向同时受控制。在机床控制系统中，采用轮廓仿形加行切的组合方式来实现。

### 2. 型腔或型面的仿形加工

由于模具型腔或型面的形状多种多样，因此在实际加工中应根据工件形状的特点将上面 3 种仿形加工基本方式组合起来应用，以便提高加工效率和表面质量。表 4-2 列举了具有各种形状的型腔或型面的加工形式。

**表 4-2 根据工件形状采取仿形铣加工形式示例**

| 形状特点 | 简 图 | 采用加工形式说明 |
|---|---|---|
| 长条形 | 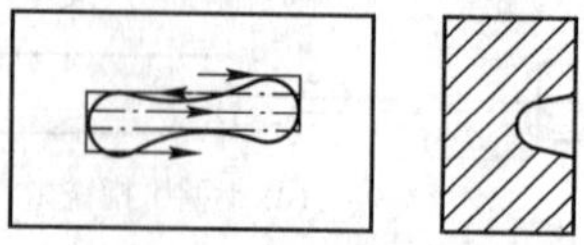 | 工件加工形状为长条形，用立体轮廓水平分行加工方式 |
| 形状变化大 | 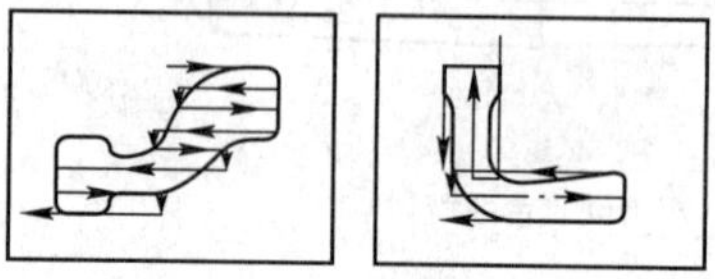 | 为减少空刀，可采用周期进给的自动超前装置（左图），或同时采用垂直分行与水平分行的组合方式（右图）<br>若被加工件的绝大部分圆角半径大，则先用半径大的铣刀加工整个形状，仅在半径小的地方以半径小的铣刀加工 |
| | 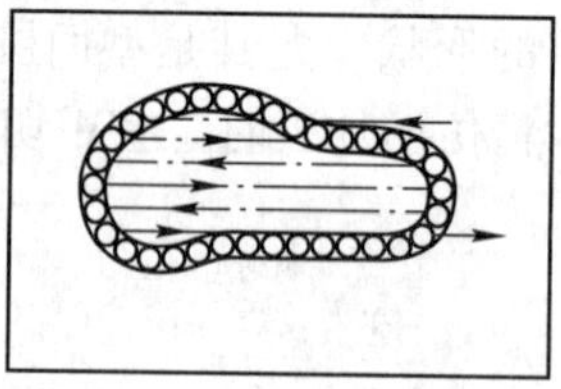 | 根据轮廓用平面轮廓仿形方式铣出轮廓凹槽<br>然后用带有周期超前进给的轮廓方式加工中间部分，去掉大部分切屑以后再用立体轮廓水平分行方式加工 |
| 有较大的深度和陡壁 | 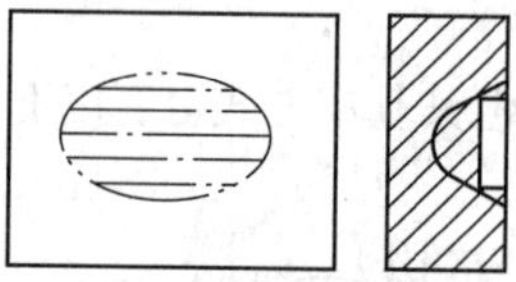 | 用平面轮廓分行方式（深度不变）加工主要部分，其余部分及精加工用周期进给超前立体轮廓水平分行加工方式 |
| | 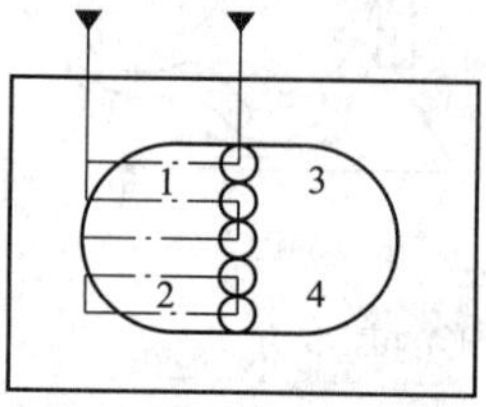 | 型腔面积较大，圆角半径亦大，用直径大的端面圆柱铣刀进行梳行分行加工<br>预先在工件中部（最深处）用球面铣刀按普通分行铣出一条槽，然后用直径比槽略大的圆柱铣刀铣削，铣刀进入槽中部，依次加工坯料的1、2、3、4各部分 |
| 型腔深度变化大，侧壁陡，但斜度一致 | 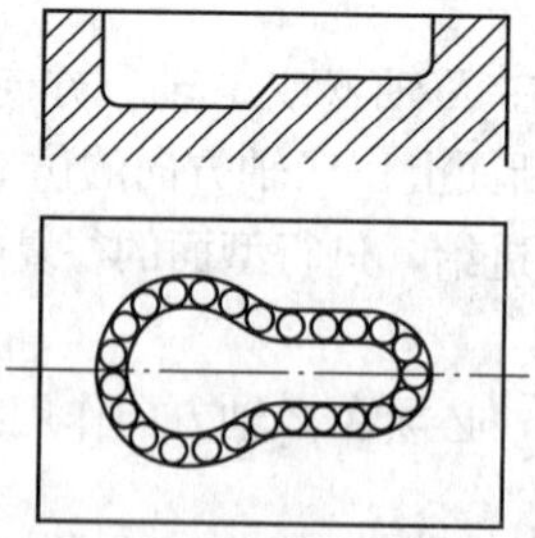 | 用深度轮廓方式，回绕轮廓加工，其余部分用周期进给超前的立体轮廓分行加工 |
| 外轮廓 | 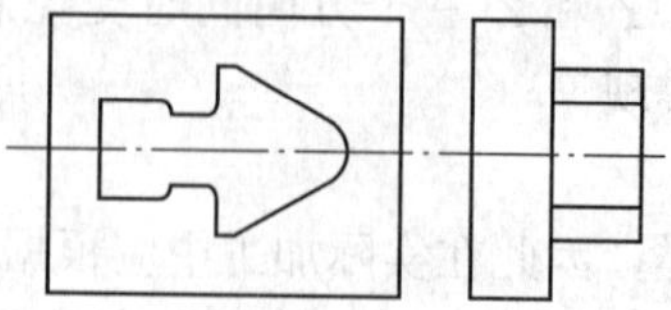 | 铣刀直径应比凹入部分圆角半径小。如果工件圆角半径很小，沿轮廓被切下的余量又多，可用直径较大的铣刀进行加工，精加工和半精加工时用直径较小的铣刀进行 |

# 学习工作单 4.2　成形磨削方法

<table>
<tr><td rowspan="2">情景 4　塑料模型腔的加工<br>任务 4.2　成形磨削方法学习</td><td>姓名：</td><td>班级：</td></tr>
<tr><td>日期：</td><td>共　页</td></tr>
<tr><td colspan="3">1. 试述成形磨削的工作原理。<br><br>2. 成形磨削加工是属于零件的精加工吗？其特点如何？<br><br>3. 成形磨削的方法有多少种类？各有何特点？<br><br>4. 成形砂轮磨削法是怎样进行磨削的，方法是否经济？<br><br>5. 成形砂轮磨削中怎样选用磨削砂轮？用什么方法来修磨砂轮才能保证加工质量？<br><br>6. 数控成形磨削的类型、应用范围和特点有哪些？</td></tr>
</table>

| 检查情况 | | 教师签名 | | 完成时间 | |
|---|---|---|---|---|---|

## 任务资讯 4.2 成形磨削

成形磨削用来对模具的工作零件进行精加工，不仅用于加工凸模，也可加工镶拼式凹模的工作型面。采用成形磨削加工模具零件可获得高精度的尺寸、形状；可以加工淬硬钢和硬质合金，可以获得良好的表面质量，模具的耐磨性好。

形状复杂的模具零件，一般都是由若干直线和圆弧所组成，如图 4 - 25 所示。成形磨削的原理就是把零件的轮廓划分成单一的直线和圆弧段，然后按照一定的顺序逐段磨削，使之达到图样上的技术要求。

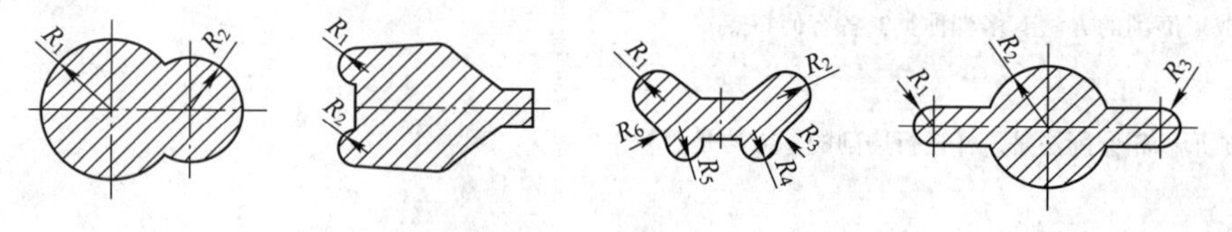


图 4 - 25　模具刃口形状

成形磨削可在成形磨床或普通平面磨床上进行。在成形磨床上进行成形磨削时，工件装夹在万能夹具上，夹具可以调节在不同的位置，因此能加工出平面、斜面和圆柱面。若将万能夹具与成形砂轮配合使用，则可加工出复杂的曲面。

在平面磨床上利用夹具或成形砂轮也可进行成形磨削。国外常用平面磨床对刃口为直线和圆弧形状的凸模或拼块凹模作成形磨削，其加工精度很高，甚至可以保证零件具有互换性。

（1）成形砂轮磨削法

利用修整砂轮工具，将砂轮修整成与工件型面完全吻合的相反型面，然后用此砂轮磨削工件，如图 4 - 26（a）所示。

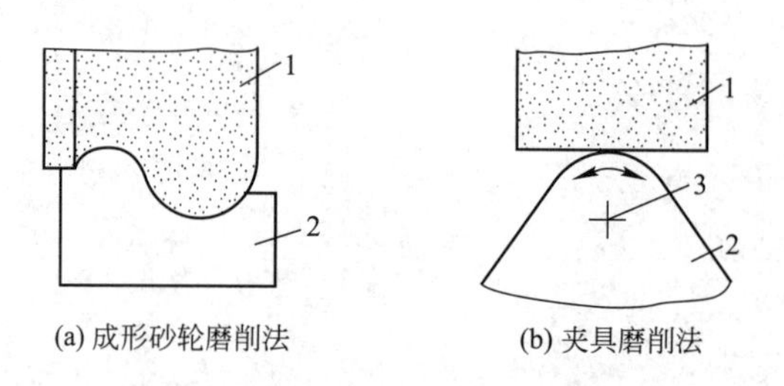


(a) 成形砂轮磨削法　　(b) 夹具磨削法

图 4 - 26　成形磨削的两种方法

1—砂轮；2—工件；3—夹具回转中心

（2）夹具磨削法

将工件按一定的条件装夹在专用的夹具上，在加工过程中通过夹具的调节使工件固定或不断改变位置，从而获得所需的形状，如图 4 - 26（b）所示。用于成形磨削的夹具有精密平口钳、正弦磁力台、正弦分中夹具、万能夹具等。

上述两种磨削方法虽然各有特点，但在加工模具零件时，为了保证零件质量、提高效率、降低成本，往往需要联合使用。

## 任务资讯4.2.1　成形砂轮磨削法

砂轮的磨削性能随组成砂轮的磨料粒度、硬度、组织和结合剂等参数的不同而异。由于成形磨削用的砂轮的修整精度将直接影响工件的成形精度，因此必须选用磨损量小、组织均匀的砂轮。成形磨削砂轮的选择可参考模具制造工艺手册。

采用成形砂轮磨削之前，首先要把砂轮修整成所需的形状，然后用此成形砂轮磨削工件。按照砂轮的形状，成形砂轮的修整方法有如下两种。

**1. 用挤轮修整成形砂轮**

用一个与砂轮所要求的表面形状完全吻合的圆盘形挤轮与砂轮接触，并保持适当压力。由挤轮带动砂轮转动，在挤压力作用下，砂轮表面的磨粒和结合剂不断破裂和脱落，获得所要求的砂轮形状，如图4-27所示。

挤轮的旋转可以机动或手动，其旋转速度一般为50～100 r/min。挤轮用合金工具钢或优质碳素工具钢制造，硬度为60～64 HRC，结构如图4-28所示。挤轮上沿圆周不等分分布的斜槽中有一条是直槽，用以嵌入薄钢片，并与挤轮的成形面一起加工，加工后的薄钢片用于检查挤轮的形状。一套挤轮有两个或三个，一个为标准轮，其余为工作挤轮。当工作挤轮磨损后，再用标准挤轮修整砂轮。采用挤压方法适合于修整形状复杂或带小圆弧的成形砂轮，尤其适用于修整难以用金刚石进行修整的成形砂轮。但这种修整方法要设计和制造挤轮，只宜在加工零件较多的情况下采用。

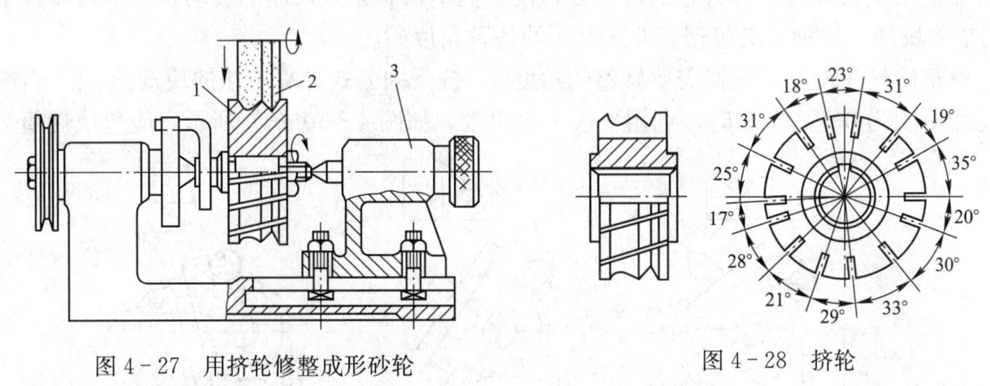


图4-27　用挤轮修整成形砂轮

1—挤轮；2—砂轮；3—挤轮夹具

图4-28　挤轮

**2. 用金刚石修整成形砂轮**

这种修整方法是将金刚石固定在专门设计的修整夹具上对砂轮进行修整。修整夹具有各种不同的结构，但其修整原理都大致相同。

(1) 砂轮角度的修整

修整砂轮角度的夹具是按照正弦原理设计的。图4-29是结构比较完善的修整砂轮角度工具。反复旋转手轮10，通过齿轮5和滑块上的齿条4的传动，可使装有金刚刀3的滑块2沿着正弦尺座1的导轨往复移动。正弦尺座可以绕心轴6转动。转动的角度采用正弦圆柱9与平板7之间垫块规的方法来控制，转动至所需的角度后，用螺母11将正弦尺座锁紧在支架12上。使用这种工具时，先根据需要修整的砂轮角度在正弦圆柱9与平板7之间垫块规，然后使金刚刀3往复运动即可修整出一定角度的砂轮。

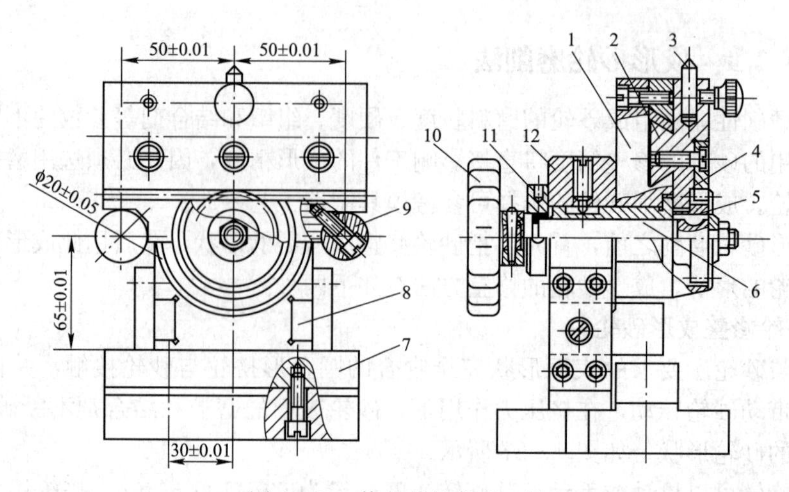


图 4-29 修整砂轮角度工具

1—正弦尺座；2—滑块；3—金刚刀；4—齿条；5—齿轮；6—心轴；7—平板；8—垫板；9—正弦圆柱；10—手轮；11—螺母；12—支架

当砂轮角度 $\alpha$ 超过 45°时，若仍在圆柱 9 与平板 7 之间垫块规，就会造成较大的误差，而且当角度很大时，正弦尺座 1 会妨碍放块规，所以支架 12 上还设有两块可移动的垫板 8。当 $\alpha$ 角超过 45°时，块规可垫在圆柱 9 与垫板 8 的左侧面或右侧面之间。当 $\alpha$ 小于 45°，不需要使用垫板 8 时，可将它们推进去，使它们不妨碍正弦尺座的转动，也不妨碍在平板 7 上垫放块规。这种工具可修整 0°～100°的各种角度砂轮。

修整砂轮角度时，根据需要修整的角度 $\alpha$，按下列公式计算应垫的块规值 $H$。当修整砂轮的角度为 $0° \leqslant \alpha \leqslant 45°$时，利用平板 7 垫块规，如图 4-30（a）所示，应垫块规值为

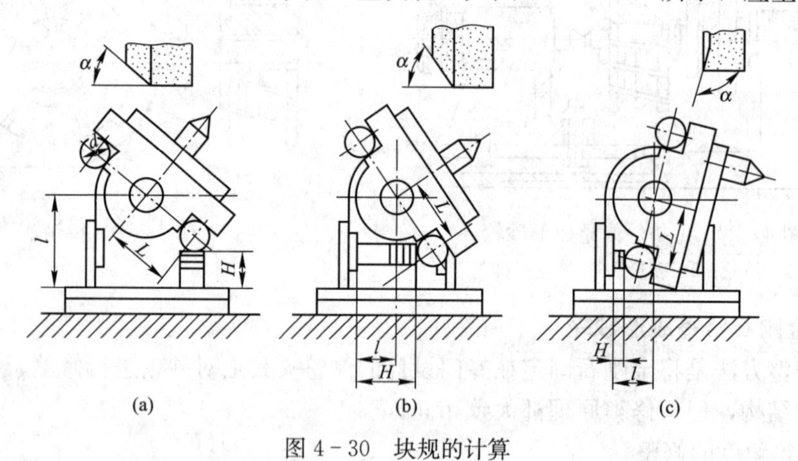


图 4-30 块规的计算

$$H = l - L\sin\alpha - \frac{d}{2} \tag{4-2}$$

式中：$l$——工具的回转中心至垫块规面的高度；

$L$——圆柱中心至工具回转中心的距离；

$d$——圆柱直径；

$H$——应垫块规值。

通常修整砂轮角度工具的 $l=60$ mm，$L=50$ mm，$d=20$ mm，此时应垫块规值为

$$H=(55-50\sin\alpha)\text{mm} \tag{4-3}$$

当修整砂轮的角度为 $45°\leqslant\alpha\leqslant90°$ 时，利用垫板 8 的侧面垫块规，如图 4－30（b）所示，应垫的块规值为

$$\begin{aligned} H&=l'+L\sin(90°-\alpha)-\frac{d}{2} \\ &=l'+L\cos\alpha-\frac{d}{2} \end{aligned} \tag{4-4}$$

式中：$l'$——工具的回转中心至侧面垫板的距离。

通常 $l'=30$ mm，此时应垫块规值为

$$H=(20+50\cos\alpha)\text{mm} \tag{4-5}$$

当修整砂轮的角度为 $90°\leqslant\alpha\leqslant100°$ 时，利用垫板 8 的侧面块规，如图 4－30（c）所示，应垫的块规值为

$$H=l'-L\sin(\alpha-90°)-\frac{d}{2} \tag{4-6}$$

将常用 $l'$、$L$ 和 $d$ 值代入上式可得

$$H=[20-50\sin(\alpha-90°)]\text{mm} \tag{4-7}$$

上述为正弦尺顺时针旋转、在工具右边的圆柱下面垫块规时的情况。当正弦尺反时针方向旋转 0°～100°、在工具左边的圆柱下面垫块规时，可用相应的公式计算应垫的块规值。

(2) 圆弧砂轮的修整

修整圆弧砂轮工具的结构虽有多种形式，但其原理都相同。图 4－31 所示为修整圆弧砂轮的工具，它主要由摆杆、滑座和支架组成。金刚刀 1 固定在摆杆 2 上。通过螺杆 3 使摆杆在滑座 4 上移动，以调节金刚刀尖至回转中心的距离，使其适应所修整的凸或凹圆弧半径的需要。当转动手轮 8 时，主轴 7 及固定在其上的滑座等均绕主轴中心回转，其回转的角度用固定在支架上的刻度盘 5、挡块 9 和角度标 6 来控制。

修整砂轮时，先根据所修砂轮的情况（凸或凹形）及半径大小计算块规值，并调好金刚刀尖的位置，然后安装工具，使刀尖处于砂轮下面，旋转手轮，使金刚刀绕工具的主轴中心来回摆动，即可修整出圆弧，如图 4－32 所示。

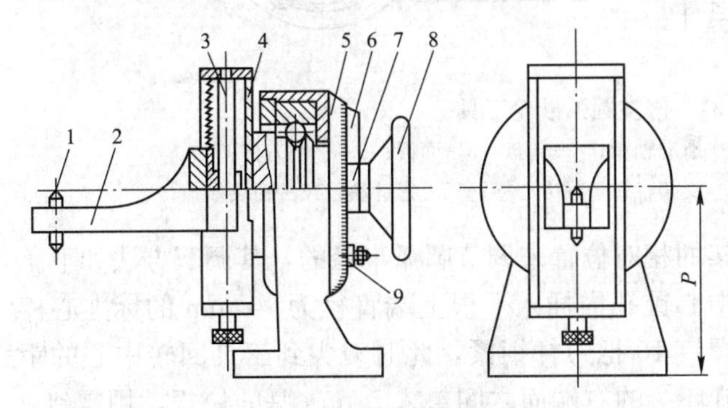


图 4－31　修整圆弧砂轮工具

1—金刚刀；2—摆杆；3—螺杆；4—滑座；5—刻度盘；6—角度标；7—主轴；8—手轮；9—挡块

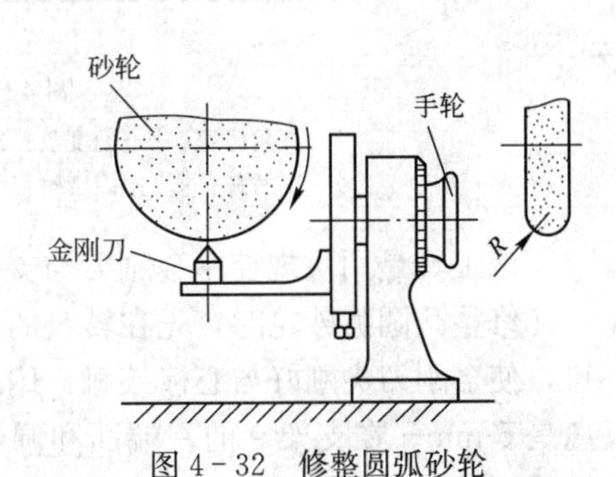


图 4－32　修整圆弧砂轮

金刚刀尖到工具回转中心的距离就是圆弧半径的大小，此值需先用垫块的方法调整好。当修整凸圆弧砂轮时，金刚刀尖高于工具中心，如图 4－33（a）所示，应垫块规值为

$$H=P+R \tag{4-8}$$

式中：$H$——应垫块规值；

$P$——工具的中心高；

$R$——修整的砂轮圆弧半径。

当修整凹圆弧砂轮时，金刚刀尖低于工具中心，如图 4－33（b）所示，应垫块规值为

$$H=P-R \tag{4-9}$$

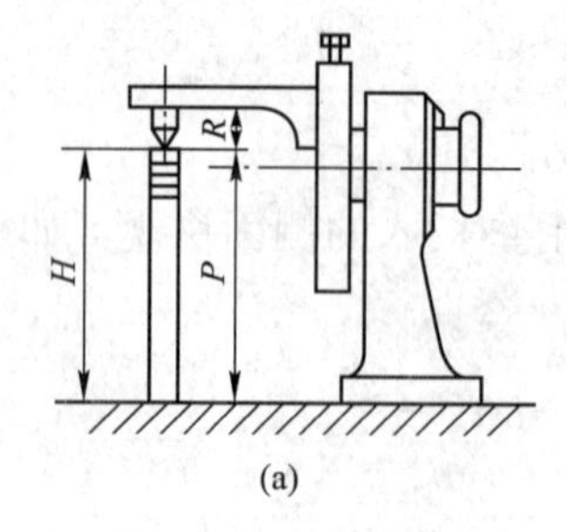


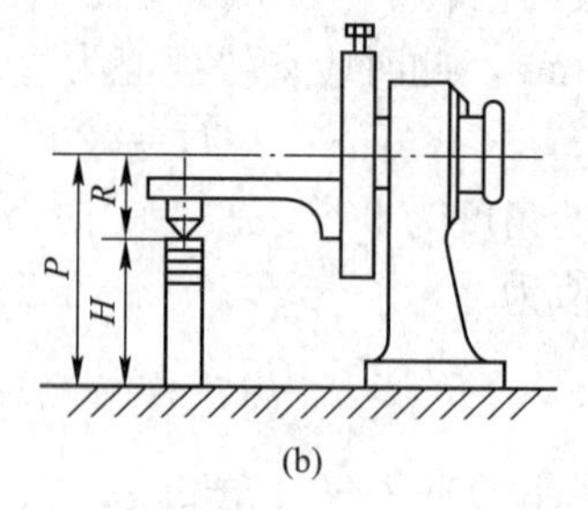


图 4－33　圆弧半径的控制

图 4－34 为另一种修整圆弧砂轮的工具。金刚刀杆 6 装在支架 9 内，支架与面板 5 及转盘 4 固定在一起，滑动轴承 3 固定在直角底座 1 上。转盘在轴承中旋转的同时金刚刀杆也一起转动，旋转的角度由固定在面板上的指针块 12 与装在刻度盘 2 圆周槽中的两块可调节的挡块 13 相碰来控制，角度由指针在刻度盘上指出。

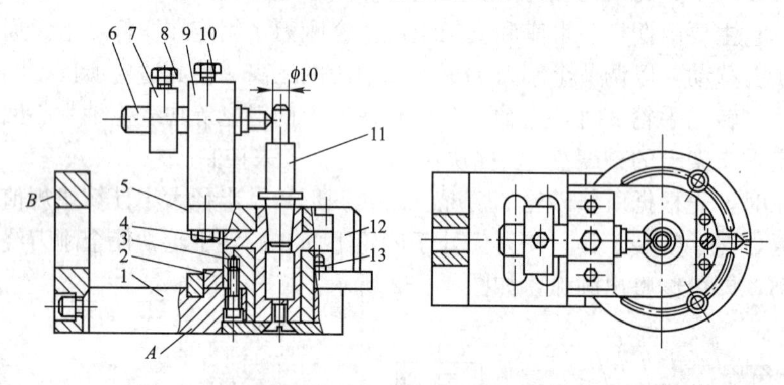


图 4－34　修整圆弧砂轮工具

1—直角底座；2—刻度盘；3—滑动轴承；4—转盘；5—面板；6—金刚刀杆；7—调节环；8、10—螺钉；9—支架；11—标准心棒；12—指针块；13—挡块

该工具是用块规控制金刚刀与支架的相对位置来调节圆弧半径的，其调节方法如下。

修整凸圆弧砂轮时，先在转盘的中心锥孔内插入一根上端直径为 10 mm 的标准心棒 11，使金刚刀尖刚好与心棒接触，用螺钉 10 把刀杆锁紧，此时刀尖到工具回转中心的距离是 5 mm。在支架 9 的左端面和调节环 7 的右端面之间垫入 5 mm 厚的块规，用螺钉 8 锁紧调节环，松开螺钉 10，取出块规和心棒，推动刀杆使调节环的右端面与支架贴紧，此时刀尖恰好通过工具的回转中心。因此，修整凸圆弧砂轮时，只要在支架和调节环的端

面之间垫入厚度与砂轮的修整圆弧半径相等的块规即可。

修整凹圆弧砂轮时，先按上述方法用直径为 10 mm 的标准心棒调整金刚刀尖的位置，使刀尖到工具回转中心的距离为 5 mm，然后在支架与调节环的端面间垫入一定厚度（通常用 50 mm）的块规，锁紧调节环。这样，当刀尖处于工具回转中心时，支架左端面与调节环右端面间的距离为 45 mm。如要修整半径为 $R$ 的凹圆弧砂轮，只需松开螺钉 10，在支架和调节环之间垫入厚度为（$45-R$）mm 的块规，再用螺钉 10 将金刚刀杆固定即可。

该工具可平放着用（$A$ 面为底面），也可竖起来用（$B$ 面为底面），使用范围较广。用修整砂轮圆弧工具可以修整各种形状的凸或凹圆弧砂轮，如图 4-35 所示。

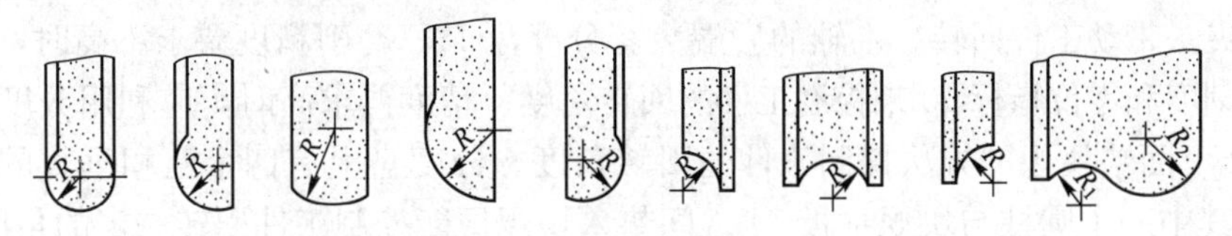

图 4-35　各种圆弧砂轮形状

## 任务资讯 4.2.2　夹具磨削法

### 1. 正弦精密平口钳

正弦精密平口钳按正弦原理构成，主要由带有精密平口钳的正弦尺和底座组成（见图 4-36）。工件 3 装夹在平口钳 2 上，在正弦圆柱 4 和底座 1 的定位面之间垫入块规，可使工件倾斜一定的角度。这种夹具用于磨削工件上的斜面，最大的倾斜角度为 45°。

为了使工件倾斜一定角度，需要垫入块规的高度可按下式计算，即

$$H=L\sin\alpha \tag{4-10}$$

式中：$H$——需要垫入的块规高度；

$L$——两正弦圆柱之间的中心距；

$\alpha$——工件所需倾斜的角度。

### 2. 正弦磁力台

正弦磁力台如图 4-37 所示，它与正弦精密平口钳的区别仅在于用电磁吸盘代替平口钳装夹工件。这种夹具用于磨削工件的斜面，其最大倾斜角度同样是 45°，适于磨削扁平工件。

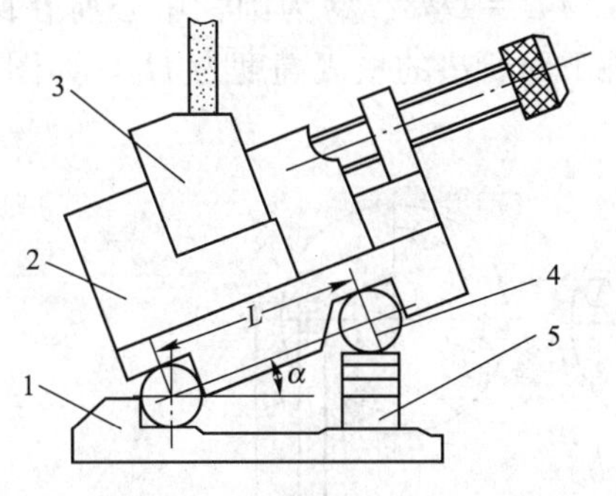

图 4-36　正弦精密平口钳

1—底座；2—精密平口钳；3—工件；4—正弦圆柱；5—块规

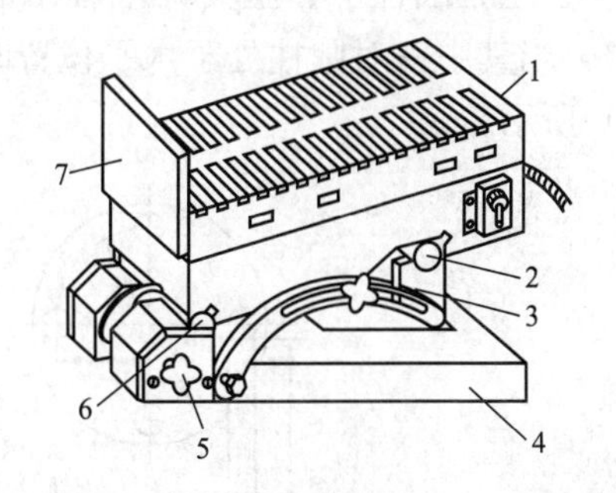

图 4-37　正弦磁力台

1—电磁吸盘；2、6—正弦圆柱；3—块规；4—底座；5—偏心锁紧器；7—挡板

上述两种磨削斜面的夹具配合成形砂轮使用时，还可磨削直线与圆弧组成的复杂几何形状。

### 3. 正弦分中夹具

正弦分中夹具主要用于磨削具有同一个回转中心的凸圆柱和斜面，其结构如图 4-38 所示。工件装在前顶尖 7 和顶尖 6 之间，两顶尖分别装在前顶座 1 和支架 4 内，前顶座固定在底座 2 上，而支架是可以在底座的“T”形槽中移动的。安装工件时，根据工件的长短，调好支架的位置，用螺钉 3 将支架锁紧，然后旋转手轮 5 使后顶尖移动，以调节顶尖与工件的松紧程度。工件的回转是手动的，转动手轮，通过蜗杆 13 和蜗轮 9 的传动使主轴 8 通过鸡心夹头带动工件回转。主轴的后端装有分度盘 11，磨削精度要求不高时，可直接用分度盘的刻度和零位指标 10 来控制工件的回转角度；精度要求高时，应利用分度盘上的正弦圆柱 12 下面垫块规的方法控制工件的回转角度。分度盘上有四个互相垂直的圆柱，使用时，在其中一个圆柱与块规垫板 14 之间垫入块规便能控制工件回转一定的角度。

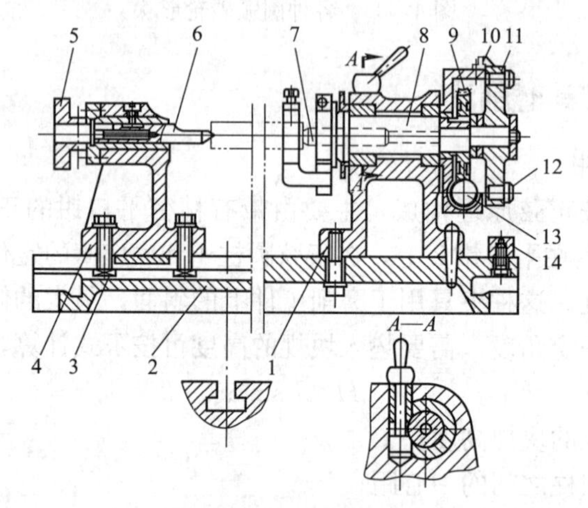


图 4-38 正弦分中夹具

1—前顶座；2—底座；3—螺钉；4—支架；5—手轮；
6—后顶尖；7—前顶尖；8—主轴；9—蜗轮；10—零位指标；
11—分度盘；12—正弦圆柱；13—蜗杆；14—块规垫板

设正弦圆柱中心至夹具主轴中心的距离为 $L$（$L=D/2$，$D$ 为圆柱中心所在圆的直径），当其中一对圆柱处于水平位置时，在该圆柱下面所垫的块规高度为 $H_0$，如图 4-39（a）所示。

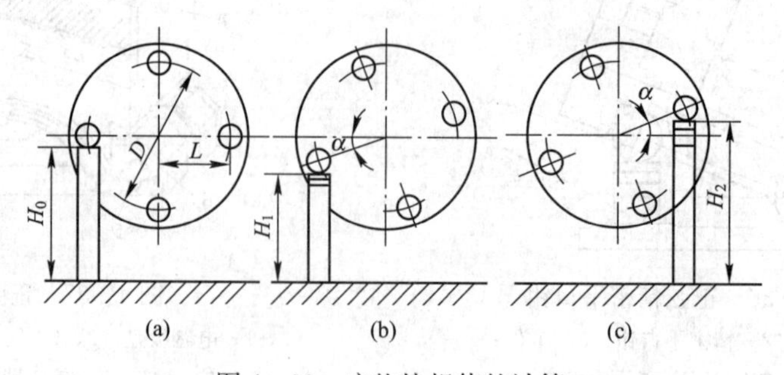


图 4-39 应垫块规值的计算

当垫块规的正弦圆柱在过夹具回转中心之水平线以下时（图 4-39（b）），应垫块规值为

$$H_1 = H_0 - L\sin\alpha \quad (4-11)$$

式中：$\alpha$——工件所需转动的角度。

当垫块规的正弦圆柱在过夹具回转中心之水平线之上时（图 4-39（c）），应垫块规值为

$$H_2 = H_0 + L\sin\alpha \quad (4-12)$$

为了减少磨削时的计算，可根据上述公式计算出各种角度（0°～45°）应垫的块规值并编成便查表。

在正弦分中夹具上，工件的安装方法通常有如下两种。

（1）心轴装夹法

如图 4-40 所示，工件上有内孔，若此孔的中心是外成形表面的回转中心，可在孔内装入心轴 1；如工件无内孔，则可在工件上作出工艺孔，用来安装心轴。利用心轴两端的中心孔将心轴和工件夹持在分中夹具的两顶尖之间，夹具主轴回转时，通过鸡心夹头 4 带动工件一起回转。

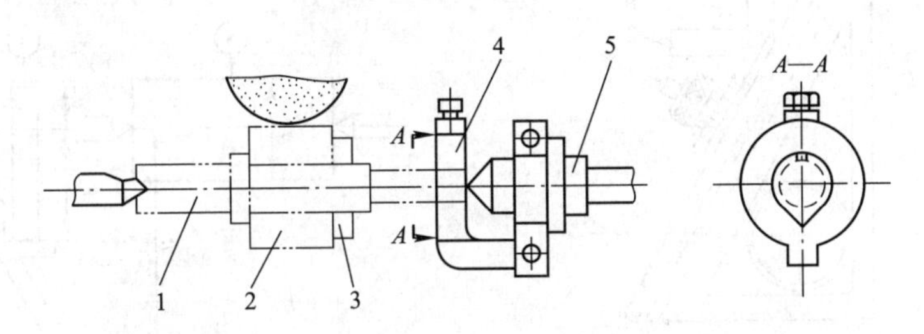


图 4-40　心轴装夹

1—心轴；2—工件；3—螺母；4—鸡心夹头；5—夹具主轴

（2）双顶尖装夹

当工件没有内孔，也不允许在工件上作工艺孔时，可采用双顶尖装夹法，工件除带有一对主中心孔外，还有一个副中心孔，作为拨动工件用，如图 4-41 所示。

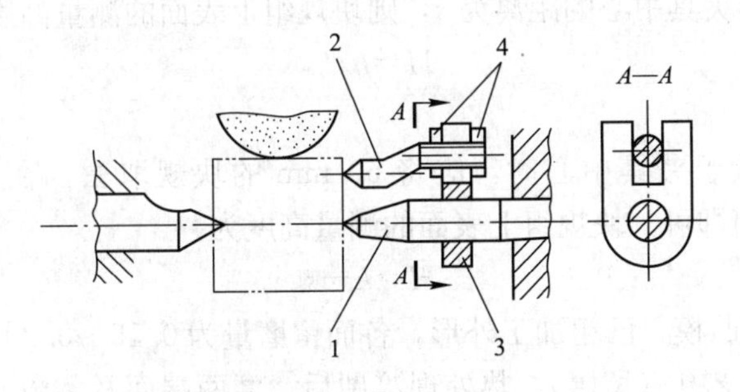


图 4-41　双顶尖装夹

1—加长顶尖；2—副顶尖；3—叉形滑板；4—螺母

采用这种方法装夹时，要求顶尖、副顶尖与中心孔的锥度密切配合，而且要顶紧才能保证加工精度，但副顶尖对工件的推力不能过大，否则会使工件的位置产生歪扭。

用正弦分中夹具磨削工件时，被磨削表面的尺寸是用测量调整器、块规和百分表作比较测量的。

测量调整器由三角架1与块规座2组成，如图4-42所示。块规座能沿着三角架斜面上的“T”形槽移动，当移动到所需位置时，可用螺母将它锁紧。为了保证测量精度，调整器应制造得很精确，要求块规座在三角架的任意位置上满足 $B$ 面平行于 $C$ 面，而 $A$ 面则平行于 $D$ 面。

在正弦分中夹具上，无论是磨削圆弧或直线，都是以夹具中心线为基准，用测量调节器、块规和百分表进行测量的。为此，首先应调整块规座的位置，使它能反映出夹具的中心高。为了便于测量，通常把块规座 $B$ 面调节到比夹具中心低 50 mm，其调节方法如图4-43所示。在夹具的顶尖间装上一根直径为 $d$ 的标准圆柱，并在测量器的 $B$ 面上安放一只 50 mm的块规及尺寸为 $d/2$ 的块规组。调整块规座的位置，使百分表在块规组和圆柱上的读数相同。取下 $d/2$ 的块规组，则 50 mm 块规的上表面与夹具中心线等高。

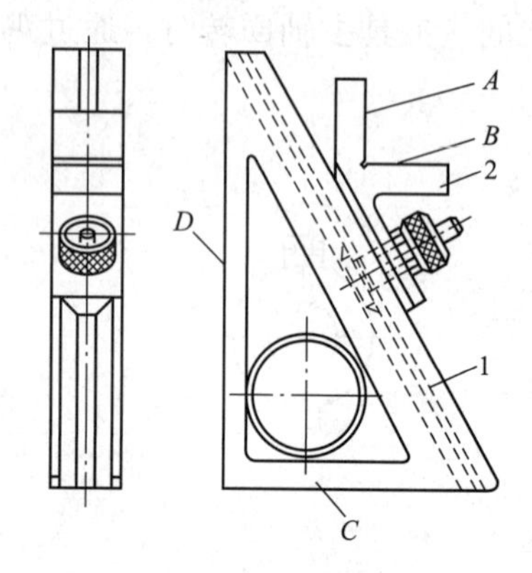


图4-42 测量调整器

1—三角架；2—块规座

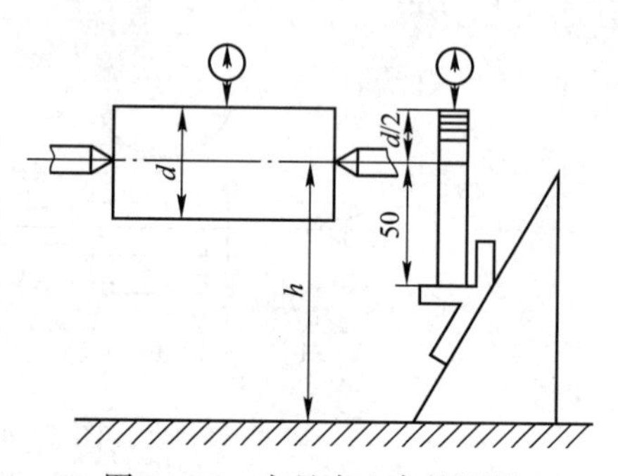


图4-43 夹具中心高的测量

当被测量表面高于夹具中心时，可在 50 mm 的块规上加入块规组，使百分表在块规组表面与被测量表面的读数相同。这样，块规组的高度就等于被测量表面至夹具中心的距离。设被测量表面至夹具中心的距离为 $s$，则块规组上表面的测量高度为

$$H=h+s \tag{4-13}$$

式中：$h$——夹具中心高。

当被测量表面低于夹具中心时，应将 50 mm 的块规取去，在 $B$ 面上安装尺寸为 $(50-s)$mm 的块规组即可。块规组上表面的测量高度为

$$H=h-s \tag{4-14}$$

图4-44所示的凸模，已粗加工外形，各面留磨量为 0.15～0.20 mm，并在圆弧的中心作出 $\phi 10$ mm 的工艺孔（留磨），热处理淬硬后，磨两端面及 $\phi 10$ mm 孔到尺寸，然后在平面磨床上，利用正弦分中夹具进行成形磨削。磨削前，用心轴装夹法安装工件，校正工件的方向后紧固鸡心夹头，然后开始磨削。其磨削次序如下。

① 磨平面1，如图4-45（a）所示。旋转工件，使平面1处于水平位置进行磨削。其测量高度为

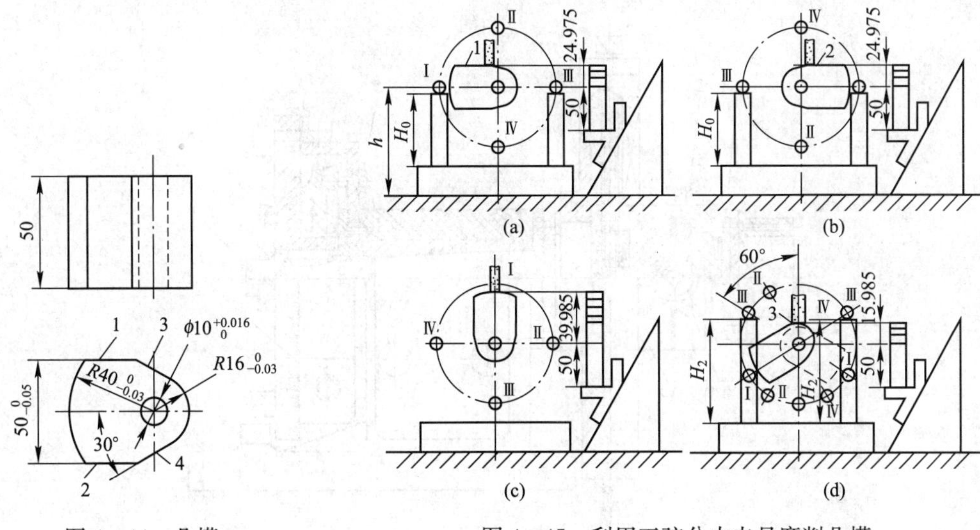


图 4-44　凸模　　　　图 4-45　利用正弦分中夹具磨削凸模

$$H=h+\frac{50^{0}_{-0.05}}{2}\text{mm}=h+24.975\text{ mm}$$

② 磨平面 2，如图 4-45（b）所示。将分度盘旋转 180°，使平面 2 成水平进行磨削。其测量高度为

$$H=h+\frac{50^{0}_{-0.05}}{2}\text{mm}=h+24.975\text{ mm}$$

③ 磨削 $R40$ mm 的凸圆弧面，如图 4-45（c）所示。磨削这个凸圆弧面时，转动分中夹具的手轮，使工件回转，磨至圆弧面的测量高度等于 $h+39.985$ mm 为止。

④ 磨削 $R16$ mm 的凸圆弧面和两个 30°斜面。将工件转动 180°，使 $R16$ mm 的凸圆弧向上，如图 4-45（d）所示。用回转法磨削凸圆弧面，转至极限位置时，斜面 3 和 4 将处于水平位置，故可在磨削凸圆弧面的同时，利用砂轮的横向进给将面 3 和面 4 一起磨出。$R16$ mm 凸圆弧及斜面 3 和 4 的测量高度均为 $h+15.985$ mm。控制工件回转 60°时应垫块规值为

$$H_2=H_0+L\cos 60° \qquad (4-15)$$

若所用的分中夹具的 $L=50$ mm，$H_0=70$ mm，则

$$H_2=70+50\sin 30°=(70+50\times 0.5)\text{mm}=95\text{ mm}$$

正弦分中夹具适于磨削同一个中心的凸圆弧和多角形，若与成形砂轮配合使用，则可磨削比较复杂的几何线形。对于具有不同心凸圆弧的凸模，需要利用万能夹具进行磨削。

**4. 万能夹具**

万能夹具是成形磨床的主要部件，也可作为平面磨床的成形磨削夹具。它的结构如图 4-46 所示，主要由工件装夹部分、回转部分、十字滑板和分度部分组成。

工件通过夹具或螺钉与转盘 1 连接在一起，它们的回转运动是通过一对蜗杆蜗轮的传动而获得。用手轮旋转蜗杆 10，通过蜗轮 6 带动正弦分度盘 9 及主轴转动，并使工件也绕夹具的轴线回转。松开螺钉 8 后，可用手直接转动主轴，以调节工件的位置。

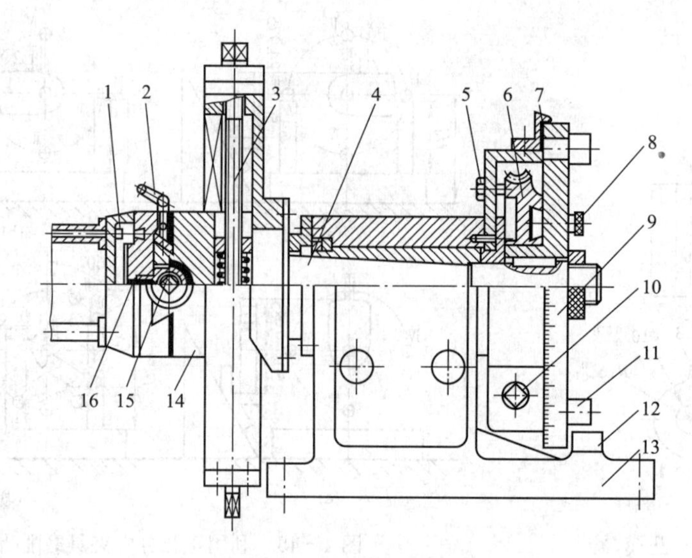


图 4-46　万能夹具结构

1—转盘；2—手柄；3、15—丝杠；4—主轴；5—六角螺钉；6—蜗轮；7—游标；8—螺钉；9—正弦分度盘；10—蜗杆；11—圆柱；12—块规垫板；13—夹具体；14—中滑板；16—横滑板

分度部分用来控制夹具的回转角度。在正弦分度盘上带有刻度，当对工件回转角度要求不高时，可直接从游标 7 所指的刻度读出，其控制角度的精度为 3′。对回转角度要求精确时，应采用正弦分度盘上的圆柱 11 和垫板 12 之间垫块规的方法来控制夹具的回转角度，其精度为 10″～30″。应垫块规值的计算及分度部分的用法均与正弦分中夹具相同。

万能夹具比正弦分中夹具更为完善，它除了能使工件回转之外，还可使工件在两个互相垂直的两个方向上移动，以调整工件的回转中心，使它与夹具主轴的中心重合。工件在两个互相垂直方向上的移动是通过十字滑板实现的。旋转丝杠 3 和 15 则可使工件在互相垂直的两个方向上移动。当工件移动至所需的位置后，转动手柄 2，可将横滑板 16 锁紧。

万能夹具上工件的装夹方法通常有如下 4 种。

(1) 用螺钉固紧工件

如图 4-47 所示，在工件上预先做好工艺螺钉孔（直径为 M8～M10），用螺钉和垫柱将工件固紧在转盘上。螺钉的数目视工件大小而定，较大的工件用 2 至 4 个；较小的工件可用一个，但磨削用量应适当减小。

垫柱的数目与螺钉数相同，其长度应适当，要保证砂轮退出时不致碰坏夹具。此外，为了保证安装精度，要求各垫柱的高度一致。

用这种方法紧固工件，一次装夹便能把工件的整个轮廓磨削出来。

(2) 用精密平口钳装夹

如图 4-48 所示，主要由底座 1、活动钳口 2 和传动螺杆 3 组成。它与一般的虎钳相似，但其制造精度较高。用螺钉和垫柱将精密平口钳安装在转盘上（图 4-49），便可利用平口钳夹紧工件。为了保证安装精度，工件上装夹与定位的面（$a$、$b$、$c$ 面）应事先经过磨削。这种方法装夹方便，但在一次装夹中只能磨削工件上的一部分表面。

(3) 用磁力平台装夹

如图4-50所示，将磁力平台装在转盘上，利用它来吸牢工件。这种方法装夹方便、迅速，适于磨削扁平的工件。它与精密平口钳装夹法相似，在一次装夹中只能磨削工件上的一部分表面。

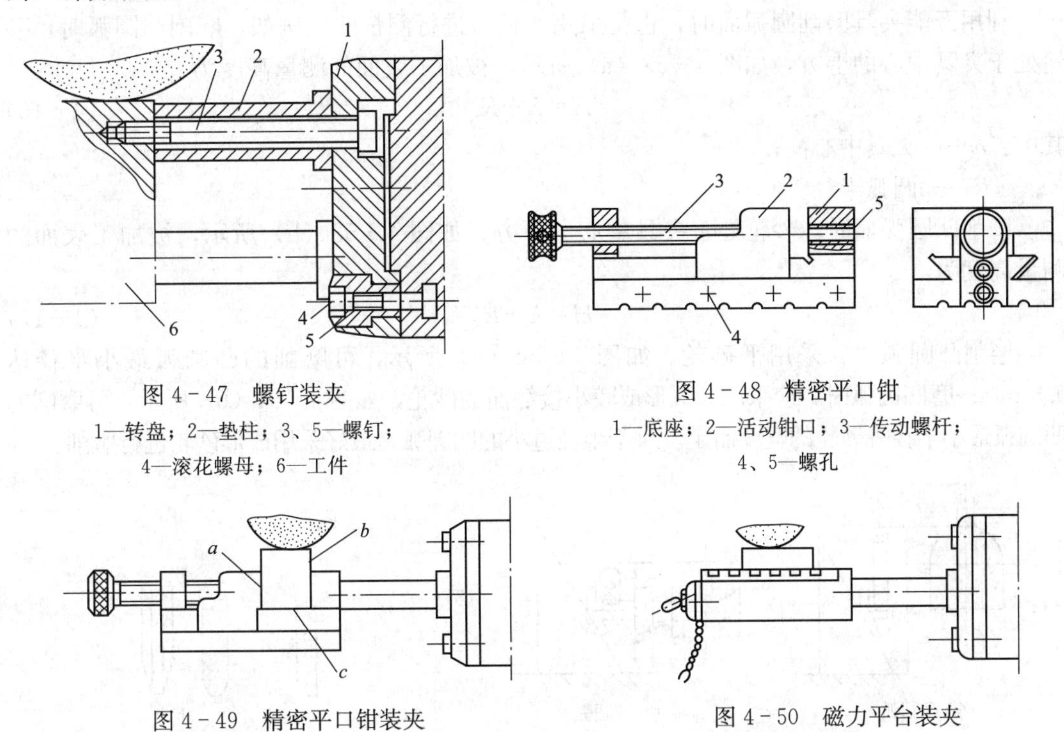


图4-47　螺钉装夹

1—转盘；2—垫柱；3、5—螺钉；4—滚花螺母；6—工件

图4-48　精密平口钳

1—底座；2—活动钳口；3—传动螺杆；4、5—螺孔

图4-49　精密平口钳装夹

图4-50　磁力平台装夹

(4) 用磨回转体的夹具装夹

需要磨削圆球面或圆锥面时，可用这种方法装夹。磨回转体夹具的结构如图4-51所示。被磨削的工件装在弹簧夹头1内，拧紧螺母2将工件夹紧，旋转手轮3可使弹簧夹头和工件绕夹具中心回转。将此夹具安放在磁力平台上（图4-52），利用磁力将它吸牢。磨削时，借助于磨回转体夹具的回转和万能夹具的回转，可以加工工件上的球面。若使磁力平台倾斜一定的角度，则可利用磨回转体夹具的回转来磨削工件的锥面。

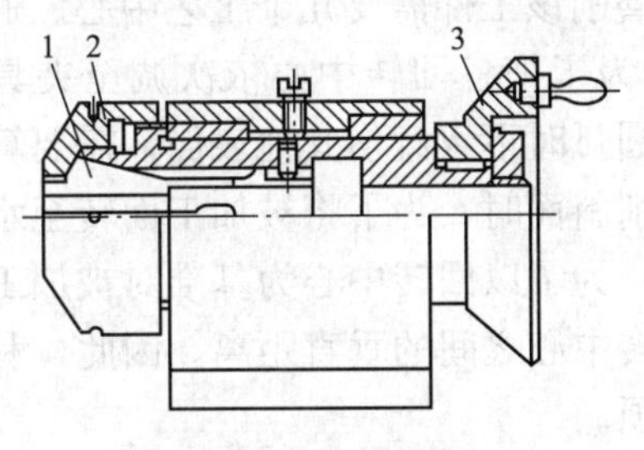


图4-51　磨回转体夹具

1—弹簧夹头；2—螺母；3—手轮

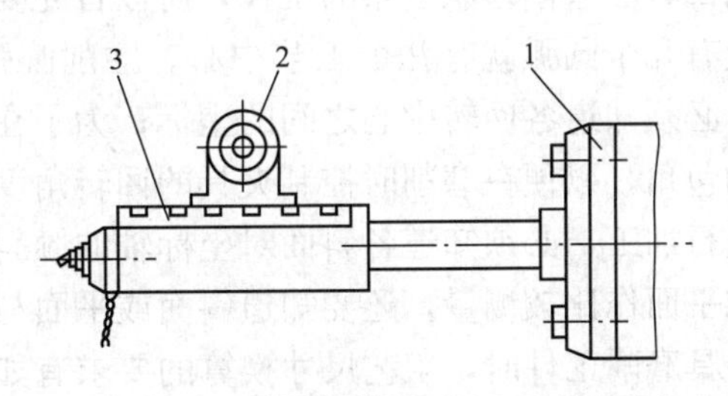


图4-52　磨回转体夹具的装夹

1—转盘；2—磨回转体夹具；3—磁力平台

万能夹具用于磨削直线与圆弧或圆弧与圆弧相连接的各种形状复杂的工件。磨削平面或斜面时，需将被加工的平面或斜面依次转至水平（或垂直）位置，以便用砂轮的圆周（或端

面）进行磨削。利用分度盘控制回转角度及用测量调整器、块规和百分表对被加工表面作比较测量的方法均与正弦分中夹具相同。利用万能夹具加工圆弧面的方法是调整十字滑板，使被加工圆弧的中心与夹具中心重合，磨削时用手轮旋转蜗杆，通过蜗轮带动工件回转。

利用万能夹具磨削圆弧面时，也是采用比较法进行测量的。例如，磨削凸圆弧时，砂轮处于夹具中心的上方，如图 4－53（a）所示，被加工表面的测量高度为

$$H=h+R \tag{4-16}$$

其中：$h$——夹具中心高；

　　$R$——圆弧半径。

磨削凹圆弧面时，砂轮处于夹具中心的下方，如图 4－53（b）所示，被加工表面的测量高度为

$$H=h-R \tag{4-17}$$

磨削凸圆弧时，采用平砂轮，如图 4－54（a）所示，可磨削的凸圆弧最小半径达 0.5 mm；磨凹圆弧时，应采用圆弧形或较小接触面的砂轮，如图 4－54（b）所示，可磨削的凹圆弧最小半径视砂轮的宽度而定。对于半径过小的凹圆弧，最好采用成形砂轮进行磨削。

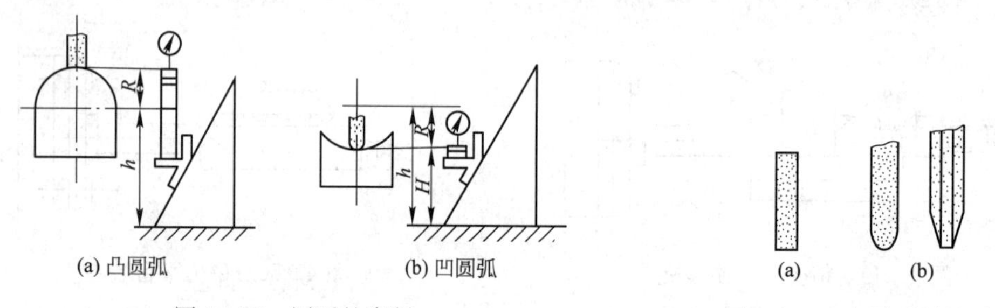


图 4－53　圆弧的磨削　　　图 4－54　磨圆弧用的砂轮

**5. 成形磨削工艺尺寸的换算**

冲模零件的尺寸是按照设计基准标注的，但在成形磨削时所选定的工艺基准往往与设计基准不一致。因此在成形磨削之前，必须根据设计尺寸换算出所需的工艺尺寸，并绘出成形磨削工艺尺寸图，以便进行成形磨削。

成形磨削工艺尺寸换算的要求是根据磨削和测量的需要而定的。例如，在万能夹具上是用回转法磨削形状复杂的工件，所以首先要确定磨削该工件需要几个工艺中心。通常工件上有几个圆弧就有几个工艺中心。磨削圆弧时，为了把各回转中心依次调至夹具中心上，必须知道各回转中心之间的坐标；为了在磨削圆弧时不致碰伤其他表面，需要算出圆弧的包角，以便在磨削时控制夹具的回转角度。磨削斜面时，为了将被加工面转至水平位置进行加工，必须知道各斜面对坐标轴的倾斜角度；为了以回转中心为基准对被加工的斜面或平面作比较测量，还要知道斜面或平面与其回转中心之间的垂直距离。因此，利用万能夹具磨削工件时，工艺尺寸换算的要求有如下几项。

① 各圆弧中心之间的坐标尺寸。

② 回转中心至各斜面或平面的垂直距离。

③ 各斜面对坐标轴的倾斜角度。

④ 各圆弧的包角（又称回转角）。磨削圆弧时，如工件可自由回转而不致碰伤其他表

面，则不必计算圆弧包角。

在正弦分中夹具上磨削工件时，工件只有一个回转中心，故在进行工艺尺寸换算时不必计算各圆弧中心之间的坐标尺寸，其余各项要求则与万能夹具相同。

工艺尺寸换算用几何、三角、代数方法进行运算。为了减少计算过程的积累误差，一般数值均运算到小数点后六位，最终所得的数值取小数点后二位或三位。角度值采用六位三角函数表或电子计算器演算到10″。工件尺寸有公差时，为了减少工艺基准与设计基准之间的误差，最好根据其中间尺寸进行计算。

例如，在万能夹具上磨削图4-55所示的凸模。加工前，先根据工件图进行工艺尺寸换算，换算结果如图4-56所示，然后才对工件进行磨削。磨削顺序和操作要点见表4-3。

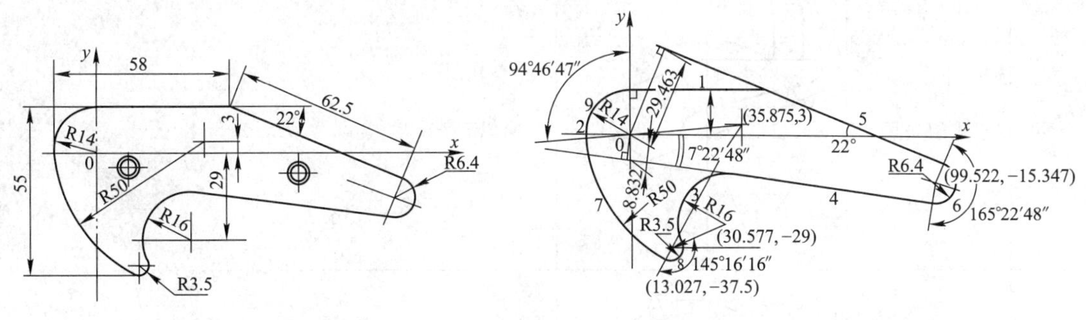


图4-55　凸模工作图　　　　图4-56　凸模工艺尺寸草图

**表4-3　凸模磨削顺序和操作要点**

| 序号 | 工序名称 | 简　　图 | 操作说明 |
|---|---|---|---|
| 1 | 装夹找正 | | ① 用螺钉、等高垫柱将凸模装在夹具上<br>② 按简图所示位置找正凸模轮廓最长的平面作为基准面，转动夹具圆盘，使基准面与夹具十字滑板某一运动方向平行<br>③ 检查 $R50$ mm、$R6.4$ mm 和 $R3.5$ mm 处余量的均匀性，一般取单边余量 0.15～0.35 mm |
| 2 | 磨基准面 | | 磨基准平面1，转过90°磨基准面2。磨削过程中都用测量调整器和块规进行比较，控制磨削尺寸 |
| 3 | 磨 $R16$<br>凹圆弧面 | | ① 将工件 $R16$ mm 圆心调至万能夹具中心<br>② 调整夹具位置，使夹具回转中心在砂轮的对称平面内后，才能开始磨削 |

续表

| 序号 | 工序名称 | 简　图 | 操作说明 |
| --- | --- | --- | --- |
| 4 | 磨斜面 4 | 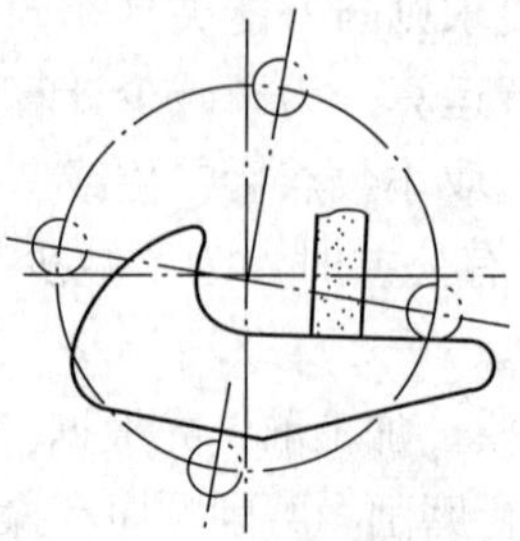 | 把斜面 4 调到水平位置后磨削，在与磨 $R16$ mm 凹弧面相接处，要注意圆滑过渡 |
| 5 | 磨斜面 5 | 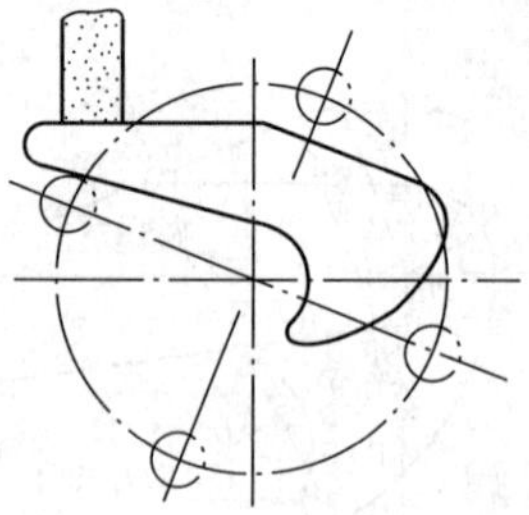 | 类似于序号 4 |
| 6 | 磨 $R6.4$ mm 凸圆弧面 | 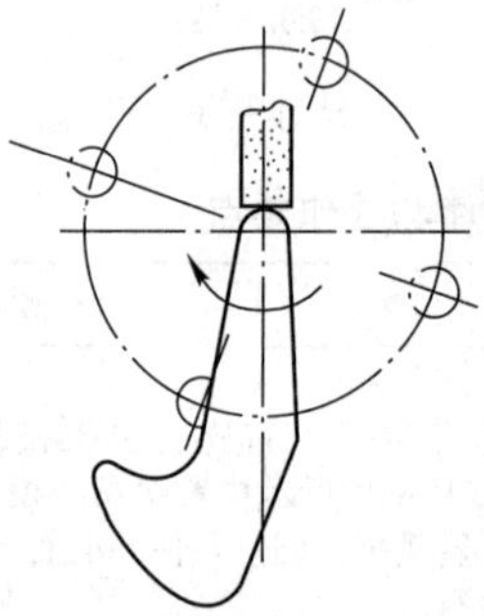 | ① 将 $R6.4$ mm 圆心调至万能夹具中心<br>② 在正弦圆柱下垫块规或控制夹具回转角度，达到控制 $R6.4$ mm 圆弧包角的目的。磨削时注意接点的圆滑过渡 |
| 7 | 磨 $R50$ mm 圆弧面 | 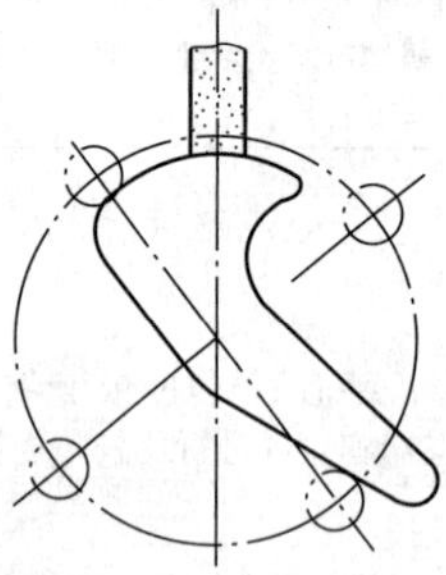 | 调整 $R50$ mm 圆心至夹具中心，由于磨削时砂轮可以自由越出，不须控制圆弧的包角 |
| 8 | 磨 $R3.5$ mm 圆弧面 | 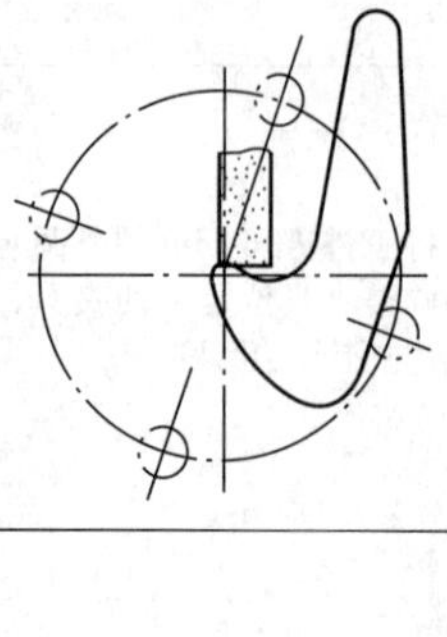 | 调整 $R3.5$ mm 圆心至夹具中心，控制圆弧的包角磨 $R3.5$ mm 圆弧面，磨削时注意接点的圆滑过渡。在 $R3.5$ mm 与 $R16$ mm 相接处，要用成形砂轮修磨成圆滑过渡 |

续表

| 序号 | 工序名称 | 简　图 | 操作说明 |
|---|---|---|---|
| 9 | 磨 $R$14 mm 圆弧面 |  | 类似于序号 6 |

## 任务资讯 4. 2. 3　数控成形磨削

光学曲线磨床用于磨削平面、圆弧面和非圆弧形的复杂曲面，特别适合于单件或小批生产中各种复杂曲面的磨削工作。机床所使用的砂轮是薄片砂轮，其厚度为 0.5～8 mm，直径在 125 mm 以内，磨削精度为±0.01 mm。

在成形磨床或平面磨床上利用夹具或成形砂轮进行磨削，一般都是采用手动操作，因此其加工精度在一定程度上依赖于工人的操作技巧。为了提高加工精度和便于采用计算机辅助设计和辅助制造模具，使模具制造朝着高质量、高效率、低成本和自动化的方向发展，目前国外已研制出数控成形磨床，而且在实际应用中收到了良好的效果。

在数控成形磨床上进行成形磨削的方法主要有如下 3 种。

(1) 用成形砂轮磨削

首先利用数控装置控制安装在工作台上的砂轮修整装置，使它与砂轮架作相对运动而得到所需的成形砂轮，如图 4－57（a）所示，然后用此成形砂轮磨削工件。磨削时，工件作纵向往复直线运动，砂轮作垂直进给运动，如图 4－57（b）所示。这种方法适用于加工面窄且批量大的工件。

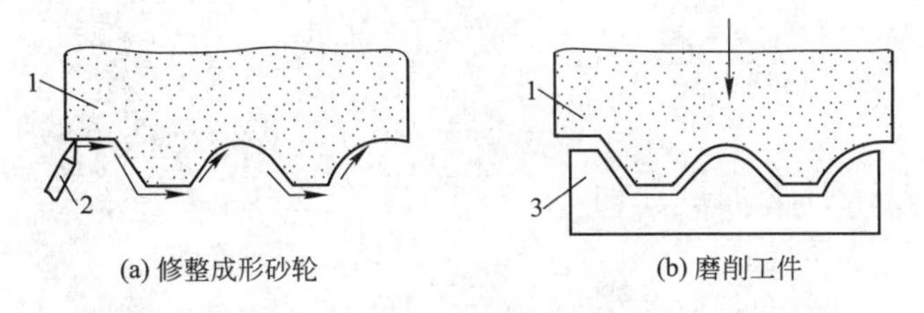

(a) 修整成形砂轮　(b) 磨削工件

图 4－57　用成形砂轮磨削

1—砂轮；2—金刚刀；3—工件

(2) 仿形磨削

利用数控装置把砂轮修整成圆形或 V 形，如图 4－58（a）所示，然后由数控装置控制砂轮架的垂直进给运动和工作台的横向进给运动，使砂轮的切削刃沿着工件的轮廓进行仿形加工，如图 4－58（b）所示。这种方法适用于加工面宽的工件。

(3) 复合磨削

这种方法是把上述两种方法结合在一起，用来磨削具有多个相同型面（如齿条形和梳形等）的工件。磨削前先利用数控装置修整成形砂轮（只是工件形状的一部分），如图 4－59（a）所示，然后用成形砂轮依次磨削工件，如图 4－59（b）所示。

(a) 修整砂轮　　(b) 磨削工件

图 4－58　用仿形法磨削

1—砂轮；2—金刚刀；3—工件

(a) 修整成形砂轮　　(b) 磨削工件

图 4－59　复合磨削

1—砂轮；2—金刚刀；3—工件

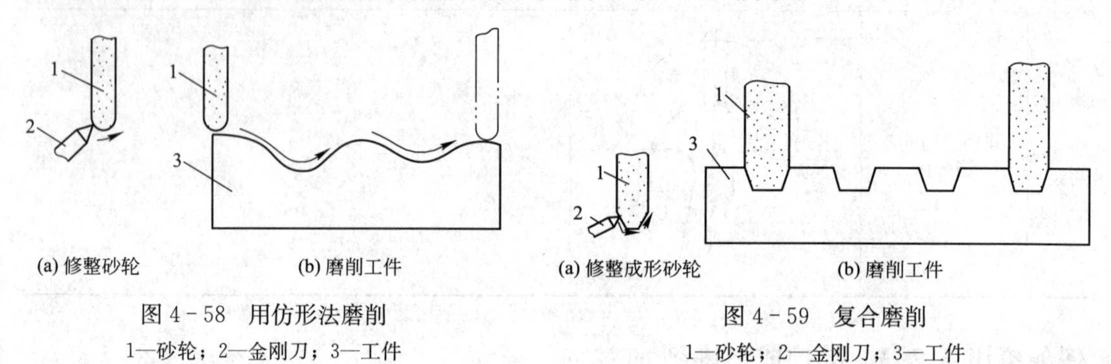

# 学习工作单4.3　塑料模型腔的加工实作

| 情景4　塑料模型腔的加工<br>任务4.3　加工塑料模型腔 | 姓名：________ | 班级：________ |
|---|---|---|
| | 日期：________ | 共________页 |

1. 分析型腔固定板和型腔的尺寸精度和有关技术要求有哪些？

2. 对于型腔零件需要安排哪些工序内容？

3. 根据零件尺寸精度和有关技术要求选什么定位原则作为定位基准能保证其精度呢？

4. 在加工过程中加工顺序的安排重要吗？为什么？

5. 压注模的瓣合模加工的工序流程怎样安排？

6. 型腔固定板零件如任务图4-2所示，试编制机械加工工艺过程卡。

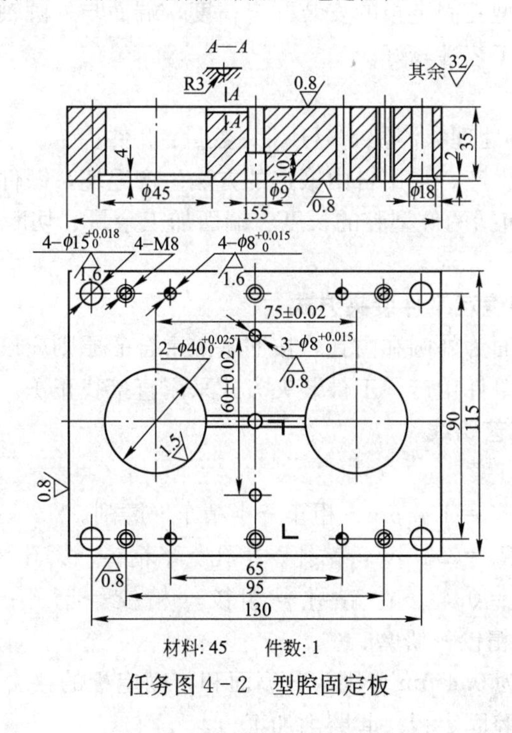


任务图4-2　型腔固定板

| 检查情况 | | 教师签名 | | 完成时间 | |
|---|---|---|---|---|---|

# 任务资讯 4.3　塑料模型腔加工案例

## 任务资讯 4.3.1　型腔加工案例分析

**1. 零件工艺性分析**

从任务图 4-1 零件图分析可得该零件为整体嵌入式动模型腔，零件的主要加工面是：

① 外圆 $\phi 40^{+0.024}_{+0.008}$、$R_a=1.6\ \mu m$ 型腔与型腔固定板的装配基面，保证型腔的正确安装位置；

② 孔 $\phi 25.1^{+0.03}_{0}$、$R_a=0.1\ \mu m$ 成型塑件外表面；

③ 孔 $\phi 8^{+0.015}_{0}$、$R_a=0.4\ \mu m$，孔 $2-\phi 4^{+0.012}_{0}$、$R_a=0.8\ \mu m$ 分别与小型芯、推杆配合安装；

④ 上、下端面 $R_a$ 为 $0.4\ \mu m$ 分别为分型面和与固定板的接合面；

⑤ 分浇道、浇口的加工。

**2. 技术要求分析**

要保证各加工面的表面质量，外圆 $\phi 40$ 与 $\phi 8$ 孔、$\phi 25.1$ 孔的轴线要重合，保证孔与小型芯、推杆，外圆与型腔固定板的安装配合精度，端面与外圆轴线的垂直度要求。

该零件结构简单，工艺性较好。

**3. 选择毛坯**

材料：CrWMn；热处理：淬硬 50 HRC；数量：2 件。

毛坯为锻件，单件生产，采用自由锻造的方法生产毛坯，锻件精度较低。要求锻后的毛坯长度为 100 mm（包括两件型腔的长度、端面加工余量、切断槽宽和车削第二件时夹持料头长度）。

**4. 选择定位基准和确定工件装夹方式**

零件的主要加工表面为外圆和内孔，按照基准重合的原则应以该零件的 $\phi 40$ 外圆中心线为定位基准。因为是单件生产，工件装夹方式采用直接找正法。

**5. 确定零件加工工艺路线**

(1) 主要表面加工方案

① 外圆 $\phi 40^{+0.024}_{+0.008}$、$R_a=1.6\ \mu m$：粗车→半精车→磨削。

② 孔 $\phi 25.1^{+0.03}_{0}$、$R_a=0.1\ \mu m$：钻孔→扩孔→半精镗→磨孔→研磨。

③ 孔 $\phi 8^{+0.015}_{0}$、$R_a=0.4\ \mu m$：钻孔→粗铰→精铰→磨孔；孔 $2-\phi 4^{+0.012}_{0}$、$R_a=0.8\ \mu m$：钻孔→粗铰→精铰→研磨。

④ 上、下端面 $R_a$ 为 $0.4\ \mu m$ 分别为分型面和与固定板的接合面，先车削加工，然后在最后钳工装配时与型腔固定板一起磨削加工。

⑤ 分浇道、浇口必须待型腔压装后配作加工，这样保证型腔上的分浇道与固定板上的分浇道对正。分浇道配加工时，型腔已淬硬，所以只能采用磨削加工。

(2) 加工阶段划分和工序集中的程度

模具零件加工属单件生产，工序安排上采用工序集中的原则。而型腔零件加工要求很高，大部分加工面均划分为粗加工、半精加工、精加工3个阶段。2—$\phi 4^{+0.012}_{0}$孔和孔$\phi 25.1^{+0.03}_{0}$则划分为粗加工、半精加工、精加工、光整加工4个阶段。

(3) 加工顺序的安排

在加工过程中为了保证该零件的技术要求和加工方便，一般遵循“先粗后精”、“基面先行”的原则，先加工$\phi 40$外圆，后加工$\phi 8^{+0.015}_{0}$、$\phi 25.1^{+0.03}_{0}$、2—$\phi 4^{+0.012}_{0}$的内孔，然后以外圆$\phi 40$为基准，精加工各孔，再以孔$\phi 8$为基准精加工外圆，最后是孔2—$\phi 4$、$\phi 25.1$的光整加工，还要合理安排次要表面的加工、热处理工序和检验工序。

(4) 拟定加工工艺路线

型腔加工的工艺路线如表4-4所示。

**表4-4　模具零件加工工艺过程卡**

| (单位) | | 工艺卡片 | | | 共2页 | | 第1页 |
|---|---|---|---|---|---|---|---|
| 工装图号 | | 任务图4-1 | 件号 | 4.1 | | | |
| 零件名称 | | 塑料模型腔 | 数量 | 2 | | | |
| 材料牌号 | | CrWMn | | | | | |
| 单件毛坯尺寸 | | $\phi 48\times 100$ | | | | | |
| 单件总工时 | | | | | | | |
| 工序号 | 工序名称 | 工序主要内容 | 设备 | 工艺装备 | | | 时间定额 |
| | | | | 夹具 | 刀具 | 量具 | |
| 1 | 下料 | | 锯床 | | | | |
| 2 | 锻造毛坯 | 锻成$\phi 48\times 100$ | 锻压设备（压力机） | | | | |
| 3 | 热处理 | 退火处理 | | | | | |
| 4 | 车削 | 车外圆$\phi 44$达尺寸；车退刀槽2×2；车外圆$\phi 40$，留磨量0.5 mm；车右端面，留磨量0.2 mm；钻$\phi 8^{+0.015}_{0}$孔，预孔达$\phi 7$，铰孔$\phi 8$，留磨量0.3 mm；扩$\phi 25.1$、镗$\phi 25.1$及孔底，各留磨量0.5 mm和0.2 mm（孔深度镗至18.0 mm）；切断；掉头车左端，留磨量0.2 mm；锪$\phi 10$孔 | 卧式车床 | 三爪卡盘 | 车刀<br>钻头<br>铰刀<br>镗刀 | 游标卡尺 | |
| 5 | 坐标镗 | 以外圆为基准找正，钻、铰2—$\phi 4^{+0.012}_{0}$，留磨量0.01 mm | 坐标镗床 | 通用夹具 | 钻头<br>铰刀 | 游标卡尺 | |
| 6 | 热处理 | 淬火并回火达50～55 HRC | | | | | |
| 7 | 内圆磨 | 以外圆$\phi 40$为基准，磨孔$\phi 8_{0}^{+0.015}$达图要求；磨孔$\phi 25.1^{+0.03}_{0}$，留研量0.015 mm；磨孔底并接R0.5，留研量0.010 mm（孔深度磨至18.19 mm） | 内圆磨床 | 通用夹具 | 砂轮 | 千分尺 | |
| 8 | 外圆磨 | 以内孔$\phi 8^{+0.015}_{0}$定位，穿专用心轴，磨外圆$\phi 40^{+0.024}_{+0.008}$，达图样要求 | 外圆磨床 | 通用夹具 | 砂轮 | 千分尺 | |
| 9 | 钳工研磨 | 研磨2—$\phi 4^{+0.012}_{0}$孔达图样要求；研磨$\phi 25.1^{+0.03}_{0}$孔底及R0.5达图样要求 | 车床 | 通用夹具 | 专用研磨工具 | 千分尺 | |

续表

| 工序号 | 工序名称 | 工序主要内容 | 设备 | 工艺装备 | | | 时间定额 |
|---|---|---|---|---|---|---|---|
| | | | | 夹具 | 刀具 | 量具 | |
| 10 | 钳装 | 压装型腔、与型腔固定板一起磨两大面、磨分浇道和浇口 | 钳台、平面磨床 | 通用夹具 | | | |
| 更改记录 | | | | | | | |
| 超差处理 | | | | | | | |
| 编　制 | | 校　对 | | 定额员 | | 时　间 | |

(5) 工序设计

① 选择机床和工装。根据单件生产的工艺特征，选择通用机床和通用夹具来加工，尽量采用标准的刀具和量具。机床的型号名称和工装的名称规格见表 4 - 4。

② 加工余量和工序尺寸的确定（参照学习情境 1 中导柱加工的相关内容和工艺手册）。

③ 切削用量和工时定额的确定（用查表法确定，参照模具制造工艺手册）。

(6) 填写工艺卡片

任务图 4 - 1 所示的型腔零件的加工工艺路线见表 4 - 4。

## 任务资讯 4. 3. 2　不同形状的型腔加工

凹模零件加工中，最重要的加工是型腔的加工，不同的型腔形状，所选择的加工方法也不一样。

(1) 圆形型腔

当型腔如图 4 - 60 所示是圆形的，经常采用的加工方法有以下几种。

① 当凹模形状不大时，可将凹模装夹在车床花盘上进行车削加工。

② 采用立式铣床配合回转式夹具进行铣削加工。

③ 采用数控铣削或加工中心进行铣削加工。

(2) 矩形型腔

即型腔是比较规则的矩形，如图 4 - 61 所示。当图中圆角 $R$ 能由铣刀直接加工出，可采用普通铣床，将整个型腔铣出。如果圆角为直角或 $R$ 无法由铣刀直接加工出，应先采用铣削，将型腔大部分加工出，再使用电火花机床，由电极将 4 个直角或小 $R$ 加工出。当然，也可由钳工修配出，但一般不采用这种方法，而应尽量采用各种加工设备和加工手段来解决，以保证精度。

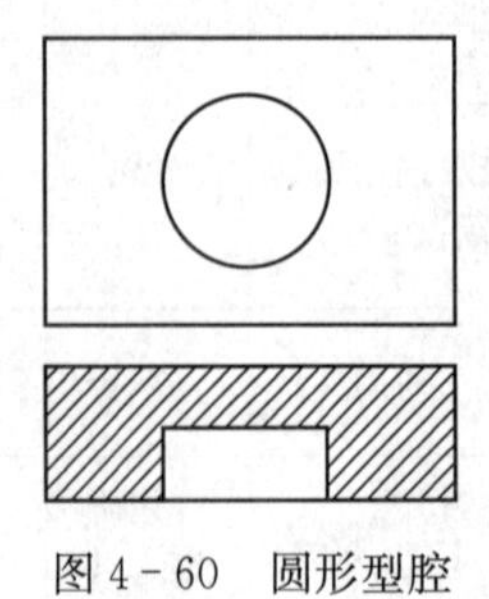

图 4 - 60　圆形型腔

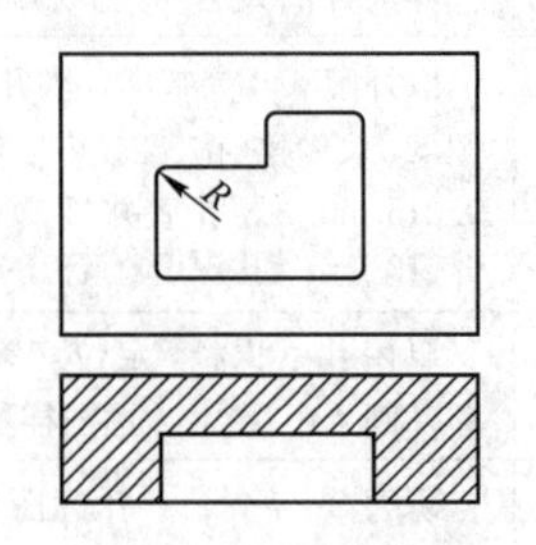


图 4 - 61　规则矩形型腔

（3）异型复杂形状型腔

当型腔为异形复杂形状时，如图 4－62 所示，此时一般的铣削无法加工出复杂形面，必须采用数控铣削或加工中心铣削型腔。当采用数控铣削时，由于数控加工综合了各种加工，所以工艺过程中有些工序，如钻孔、攻螺纹等都可由数控加工在一次装夹中一起完成。

（4）有薄的侧槽型腔

当型腔中有薄的侧槽时，如图 4－63 所示，此时由铣削或数控铣削加工出侧槽以外的型腔，然后用电极加工出侧槽。

（5）底部有孔的型腔

当型腔底部有孔时，如图 4－64 所示，此时先加工出型腔，底部的孔如果是圆形，可用铣床直接加工，或先钻孔，再加坐标磨削。当底部型孔是异形时，只能先在粗加工阶段，钻好预孔，再由线切割割出。如果是不通孔，且孔径较小的话，则只能由电火花来加工了。

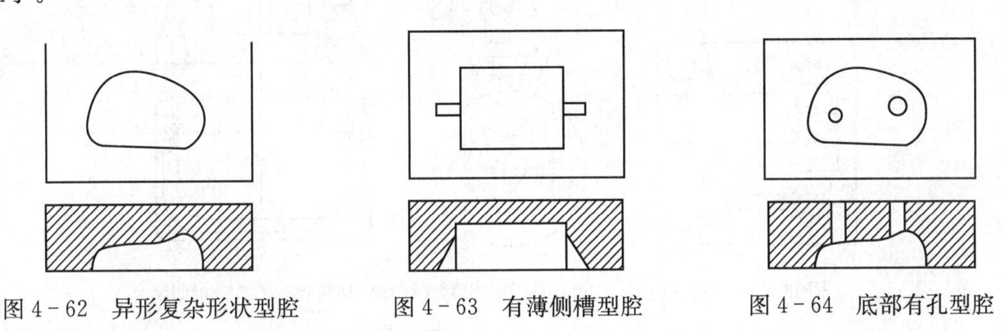

图 4－62　异形复杂形状型腔　　图 4－63　有薄侧槽型腔　　图 4－64　底部有孔型腔

（6）镶拼型腔

镶拼零件的制造类似型芯的加工，凹模上的安装孔的加工，可由铣削、磨削和电火花、线切割加工。

（7）淬火型腔

当型腔需要热处理淬火时，由于热处理会引起工件的变形，型腔的精加工应放在热处理工序之后。又因为工件经过热处理后硬度会大大提高，一般切削加工比较困难，此时应选择磨削、电火花、线切割等加工手段。

## 任务资讯 4.3.3　典型型腔、型孔加工工艺方案

塑料模型孔板、型腔板种类很多，它包括塑料模具中的型腔凹模、定模（型腔）板、中间（型腔）板、动模（型腔）板、压制瓣合模，哈夫型腔块及带加料室压模等。图 4－65 为塑料模型孔板、型腔板的各种结构图。

上述各种零件形状千差万别，工艺不尽相同，但其共同之处都具有工作型腔、分型面、定位安装的结合面，确保这些部位的尺寸和形位精度、粗糙度等技术要求将是工艺分析的重点。下面简单介绍几种型腔、型孔的加工工艺方案。

图 4－65（a）是一压缩模中的凹模，其典型工艺方案为：备料→车削→调质→平磨→镗导柱孔→钳工制各螺孔或销孔。如果要求淬火，则车削、镗孔均应留磨加工余量，

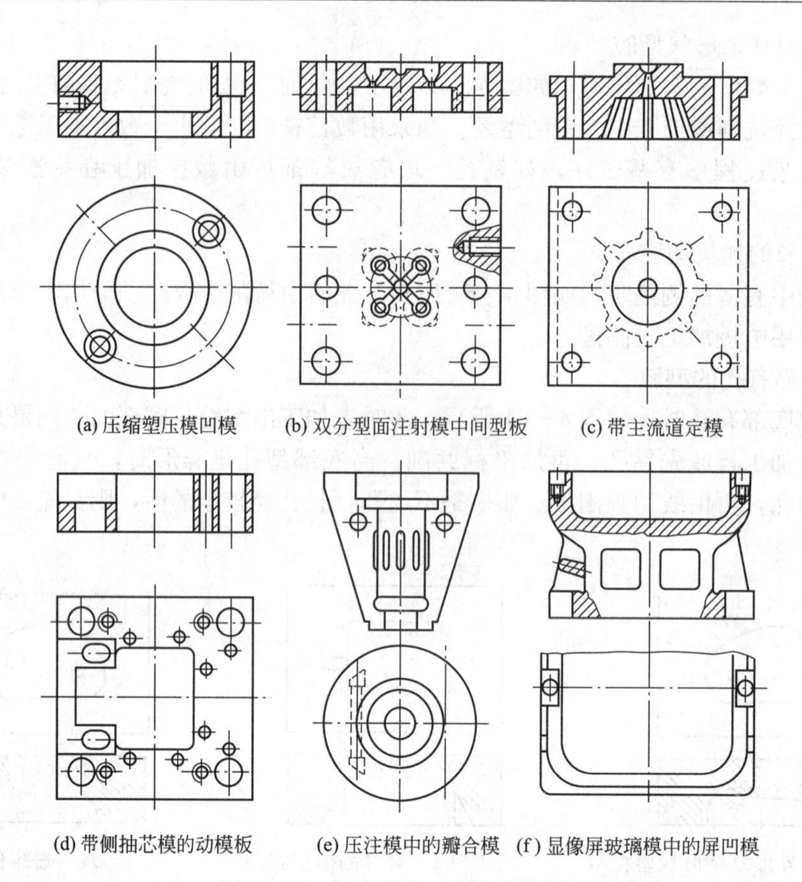


图 4-65 各种型孔、型腔板结构图

于是钳工后还应有淬火回火→万能磨孔、外圆及端面→平磨下端面→坐标磨导柱孔及中心孔→车抛光及型腔 $R$→钳研抛→试模→氮化（后两工序根据需要选用）。

图 4-65（b）是注射模的中间板，其典型工艺方案可为：备料→锻造→退火→刨六面→钳钻吊装螺孔→调质→平磨→划线→镗铣四型腔及分浇口→钳预装（与定模板、动模板）→配镗上下导柱孔→钳工拆分→电火花型腔（型腔内带不通型槽，如果没有大型电火花机床，则应在镗铣和钳工两工序中完成）→钳工研磨及抛光。

图 4-65（c）是一带主流道的定模板，其典型工艺路线可在锻、刨、平磨、划线后进行车制型腔及主浇道口→电火花型腔（或铣制钳修型腔）→钳预装→镗导柱孔→钳工拆分、配研、抛光。

图 4-65（d）为一动模型腔板，它也是在划线后立铣型腔粗加工及侧芯平面→精铣（或插床插加工）型腔孔→钳工预装→配镗导柱孔→钳工拆分→钻顶件杆孔→钳研磨抛光。

对于大型板类的下料，可采用锯床下料。其中 H—1080 模具坯料带式切割机床，精度好、效率高，可切割工件直径 1 000 mm、重 3.5 t、宽高为 1 000 mm×800 mm 的大型坯料，切口尺寸仅为 3 mm，坯料是直接从锻轧厂提供的退火状态的模具钢，简化了锻刨等工序，缩短了生产周期。此外，许多复杂型腔板采用立式数控仿形铣床来加工，使制模精度得到较大提高，劳动生产率和劳动环境明显改善。

在塑料模具中的侧抽芯机构，如压制模中的瓣合模、注射模中的哈夫型腔块等（图 4-65（e）为压制模的瓣合模），其工艺比较典型，工序流程大致如下。

① 下料。按外径最大尺寸加大 10～15 mm 作加工余量；长度加长 20～30 mm 作装夹用。

② 粗车。外形及内形单面均留 3～5 mm 加工余量，并在大端留夹头长 20～30 mm，其直径大于大端成品尺寸。

③ 划线。划中心线及切分处的刃口线，刃口宽≤5 mm。

④ 剖切两瓣。在平口钳内夹紧、两次装夹剖切开，用卧铣（如 X62W）盘铣刀。

⑤ 调质。淬火高温回火及清洗。

⑥ 平磨。两瓣结合面。

⑦ 钳工。划线、钻两销钉孔并铰孔、配销钉及锁紧两瓣为一个整体。如果形体上不允许有锁紧螺孔，可在夹头上或顶台上（按需要留顶台）钻锁紧螺孔。

⑧ 精车。内外形，单面留 0.2～0.25 mm 加工余量。

⑨ 热处理。淬火、回火、清洗。

⑩ 万能磨内外圆。或内圆磨孔后配芯轴再磨外圆、靠端面，外形成品，内形留 0.01～0.02 mm 的研磨量。

⑪ 检验。

⑫ 切掉夹头。在万能工具磨床上用片状砂轮切掉夹头，并磨好大端面至成品尺寸。

⑬ 钳工拆分成两块。

⑭ 电火花加工内形不通型槽等。

⑮ 钳研及抛光。

图 4-65（f）为一显像屏玻璃模中的屏凹模，常采用铸造成型工艺，其工艺方案为：模型→铸造→清砂→去除浇冒口→完全退火→二次清砂→缺陷修补及表面修整→钳工划线及加工起吊螺孔→刨工粗加工→时效处理→机械精加工→钳工→电火花型腔→钳工研磨抛光型腔。

由于铸造工序冗长，加之铸造缺陷修补有时不理想，因此一般中型型腔模和拉深模应尽可能采取锻造钢坯料加工或采用镶拼工艺加工。此外，型腔模在编制工艺时，为确保制造过程中型孔尺寸和截面形状的控制检验，因此工艺员应设计一些必须的检具（二类工具），如槽宽样板、深度量规、R 型板等。

# 情境5　凸、凹模特种加工

## 情境学习指南5　学会凸、凹模的特种加工

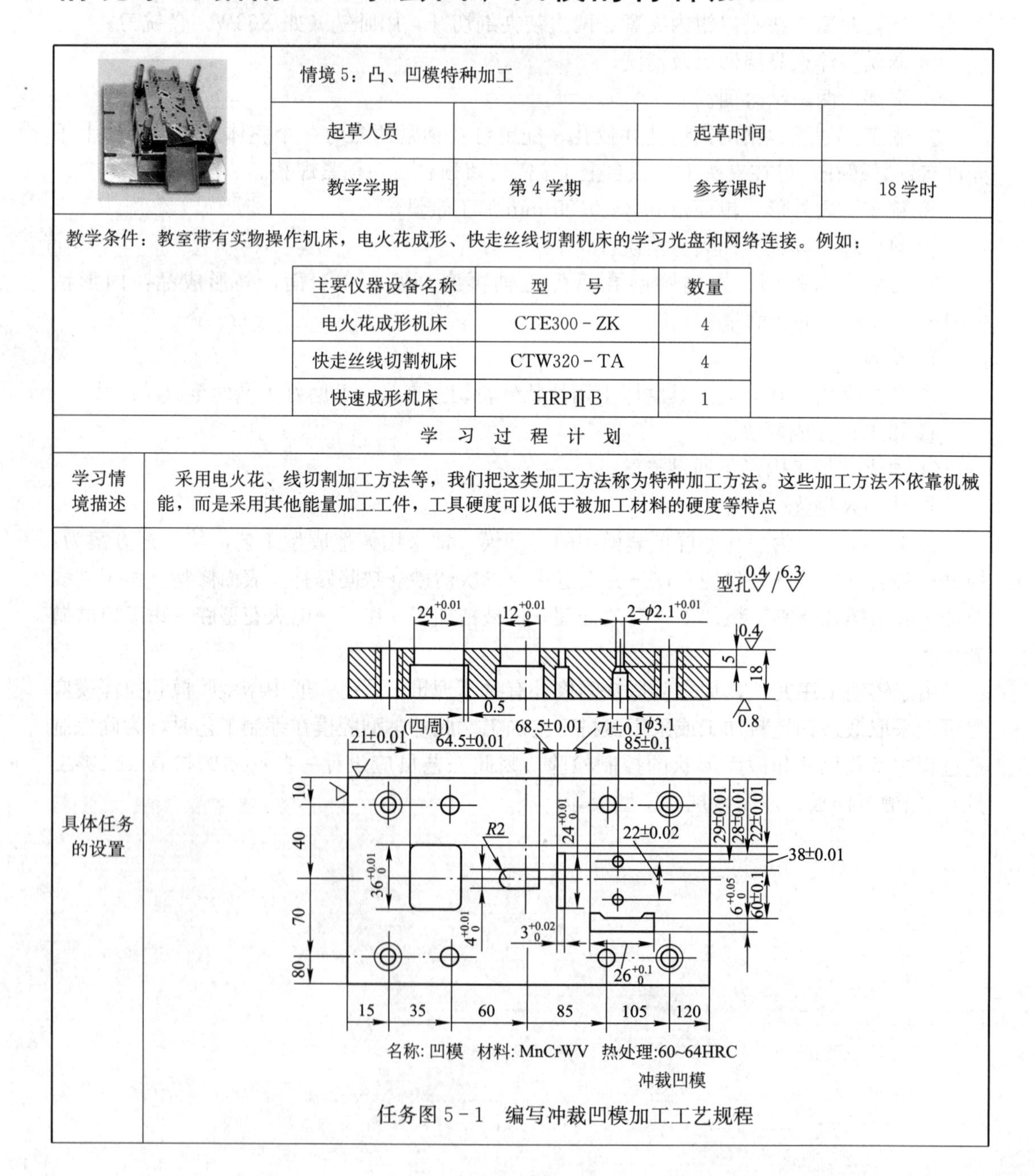

| 情境5：凸、凹模特种加工 | | | |
|---|---|---|---|
| 起草人员 | | 起草时间 | |
| 教学学期 | 第4学期 | 参考课时 | 18学时 |

教学条件：教室带有实物操作机床，电火花成形、快走丝线切割机床的学习光盘和网络连接。例如：

| 主要仪器设备名称 | 型　号 | 数量 |
|---|---|---|
| 电火花成形机床 | CTE300-ZK | 4 |
| 快走丝线切割机床 | CTW320-TA | 4 |
| 快速成形机床 | HRPⅡB | 1 |

学　习　过　程　计　划

| 学习情境描述 | 采用电火花、线切割加工方法等，我们把这类加工方法称为特种加工方法。这些加工方法不依靠机械能，而是采用其他能量加工工件，工具硬度可以低于被加工材料的硬度等特点 |
|---|---|
| 具体任务的设置 | 任务图5-1　编写冲裁凹模加工工艺规程 |



任务图5-1　编写冲裁凹模加工工艺规程

续表

<table>
<tr><td>能力目标</td><td colspan="2">① 电火花穿孔加工<br>② 型腔的电火花加工<br>③ 数控线切割机床的操作<br>④ 电火花线切割加工模具凸、凹模</td></tr>
<tr><td>专业技术内容</td><td colspan="2">① 加工方法：火花成形加工、电火花线切割加工、电解加工、电铸加工、超声加工、快速制模技术、冷挤压成形技术<br>② 电极设计<br>③ 凸、凹模毛坯准备</td></tr>
<tr><td>教学论与方法建议</td><td colspan="2">① 多媒体教学<br>② 现场实作<br>③ 学生分组讨论<br>④ 评价职业技能评价</td></tr>
<tr><td rowspan="6">学习小组行动阶段</td><td>1. 资讯</td><td>学生从工作任务中完成工作的必要信息，如相关专业知识和技能、线切割和电火花机床的知识和技能等</td></tr>
<tr><td>2. 计划</td><td>学生制定学习计划，建立工作小组</td></tr>
<tr><td>3. 决策</td><td>确定工作方案，工作任务分配到个人，并记录到工作记录表中</td></tr>
<tr><td>4. 实施</td><td>学生以小组的形式在学习工作单的引导下，完成专业知识的学习和技能训练，完成实际凸、凹模零件的加工操作，并完成好编程，实作质量的检测工作</td></tr>
<tr><td>5. 检查</td><td>① 编程正确　② 实操方法正确<br>③ 产品合格　④ 生产安全情况</td></tr>
<tr><td>6. 评价</td><td>① 能否加工出合格的产品<br>② 是否为最合适的加工方案<br>③ 学习目的是否达到，按照成绩评定标准给予评价（成绩评定标准教师事先制定）填写反馈表</td></tr>
<tr><td rowspan="6">方法媒介和环境</td><td>1. 分析</td><td>课堂对话、四步法<br>讲解、演示、模仿、练习<br>教师指导、讲解、示范</td></tr>
<tr><td>2. 计划</td><td>课堂对话、课堂分组、教师监督、小组长负责</td></tr>
<tr><td>3. 决策</td><td>师生互动<br>老师只进行评估</td></tr>
<tr><td>4. 实施</td><td>在教师指导下分组工作，工业中心实操实作产品，合理编程并试运行，小组完成零件加工。分组讨论，课堂对话，教师监督</td></tr>
<tr><td>5. 总结</td><td>答疑，任务对话，学生评价，教师评价，企业评价，专家评价</td></tr>
<tr><td>6. 成绩</td><td>工作文件20%，操作过程50%，工作结果10%，汇报效果10%，团队10%</td></tr>
</table>

# 学习工作单 5.1　电火花成形加工技术

| 情景 5　凸、凹模特种加工<br>任务 5.1　电火花成形加工 | 姓名：________ | 班级：________ |
| --- | --- | --- |
| | 日期：________ | 共________页 |

一、问答题

1. 电火花成形加工的基本原理是什么？
2. 电火花加工必须具备哪些条件？
3. 电火花成形加工有哪些特点？
4. 电火花成形加工机床由哪几部分组成？自动进给调节系统和工作液净化及循环系统各有什么作用？
5. 型孔电火花成形加工中保证凸、凹模配合间隙的方法有哪些？各有什么特点？
6. 电火花成形加工的工件是如何定位的？
7. 型腔电火花成形加工有何特点？常用的工艺方法有哪些？
8. 型孔电火花成形加工和型腔电火花成形加工中常用的电极材料是什么？
9. 型腔电火花成形加工的电极上为什么要设置排气孔和冲油孔？如何设置？

二、填空题

1. 在电火花加工中，为使脉冲放电能连续进行，必须靠________和________来保证放电间隙。
2. 一次放电过程大致可分为________、________、________及________4 个阶段。
3. 影响电火花加工的工艺因素主要有________、________、________、________、________、________、________。
4. 当正极的蚀除速度大于负极时，工件应接________，工具电板应接________，形成________加工。
5. 电规准参数的不同组合可构成 3 种电规准，即________、________、________。
6. ________是影响电火花加工精度的一个主要因素，也是衡量电规准参数选择是否合理、电极材料的加工性能好坏的一个重要指标。
7. 在工件的________、电极的________处，二次放电的作用时间长，所受的腐蚀最严重，导致工件产生加工斜度。
8. 在电加工工艺中，可利用加工斜度进行加工。如加工凹模时，将凹模________面朝下，直接利用其加工斜度作为凹模________。
9. 电火花加工采用的电极材料有________、________、________（任选三种）。

| 检查情况 | | 教师签名 | | 完成时间 | |
| --- | --- | --- | --- | --- | --- |

# 任务资讯 5.1　电火花成形加工

随着工业生产的发展和科学技术的进步，具有高硬度、高强度、高韧性、高脆性、耐高温等特殊性能的材料不断出现，零件的形状也越来越复杂，精度要求更高，表面粗糙度要求更低。传统的机械加工方法难以满足这种加工要求，于是出现了采用电、化学、光、声等能量对工件进行加工的方法，如电火花、线切割加工、电解加工、电铸加工、超声加工等方法，我们把这类加工方法称为特种加工方法。这样的零件有时仅仅依靠常规的切削加工方法很难甚至根本无法完成。特种加工与一般机械加工的区别在于以下几个方面。

① 切除材料的能量不单纯依靠机械能，还可以采用其他形式的能量。

② 加工过程中可以有工具，但不要求工具材料的硬度高于工件材料的硬度，也可以无工具。

③ 在加工过程中，工具与工件之间不存在明显的机械切削力。

## 任务资讯 5.1.1　电火花成形加工的原理

**1. 电火花成形加工的工作原理**

图 5-1 是一种简单的电火花加工原理图，其组成部分有工具电极和待加工工件、脉冲电源、工作液、进给机构等。工具电极 2 和工件 3 相对置于具有绝缘性能的工作液体介质中，并分别与脉冲电源的两极（正极和负极）相连接。脉冲电源的作用是将直流电流转换成一定频率的单向脉冲电流供电极使用。最简单的脉冲电源是 RC 线路脉冲电源，除此以外还有闸流管式、电子管式、晶闸管式和晶体管式等多种脉冲电源。液体供给箱 7 的作用是将工作箱 9 中的液体过滤和更换。

工具电极 2 与工件 3 分别与脉冲发生器 1 的两个输出端连接，并且都浸在工作液里，自动调节进给使工具电极与工件之间保持一定的放电间隙（一般为 0.01～0.2 mm）。脉冲电源不断发出脉冲电压加在工具电极与工件之间，当脉冲电压增大到间隙中工作液的击穿电压时，将会发生火花放电，放电区的高温把该处的电极和工件材料熔化，甚至汽化，电极和工件表面都被蚀除一小块材料，形成小的凹坑。随着脉冲电压的结束，一个放电过程完成。紧接着下一个放电过程又开始，周而复始，工具电极不断地向工件进给，工件表面形成无数小的凹坑，如图 5-2 所示。随着工件不断地被蚀除（工具电极材料尽管也会被蚀除，但其速度远小于工件材料），工具电极轮廓形状就能复制在工件上而达到加工目的。

**2. 电火花成形加工必须具备的条件**

利用电火花放电时的电腐蚀现象来蚀除多余的金属，以达到对零件的尺寸、形状和表面质量的要求，必须满足以下条件。

① 必须使工件电极和工具电极之间经常保持一定的放电间隙，以便形成火花放电的条件。这一间隙与加工电压和加工量等因素有关，一般为 0.01～0.2 mm。如果间隙过大，工作电压不能击穿，电流为零；如果间隙过小，容易形成短路，极间电压接近于零。因此，在电火花加工过程中，必须用工具电极的自动进给调节装置来保持这个间隙。

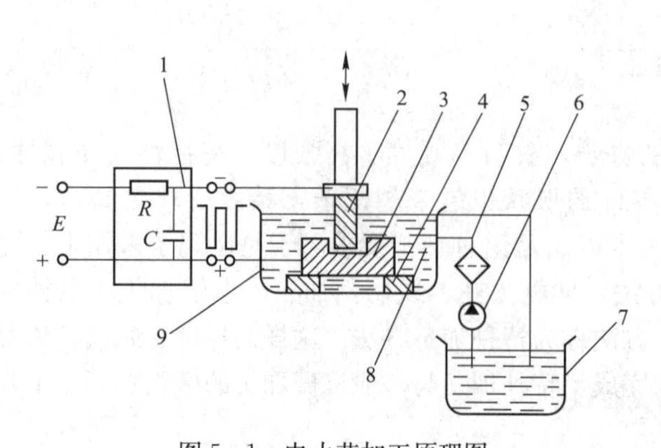


图 5-1 电火花加工原理图

1—脉冲发生器；2—工具电极；3—工件；4—工作台；
5—过滤器；6—泵；7—液体供给箱；8—工作液；9—工作箱

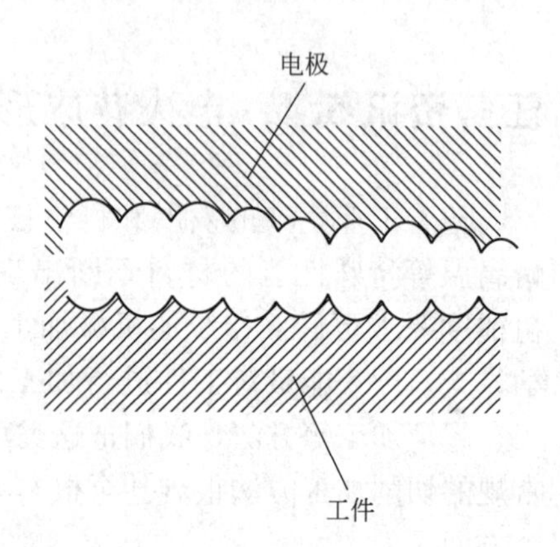


图 5-2 加工表面局部放大图

② 脉冲放电必须具有脉冲性、间歇性。图 5-3 为脉冲电压波形图。脉冲宽度 $t_i$ 表示加到工具和工件放电间隙两端的脉冲电压持续时间，一般为 $10^{-7}$ s～$10^{-4}$ s，时间长短应使得放电所产生的热量来不及从放电点过多传导扩散到其他部位为宜；脉冲间隔 $t_0$ 是指两个电压脉冲之间的间隔时间。间隔时间过短，放电间隙来不及消电离和恢复绝缘，容易产生电弧放电，烧伤工具和工件；脉冲间隔选得过长，将降低生产效率。通常，加工面积、加工深度较大时，脉冲间隔也应稍大。

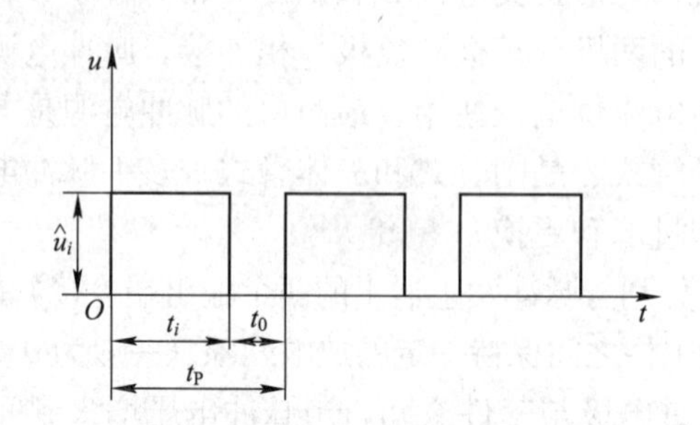


图 5-3 脉冲电压波形及参数

③ 电火花放电必须在具有一定绝缘性能的液体介质中进行。液体介质没有一定绝缘性能，就不能击穿放电，形成火花通道。在放电完成以后，液体介质能迅速熄灭火花，使火花间隙消除电离。同时对电极表面进行较好的冷却，并能从工作间隙带走电蚀产物。常用的液体介质有煤油、皂化液、去离子水等。

**3. 电火花成形加工的特点**

由于电火花成形加工具有许多其他加工方法无可替代的优点，因而它已成为模具制造技术中较先进的一种加工方法。其特点如下。

① 不受材料硬度的限制。由于模具零件工作部分的材料一般都是硬度很高的合金钢，且一般需在淬火后加工，用切削加工方法十分困难。而用电火花加工，则无论其材料硬度有多高，都能很容易地加工，不受材料硬度的限制。

② 电极和工件之间作用力小。由于电极和工件在加工过程中不直接接触，因而两极

间的作用力很小。这对于用小电极加工无变形的薄壁工件十分有利。

③ 操作容易，便于自动加工。电火花加工的操作十分简便，只需要将电极和工件安装好后，开动机床便可实现自动控制和自动加工。

④ 比较容易选择和变更加工条件。电加工过程中可任意选择和变更加工条件，如任意选择粗加工和精加工，只需变更参数而不必变更设备。

⑤ 必须制作工具电极。电火花加工的最大问题就是电极制作问题。同别的加工方法相比，它增加了制作电极的费用和时间。

⑥ 加工部分形成残留变质层。工件上进行电加工的部位虽然很微细，但由于要经受上万度高温加热后急速冷却，表面受到强烈的热影响，因而生成电加工表面变质层。这种变质层容易造成加工部位的碎裂与崩刃。

⑦ 放电间隙使加工误差增大。由于电极和工件之间需有一定加工间隙，这使得电极的形状尺寸与工件不能完全相同，因而产生了一定的加工误差。误差的大小与间隙的大小有极大的关系。

⑧ 加工精度受到电极损耗的影响。电极在加工过程中同样会受到电腐蚀而损耗，如果电极损耗不均匀，就会影响加工精度。电极的损耗还会造成更换与修整电极的次数增加。

## 任务资讯 5.1.2 电火花成形加工机床

### 1. 电火花加工机床

电火花成形机床一般由机床主体、脉冲电源、工作液系统、自动控制系统组成，如图 5-4 所示。机床主体包括床身、主轴头、工作台和工作液槽等。电极被安装在主轴头上，由自动控制系统控制主轴头进行上、下运动。工件被安装在位于工作液槽内的工作台上，随工作台前后、左右移动。

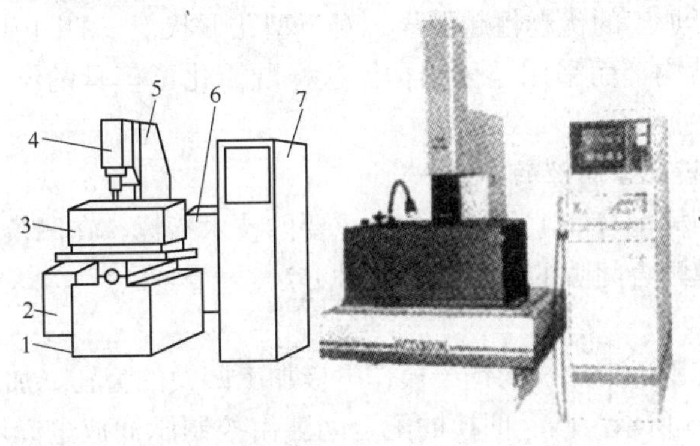


图 5-4 电火花成形加工机床

1—床身；2—液压油箱；3—工作液槽；4—主轴头；
5—立柱；6—工作液箱；7—电源箱

主轴头是电火花穿孔成形加工机床的一个关键部件，它的结构是由伺服进给机构、导向和防扭机构、辅助机构三部分组成。其中，伺服进给机构保证电极不断地、及时地进给，以维持所需的放电间隙。常用的伺服进给运动的实现方式有喷嘴-档板式电液自动进给系统、直流伺服系统、步进电机伺服系统等。

平动头是成形电火花加工机床最重要的主轴头附件，也是实现单电极型腔电火花加工所必备的工艺装备。在加工大间隙冷冲模和零件上的异形孔等方面，平动头也经常得到应用。

**2. 脉冲电源**

脉冲电源的作用是将工频交流电转换成一定频率的单向脉冲电流，以供给电极放电间隙所需要的能量来蚀除金属。其性能直接影响到加工速度、表面质量、加工稳定性和工具电极损耗等技术经济指标。常用的脉冲电源有张弛式、电子管式、闸流管式、脉冲发电机式、晶闸管式、集成元件等。

**3. 自动进给调节系统**

自动进给调节系统的作用是确保工件与工具电极之间在加工过程中始终保持一定的放电间隙，并且能自动补偿放电蚀除金属后间隙增大的部分。对自动进给调节系统的一般要求是应有较广的速度调节跟踪范围，应有足够的灵敏度和快速性，还应有必要的稳定性。自动进给调节系统的种类很多，如电动液压式、步进电动机式、力矩电动机式等，但它们的基本原理是相同的。

**4. 工作液净化及循环系统**

工作液净化及循环系统由储油箱、电动机、泵、过滤器、工作液槽、油杯、管道、阀门、压力表等组成，作用是排除电火花加工过程中不断产生的电蚀产物，提高电蚀过程的稳定性和加工速度，减少电极损耗，确保加工精度和表面质量。

## 任务资讯 5.1.3 电火花成形加工在模具制造中的应用

**1. 凹模型孔加工**

电火花成形加工在模具制造中，广泛应用于各种冲裁模的凹模型孔的加工。型孔越复杂，采用电火花成形加工的优越性越明显。对于型孔形状复杂的凹模，采用电火花成形加工可以不采用镶拼结构，而采用整体结构。这样既简化了模具的结构，又提高了模具的寿命。

1）保证凸、凹模配合间隙的方法

冲裁模的凸、凹模配合间隙是一项非常重要的技术指标，在凹模型孔的电火花成形加工中，保证凸、凹模配合间隙的常用以下几种方法。

（1）直接配合法

这种方法是直接用适当加长的钢凸模作电极加工凹模的型孔，加工后将凸模上的损耗部分去除，如图 5-5 所示。凸、凹模的配合间隙由控制脉冲放电间隙来保证。直接配合法的优点是可以获得均匀的配合间隙，模具质量高，电极制造方便，工艺简单；缺点是用钢凸模作电极，加工速度低，在电流的直流分量作用下易磁化，使电蚀产物被吸附在电极放电间隙的磁场中，形成不稳定的二次放电。直接配合法适用于加工形状复杂的凹模或多型孔凹模，如电机定子、转子硅钢片冲模等。

（2）混合法

混合法是将凸模的加长部分选用与凸模不同的材料，如铸铁等粘接或钎焊在凸模上，与凸模一起加工，以粘接或钎焊部分作为穿孔电极的工作部分。加工后，再将电极部分去除。这种方法的优点是电极材料可以选择，因此电加工性能比直接配合法好；电极与凸模连在一起加工，电极形状、尺寸与凸模一致；加工后凸、凹模的配合间隙均匀，是一种使用较广泛的方法。

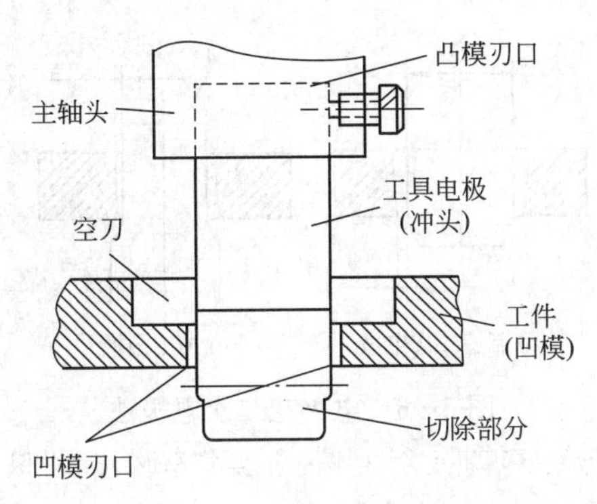


图5-5　直接配合法

直接配合法和混合法都是依靠调节脉冲放电间隙来保证凸、凹模的配合间隙的。当凸、凹模的配合间隙很小时，必须保证脉冲放电间隙也很小，但是过小的放电间隙会使加工困难。在这种情况下可以将电极的工作部分用化学浸蚀法蚀除一层金属，使断面尺寸均匀缩小 $\delta-Z/2$（$Z$ 为凸、凹模双边配合间隙，$\delta$ 为单边放电间隙），以利于放电间隙的控制；反之，当凸、凹模的配合间隙较大时，可以用电镀法将电极工作部分的断面尺寸均匀扩大 $Z/2-\delta$，以满足加工时的间隙要求。

(3) 修配凸模法

修配凸模法是将凸模和工具电极分别制造，在凸模上留一定的修配余量，按电火花加工好的凹模型孔修配凸模，达到所要求的凸、凹模的配合间隙，不论配合间隙大小，均可采用。这种方法的优点是电极可以选用电加工性能好的材料；缺点是增加了制造电极和钳工修配的工作量，而且不易得到均匀的配合间隙。所以，修配凸模法只适用于加工形状比较简单的冲模。

(4) 二次电极法

二次电极法是利用一次电极制造出二次电极，再分别用一次和二次电极加工出凹模和凸模，并保证凸、凹模配合间隙。二次电极法分为两种情况：一是一次电极为凹型，适用于凸模制造困难者；二是一次电极为凸型，适用于凹模制造困难者。图5-6所示为一次电极为凸型电极时的加工方法。其工艺过程为：根据模具尺寸要求设计并制造出一次凸型电极；用一次电极加工出凹模，如图5-6（a）所示；用一次电极加工出凹型二次电极，如图5-6（b）所示；用二次电极加工出凸模，如图5-6（c）所示；凸、凹模配合保证配合间隙，如图5-6（d）所示。图中 $\delta_1$、$\delta_2$、$\delta_3$ 分别为加工凹模、加工二次电极和加工凸模时的放电间隙。

用二次电极法加工，操作较为复杂，一般不常采用。但这种方法能够合理调整放电间隙 $\delta_1$、$\delta_2$、$\delta_3$，可以加工无间隙或间隙很小的精冲模。对于硬质合金模具，在无成形磨削设备时可以采用二次电极法加工凸、凹模。

由于电火花加工要产生加工斜度，型孔加工后其孔壁要产生倾斜。为了防止型孔的工作部分产生反向斜度而影响模具正常工作，加工型孔时应将凹模的底面朝上，如图 5-6（a）所示，装配时再将凹模的底面朝下，如图 5-6（d）所示。

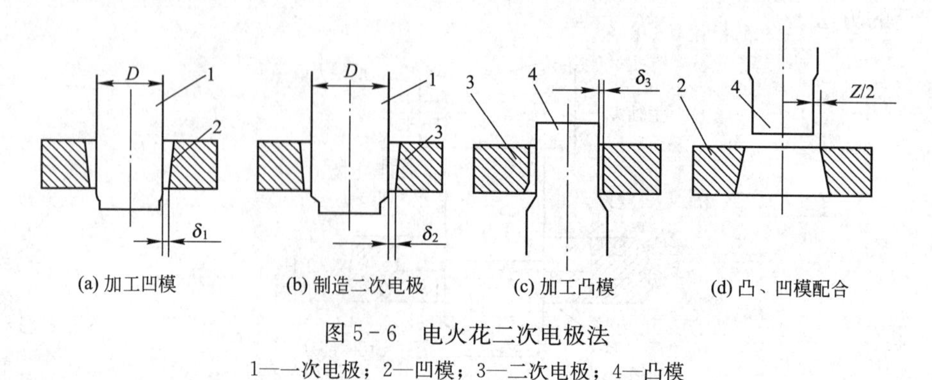


(a) 加工凹模　(b) 制造二次电极　(c) 加工凸模　(d) 凸、凹模配合

图 5-6　电火花二次电极法

1——一次电极；2—凹模；3—二次电极；4—凸模

2）电极设计

电极是影响电火花型孔加工质量的重要因素。为了保证型孔加工精度，在设计电极时必须合理选择电极材料和确定电极尺寸，并且使电极在结构上便于制造和安装。

（1）电极材料

虽然从电火花加工的原理来看，任何导电材料都可以作为电极，但是由于电极材料对电火花加工的稳定性、生产率和模具质量都有很大的影响，因此应选择损耗小、加工过程稳定、生产率高、机械加工性能好和价格低的材料制作电极。常用电极材料的种类及性能见表 5-1。

**表 5-1　常用电极材料性能**

| 电极材料 | 电火花加工性能 | | 机械磨削加工性能 | 说　明 |
|---|---|---|---|---|
| | 加工稳定性 | 电极损耗 | | |
| 钢 | 较差 | 中等 | 好 | 常用的电极材料，选择规准时应注意加工稳定性 |
| 铸铁 | 一般 | 中等 | 好 | 常用的电极材料 |
| 石墨 | 尚好 | 较小 | 尚好 | 常用的电极材料，但机械强度差，易崩角 |
| 黄铜 | 好 | 大 | 尚好 | 电极损耗太大 |
| 紫铜 | 好 | 较小 | 较差 | 常用的电极材料，磨削困难 |
| 铜钨合金 | 好 | 小 | 尚好 | 价贵，多用于深孔、直壁孔、硬质合金的穿孔 |
| 银钨合金 | 好 | 小 | 尚好 | 价格昂贵，多用于精密冲模或有特殊要求的加工 |

（2）电极结构

电极的结构形式应根据型孔的大小和复杂程度、电极的结构工艺性等因素确定。常用的电极结构有 3 种。

① 整体式电极。整体式电极是用一整块材料加工而成的，是最常用的电极结构形式。对于横截面积及质量较大的电极，可以在电极上开减重孔以减轻电极质量，但孔不能开通，并且孔口向上。整体式电极如图 5-7 所示。

② 组合式电极。当同一凹模上有多个型孔时，在某些情况下可以把多个电极组合在一

起，如图5－8所示，一次穿孔加工就可以制作完成各个型孔，这种电极称为组合式电极。采用组合式电极加工，生产效率较高，各型孔间的位置精度取决于各电极的位置精度。

③ 镶拼式电极。对于形状复杂的电极，为了便于加工，常将其分成几块，分别加工后再镶拼成整体，这种电极称为镶拼式电极，如图5－9所示。采用镶拼式电极既节省材料又便于机械加工。

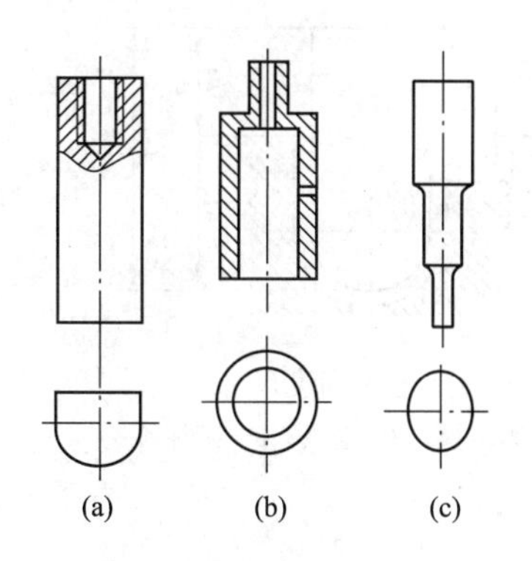


图5－7　整体式电极

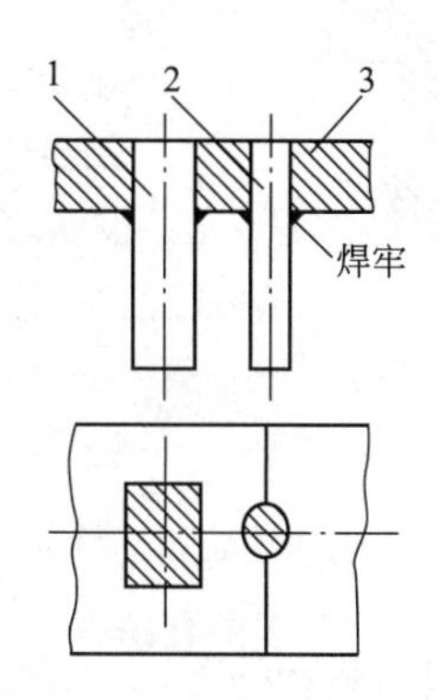


图5－8　组合式电极

1、2—电极；3—电极固定板

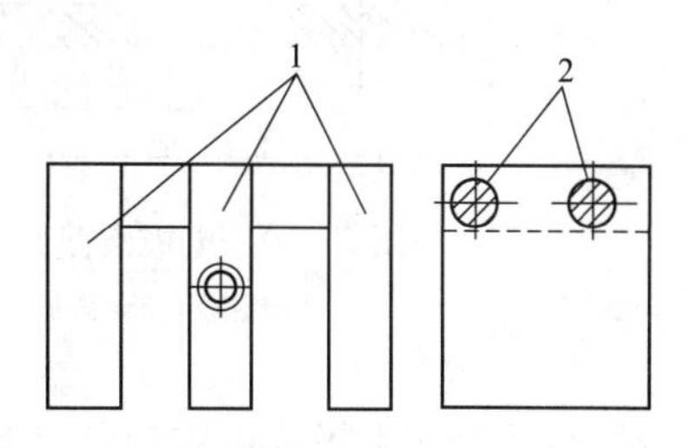


图5－9　镶拼式电极

1—电极拼块；2—紧固螺钉

(3) 电极尺寸计算

电极设计时需要确定的电极尺寸如下。

① 电极横截面尺寸的计算。用单电极进行电火花加工时，电极横截面尺寸的确定与电火花加工型孔相同，只需考虑放电间隙，即电极横截面尺寸等于型腔的横截面尺寸均匀地缩小一个放电间隙。当用单电极平动法进行电火花加工时，还必须考虑加上一个电极的横截面缩放量 $b$，如图5－10所示。

$$a=A\pm Kb \tag{5-1}$$

式中：$a$——电极横截面方向的基本尺寸，单位为mm；

$A$——型腔的基本尺寸，单位为mm；

$K$——与型腔尺寸标注有关的系数，直径方向（双边）$K=2$，半径方向（单边）$K=1$；

$b$——电极单边缩放量，单位为mm。

式中“±”的确定方法是：与型腔凸出部分相对应的电极凹入部分的尺寸（如图5－10中的 $r_2$、$a_2$）应放大，即用“＋”号；反之，与型腔凹入部分相对应的电极凸出部分的尺寸（如图5－10中的 $r_1$、$a_1$,）应缩小，即用“－”号。

$$b=e+\delta_j-\Gamma_j \tag{5-2}$$

式中：$e$——平动量，一般取0.5～0.6 mm；

$\delta_j$——最后一挡精规准加工时端面的放电间隙，一般为0.02～0.03 mm，可忽略不计；

$\Gamma_j$——精加工时电极侧面损耗（单边），通常忽略不计。

② 电极高度尺寸的计算。电极总高度尺寸的确定如图5－11所示。

$$h=h_1+h_2 \tag{5-3}$$

$$h_1=H_1+C_1H_1+C_2S-\delta_j \tag{5-4}$$

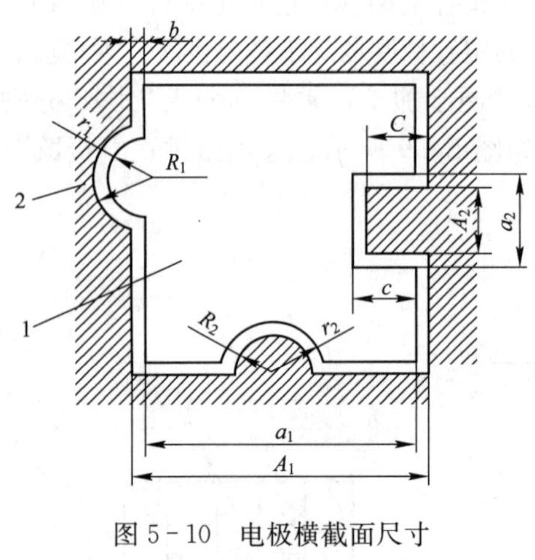


图 5-10 电极横截面尺寸

1—电极；2—型腔

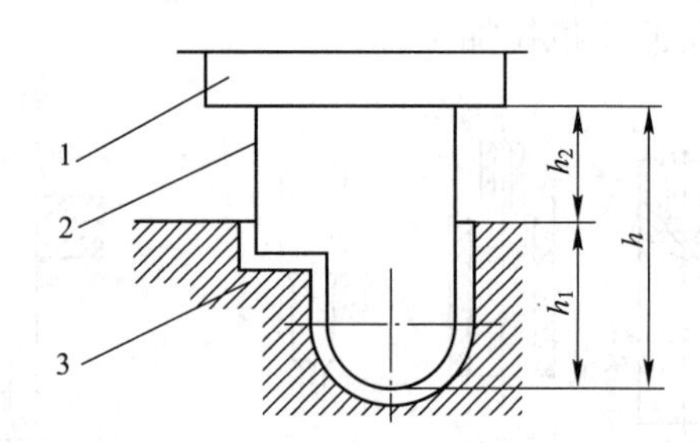


图 5-11 电极高度尺寸

1—电极固定板；2—电极；3—工件

式中：$h$——电极高度方向的基本尺寸，单位为 mm；

$h_1$——电极高度方向的有效工作尺寸，单位为 mm；

$h_2$——考虑加工结束时，为避免电极固定板和模块相碰，同一电极能多次使用等因素而增加的高度，一般取 5～20 mm；

$H_1$——型腔高度方向的尺寸（型腔深度），单位为 mm；

$C_1$——粗规准加工时，电极端面的相对损耗率，其值一般小于 1%，$C_1H_1$ 只适用于未预加工的型腔；

$C_2$——中、精规准加工时，电极端面的相对损耗率，其值一般为 20%～25%；

$S$——中、精规准加工时，端面总的进给量，其值一般为 0.4～0.5 mm；

$\delta_j$——最后一挡精规准加工时端面的放电间隙，一般为 0.02～0.03 mm，可忽略不计。

3）电极和工件的装夹与校正

在电火花成形加工时，必须将电极和工件分别装夹到机床的主轴和工作台上，并将其校正、调整到准确位置。

（1）电极的装夹与校正

型腔模电极的装夹方法与型孔电火花加工的电极装夹基本相同。电极装夹后必须进行校正，使电极轴线与主轴的进给方向一致。常用的校正方法有以下 3 种。

① 固定板基面校正法。当电极轴线与电极固定板的上平面（即基准面）严格垂直时，可将百分表固定在工作台上，并左右、前后移动百分表，检验和调整基准面和工作台的平行度，如图 5-12 所示。

② 电极侧面校正法。当电极侧面有较长的直壁面时，可用角尺或百分表来校正电极，方法与加工型孔的电极校正方法基本相同。

③ 电极端面火花放电校正法。当电极端面为平面，且该平面与电极轴线垂直时，可以用精规准检查电极在工件表面火花放电腐蚀的火花痕迹与划线的重叠程度来进行校正。

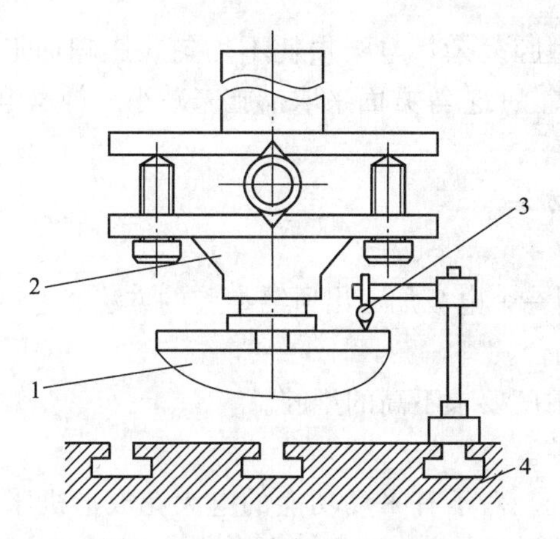


图 5-12　固定板基面校正法

1—电极；2—调节装置；3—百分表；4—工作台

(2) 电极和工件的定位

型腔模电极和工件装夹校正后，必须相互定位，以保证型腔在模具上的位置精度。常用的定位方法如下。

① 量块角尺定位法。如果电极的侧面为直平面，可以采用量块角尺定位法，操作方法与加工型孔时所用的定位方法基本相同。

② 十字线定位法。十字线定位法如图 5-13 所示，在电极或固定板侧面画出中心十字线，同时在工件模块上也画出中心十字线。定位时，只要将工件与模块的中心十字线对准即可。这种方法精度较低，为±(0.3～0.5 mm)。

③ 定位板定位法。定位板定位法如图 5-14 所示，在电极固定板和工件模块上分别加工出一对角尺定位基准面，并在电极定位基准面上固定两块平直的定位板。定位时将角尺放在工件的上平面并使之与相应的定位板进行校正贴紧，再将模块压紧，卸去定位板即可完成定位工作。

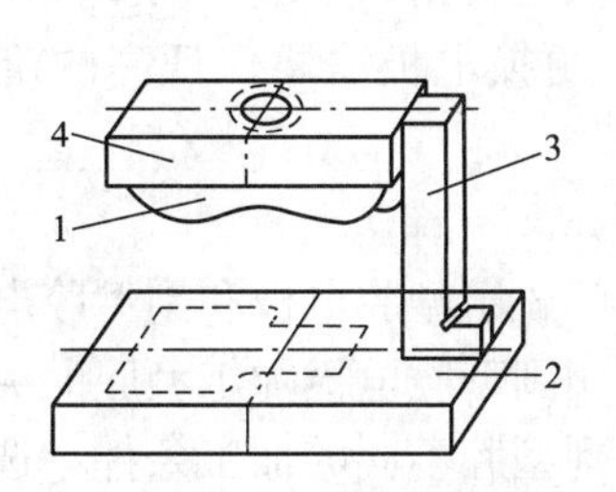


图 5-13　十字线定位法

1—电极；2—模块；3—刀口角尺；4—电极固定板

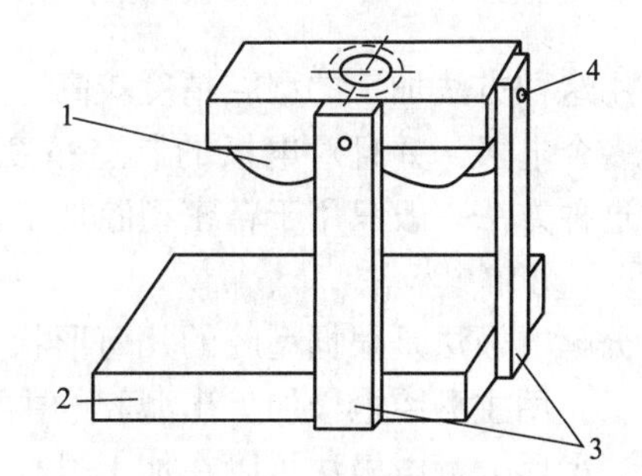


图 5-14　定位板定位法

1—电极；2—模块；3—定位板；4—电极固定板

**2. 型腔加工**

用电火花成形加工方法加工型腔比加工凹模型孔困难得多。型腔加工属于盲孔加工，金属蚀除量大，工作液循环不流畅，电蚀产物排除困难；电极损耗不能用增加电极长度和进给来补偿；型腔复杂，电极损耗不均匀，影响加工精度。因此电火花成形加工型腔，要从设备、电源、工艺等方面采取措施来减小或补偿电极损耗，以提高加工精度和生产率。

1）型腔加工的工艺方法

（1）单电极加工法

单电极加工法是指用一个电极加工出所需型腔的方法。电极只需一次装夹定位，操作简单方便，适用于以下场合。

① 加工形状简单，精度要求不高的型腔。

② 经过预加工的型腔。

③ 用平动法加工型腔。对于有平动功能的电火花成形机床，在型腔不预加工的情况下也可用单电极加工出所需的型腔。在加工过程中，先用高效低损耗电规准进行粗加工，使其基本成形，再利用平动头使电极按设定的平动量作平面运动，并按粗、中、精的加工顺序逐渐改变电规准，同时依次加大平动量，以补偿前后两个加工规程之间的放电间隙差及侧面修光。

（2）多电极加工法

多电极加工法是用多个电极，依次更换加工同一个型腔，如图 5-15 所示。每个电极都对型腔的整个加工表面进行加工，但电规准各不相同。每更换一个电极进行加工，都必须把被加工表面上由前一个电极加工所产生的电蚀痕迹完全去除。

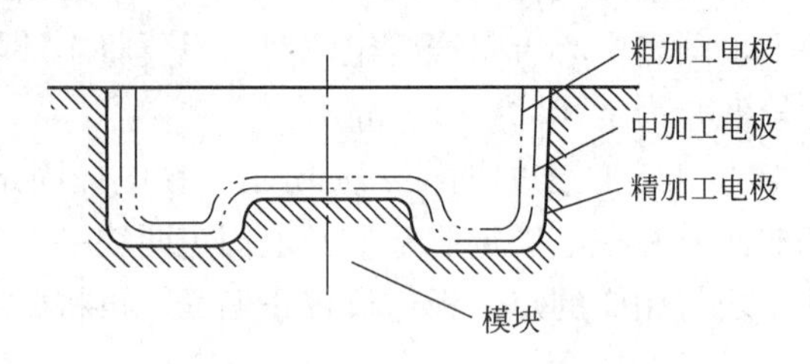


图 5-15　多电极加工法示意图

用这种方法加工的型腔精度较高，尤其适用于加工尖角、窄缝多的型腔；缺点是需要制作多个电极，并且对电极的制造精度要求很高，更换电极需要保证高的定位精度。因此，这种方法一般只用于精密型腔加工。

（3）分解电极法

分解电极法是根据型腔的几何形状，把电极分解成主型腔电极和副型腔电极分别进行加工。先用主型腔电极加工出型腔的主要部分，再用副型腔电极加工型腔的尖角、窄缝等部位。采用分解电极法可以在加工过程中根据主、副型腔不同的加工条件，选择不同的电规准，从而既提高加工速度又能获得较好的加工质量，同时还可以简化电极制造，便于修整电极。缺点是主型腔和副型腔电极的精确定位比较困难。

2）型腔加工电极设计

为了保证型腔的加工精度，设计电极时必须合理选择电极材料和确定电极尺寸。此外，还要使电极结构便于制造和安装。

（1）型腔加工电极材料

对型腔加工中电极的材料有以下要求。

① 具有良好的电火花加工性能。主要是电极损耗小，加工速度高，加工稳定性好。

② 易于加工制造成形。

③ 来源丰富，价格便宜。

型腔加工中常用的电极材料主要是石墨和紫铜，其性能见表5-1。紫铜组织致密，适用于形状复杂、轮廓清晰、精度要求高和表面粗糙度小的型腔。但紫铜的机械加工性能差，难以成形磨削；由于密度大、价格贵，不宜作大、中型电极。石墨作电极容易加工成形，密度小，适宜作大、中型电极。但石墨的机械强度较差，在采用宽脉冲大电流加工时，容易起弧烧伤。铜钨合金和银钨合金是较理想的材料，但价格昂贵，机械加工比较困难，所以采用较少，只适用于特殊型腔加工。

(2) 型腔加工电极结构

和电火花加工型孔一样，型腔加工所采用的电极也有3种结构形式。整体式电极适用于尺寸大小和复杂程度一般的型腔。镶拼式电极适用于型腔尺寸较大，单块电极坯料尺寸不够或电极形状复杂，将其分块才易于制造的情况。组合式电极适用于一模多腔时采用，以提高加工速度，简化各型腔之间的定位工序，易于保证型腔的位置精度。

(3) 排气孔和冲油孔

由于加工型腔时的排气、排屑条件比加工型孔时差，为了防止排气、排屑不畅而影响加工速度、加工稳定性和加工表面粗糙度，设计电极时应在电极上设置适当的排气孔和冲油孔。一般情况下，冲油孔要设计在难于排屑的拐角、窄缝等处，如图5-16所示；排气孔要设计在蚀除面积较大的位置，如图5-17所示。

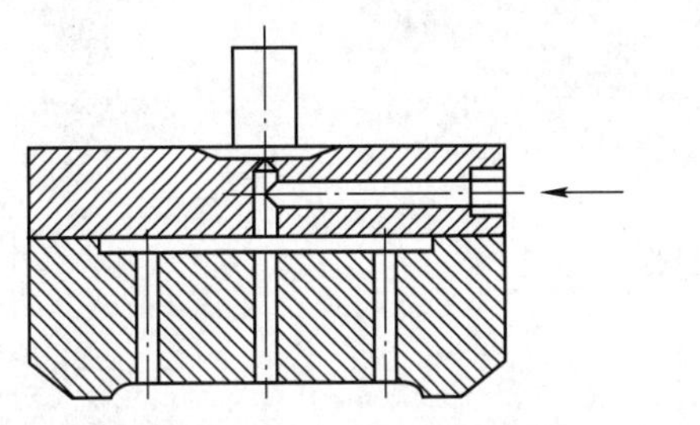

图5-16　设有冲油孔的电极

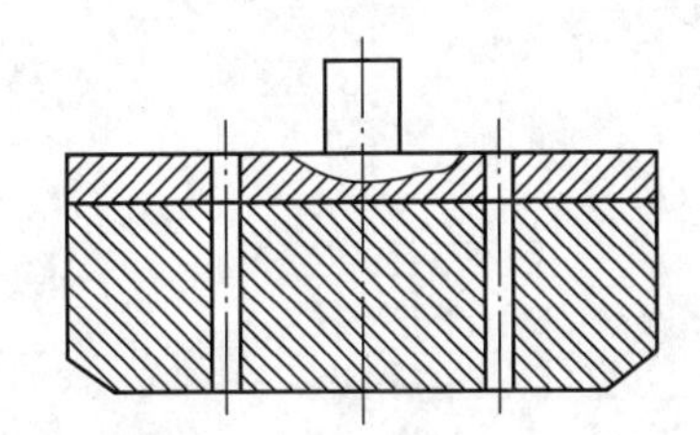

图5-17　设有排气孔的电极

排气孔和冲油孔的直径一般取为$\phi1\sim\phi1.5$ mm，上端孔径可加大到$\phi5\sim\phi8$ mm，以有利于排气和排屑。孔距为20～40 mm左右，位置相对错开，以避免加工表面出现“波纹”。

**3. 电规准的选择与转换**

电火花加工中所选用的一组电脉冲参数称为电规准。电规准应根据工件的加工要求、电极和工件的材料、加工的工艺指标等因素来选择。通常需要几个电规准才能完成一个凹模型孔加工的全过程。电规准分为粗、中、精3种。从一个电规准调整到另一个电规准称为电规准的转换。

(1) 粗规准

对粗规准的要求是以高的蚀除速度加工出型腔的基本轮廓，电极损耗要小，电蚀表面不能太粗糙。粗规准的脉冲宽度$t_i>400\ \mu s$，峰值电流较大，一般为20～60 A，并采用负极性进行加工。通常用石墨电极加工钢时，电流密度约为 3～5 A/cm$^2$，否则电极容易烧伤，影响加工表面质量。用紫铜电极加工钢时，电流密度可以稍大一些。

(2) 中规准

中规准的目的是减小被加工表面的粗糙度，为精加工作准备，中规准加工时 $R_a$＝5～2.5 μm。中规准的脉冲宽度 $t_i$＝50～300 μs，峰值电流一般小于 10 A，平均电流密度为 1.5～2.5 A/cm$^2$。

(3) 精规准

精规准用于型腔精加工，所去除的余量一般为 0.1～0.2 mm。精规准的脉冲宽度 $t_i$＜20 μs，峰值电流一般为 0.5～2 A，平均电流密度小于 1.5 A/cm$^2$。尽管选用窄脉冲电极损耗大，但是由于精加工的余量小，电极的绝对损耗率并不大。

电规准转换的挡数，应根据加工对象确定。加工尺寸小，形状简单的浅型腔，电规准的转换挡数可少些；加工尺寸大，深度大，形状复杂的型腔，电规准的转换挡数应多些。粗规准一般选择一挡；中规准和精规准可选择 2～4 挡。开始加工时，先选用粗规准参数进行加工，当型腔轮廓接近加工深度（约留有 1 mm 的余量）时，减小电规准，依次转换为中规准、精规准各挡参数加工，直至达到所需的尺寸精度和表面粗糙度。

# 学习工作单 5.2　电火花线切割加工技术

<table>
<tr><td rowspan="2">情景5　凸、凹模特种加工<br>任务5.2　电火花线切割加工</td><td>姓名：________</td><td>班级：________</td></tr>
<tr><td>日期：________</td><td>共________页</td></tr>
<tr><td colspan="3">

一、问答题<br>
1. 电火花线切割加工的工作原理是什么？<br>
2. 与电火花型孔加工相比，电火花线切割加工有哪些特点？<br>
3. 3B程序格式是什么？编写程序单时如何确定坐标系？<br>
4. 电火花线切割加工的工艺过程包括哪些内容？<br>
5. 常用的电极丝有哪几种？各有何特点？<br>
6. 4B程序格式是什么？编写程序单时如何确定坐标系？<br>
7. ISO程序格式是什么？编写程序单时如何确定坐标系？<br>
二、判断题（正确的打√，错误的打×）<br>
1. 电火花加工必须采用脉冲电源。　（　）<br>
2. 脉冲放电要在液体介质中进行，如水、煤油等。　（　）<br>
3. 经过一次脉冲放电，电极的轮廓形状便被复制在工件上，从而达到加工目的。　（　）<br>
4. 电火花加工误差的大小与放电间隙的大小有极大的关系。　（　）<br>
5. 极性效应较显著的加工，可以使工具电极损耗较小，加工生产效率较高。　（　）<br>
6. 电规准决定着每次放电所形成的凹坑大小。　（　）<br>
三、选择题（将正确答案的序号填在题目空缺处）<br>
1. 电火花加工的主要特点有：________。<br>
A. 不受材料硬度的限制　　B. 电极和工件之间的作用力大<br>
C. 操作容易，便于自动加工　　D. 加工部分不易形成残留变质层<br>
2. 影响极性效应的主要因素有：________。<br>
A. 脉冲宽度　　B. 电极材料<br>
C. 工件材料的硬度　　D. 放电间隙<br>
3. 要提高电加工的工件表面质量，应考虑：________。<br>
A. 使脉冲宽度增大　　B. 电流峰值减小<br>
C. 单个脉冲能量减小　　D. 放电间隙增大<br>
4. 提高电火花加工的生产率应采取的措施有：________。<br>
A. 减小单个脉冲能量　　B. 提高脉冲频率<br>
C. 增加单个脉冲能量　　D. 合理选用电极材料<br>
5. 电火花加工冷冲模凹模的优点有：________。<br>
A. 可将原来镶拼结构的模具采用整体模具结构　　B. 型孔小圆角改用小尖角<br>
C. 刃口反向斜度大　　D. 全有<br>
6. 型腔电火花加工的特点有：________。<br>
A. 电极损耗小　　B. 电火花机床应备有平动头、深度测量装置等附件<br>
C. 蚀除量小　　D. 电火花加工时，排屑较易

</td></tr>
</table>

| 检查情况 | | 教师签名 | | 完成时间 | |
|---|---|---|---|---|---|

# 任务资讯 5.2 电火花线切割加工

电火花线切割加工的工作原理与电火花成形加工基本相同，都是利用电火花放电使金属熔化或汽化。但是电火花线切割加工与电火花成形加工相比有一些突出的优点，在应用范围上也有所不同。

## 任务资讯 5.2.1 线切割加工的原理、特点、分类及应用

### 1. 电火花线切割加工的工作原理

电火花线切割加工是用移动的细金属丝作电极，在电极和工件之间施以脉冲电压，通过电极和工件之间脉冲放电时的电腐蚀作用，对工件进行加工的一种方法。加工原理如图 5－18 所示，利用细钼丝或细铜丝 5 作工具电极，穿过工件 3 上预先钻好的小孔（穿丝孔），由导向轮 6 由贮丝筒 9 带动，相对工件作上下往复运动。加工能源由脉冲电源 4 供给，工件接脉冲电源的正极，电极丝接负极。脉冲电压将电极丝和工件之间的间隙（放电间隙）击穿，产生瞬时火花放电，将工件放电区局部熔化或汽化，从而实现切割加工。

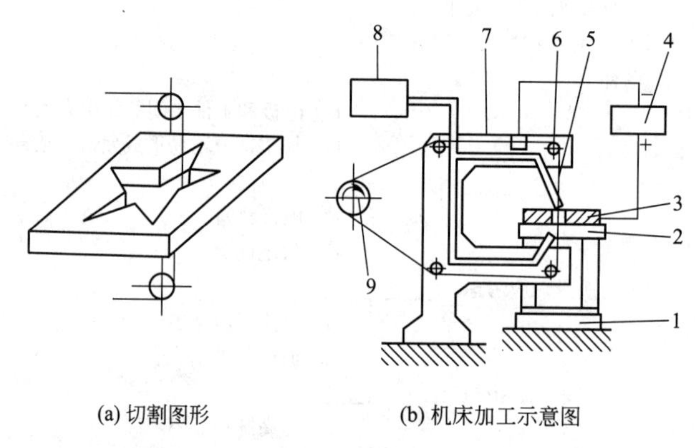


图 5－18 电火花线切割加工的工作原理

1—工作台；2—夹具；3—工件；4—脉冲电源；5—电极丝；
6—导向轮；7—丝架；8—工作液箱；9—贮丝筒

### 2. 电火花线切割加工的特点

与电火花成形加工相比，电火花线切割加工具有以下特点。

① 采用电火花线切割加工，由于只采用一根很细的金属丝作工具电极，因此加工工件时不需要再制作相应的成形工具电极，从而大大降低了由于制作工具电极所需的工作量，节约了贵重的有色金属。

② 在切割加工时，由于电极丝的连续移动，使新的电极丝不断地补充和替换在电蚀加工区受到损耗的电极丝，避免了电极损耗对加工精度的影响。

③ 利用线切割可以加工出精密细小、形状复杂的工件。例如通过线切割可加工出 0.05～0.07 mm 的窄缝，圆角半径小于 0.03 mm 的锐角等。

④ 线切割加工零件的精度可达±0.01～±0.005 mm，表面粗糙度可达1.6～0.4 μm。

⑤ 在加工时，一般采用一个电规准一次加工完成，中途不需要转换电规准。

⑥ 一般不需要对被加工工件进行预加工，只需在工件上加工出穿电极丝的穿丝孔。

⑦ 在线切割加工的切缝宽度与凸、凹模配合间隙相当时，有可能一次切出凸模和凹模来。

**3. 线切割加工的分类**

根据工作台纵、横向运动的控制方式不同，线切割加工机床分为靠模仿形加工、光电跟踪加工、数字控制加工3种方式。

(1) 靠模仿形加工方式

靠模仿形加工是在对工件进行线切割加工前，预先制造出与工件形状相同的靠模，加工时把工件毛坯和靠模同时装夹在机床工作台上，在切割过程中电极丝紧紧地贴着靠模边缘移动，通过工件与电极丝的电火花放电，从而切割出与靠模形状和精度相同的工件来。

这种加工方式的自动化程度较高，预制的靠模可以长期保存和重复使用。当靠模的工作面具有较高的精度和较低的表面粗糙度，并在加工时选择合理的电规准参数、电极丝材料及直径、合适工作液的条件下，可切割加工出具有较高精度和较低表面粗糙度的工件。

(2) 光电跟踪加工方式

光电跟踪加工是在对工件进行线切割加工前，先根据零件图样按一定放大比例描绘出一张光电跟踪图，加工时将图样置于机床的光电跟踪台上，跟踪台上的光电头始终追随墨线图形的轨迹运动，借助于电气、机械的联动，控制机床的纵、横滑板，使工作台连同工件相对电极丝做相似形的运动，通过工件与电极丝的火花放电，从而切割出与图样形状相同的工件来。

实际上，光电跟踪加工方式也是一种仿形加工，但是与靠模仿形不同的是，用图样取代了精密的靠模，这不仅省略了由于制造精密靠模的一系列麻烦，而且通过大比例图样还可以加工一些形状复杂、要求精密的微小型的模具零件。

(3) 数字程序控制加工方式

数字程序控制的加工方式不需要制作靠模板，也无须绘制放大图，只需要按照计算机的规定对被加工工件编制出数控加工程序。数控线切割机床中的计算机可按照程序中给出的工件形状几何参数，自动控制机床纵、横滑板做准确的移动，并通过工件与电极丝的火花放电而达到线切割加工的目的。由于这种加工方式采用了先进的数字化自动控制技术，因此它比前面两种线切割加工方式具有更高的精度和更广阔的加工范围。

根据电极丝的运行速度的不同，电火花切割机床又分为两大类。

① 快走丝机床（也叫高速走丝机床）。这类机床的电极丝作高速往复运动，一般走丝速度为8～10 m/s，这是我国生产和使用的主要机种，也是我国独创的电火花线切割加工模式。

② 慢走丝机床（也叫低速走丝机床）。这类机床的电极丝作低速单向运动，一般走丝速度低于0.2 m/s，这是国外生产和使用的主要机种。

**4. 电火花线切割加工的应用**

(1) 加工模具零件

电火花线切割加工适用于加工淬火钢、硬质合金模具零件、各种形状的细小零件、窄缝等。如形状复杂，带有尖角、窄缝的小型凹模的型孔可以采用整体结构在淬火后加工，既能保证模具精度，又可简化模具的设计与制造。

（2）加工电火花成形加工用的电极

电火花线切割加工适用于加工一般电火花成形加工型孔时用的电极，以及加工带锥度型腔时用的电极。对于铜钨合金、银钨合金之类的材料，用电火花线切割加工特别经济实惠；同时也适用于加工微细、形状复杂的电极。

（3）加工零件

电火花线切割加工适用于加工品种多、数量少的零件，特殊难加工材料的零件，材料试验样件，各种型孔、凸轮、样板、成形刀具等。

## 任务资讯 5.2.2 电火花线切割加工机床

根据电极丝的运动方式，电火花线切割机床分为快速走丝线切割机床（WEDM—HS）和慢速走丝线切割机床（WEDM—LS）两种。

**1. 快速走丝线切割机床**

快速走丝线切割机床是我国生产和使用的主要机种。它采用钼丝（$\phi$0.08 mm～$\phi$0.2 mm）或铜丝（$\phi$0.3 mm左右）作电极，电极丝在贮丝筒的带动下通过加工缝隙作往复循环运动，一直使用到断线为止。快速走丝电火花线切割机床的走丝速度较快，走丝速度约为 8～10 m/s，加工精度较低，目前能达到的加工精度为±0.01 mm，表面粗糙度为 2.5～0.63 μm 。切割厚度与机床的结构参数有关，最大可达 500 mm。

**2. 慢速走丝线切割机床**

慢速走丝线切割机床是国外生产和使用的主要机种。它采用紫铜、黄铜、钨、钼等作为电极丝，直径约为 $\phi$0.03～$\phi$0.35 mm，一般走丝速度低于 0.2 m/s。电极丝单方向通过加工缝隙，不重复使用，可避免电极丝损耗对工件加工精度的影响。慢速走丝电火花线切割机床的加工精度可达到±0.001 mm，表面粗糙度 $R_a$<0.32 μm。

以上两种电火花线切割机床相比较，快速走丝线切割机床结构简单，价格低廉，加工生产率较高，精度能满足一般要求，所以目前在我国已被广泛应用。

**3. 数控线切割机床的型号**

我国机床型号的编制是根据 GB/T 16768—1997《金属切削机床型号编制方法》的规定进行的，机床型号由汉语拼音字母和阿拉伯数字组成，分别表示机床的类别、组别、结构特性和基本参数。

数控电火花线切割机床的型号的含义如下。

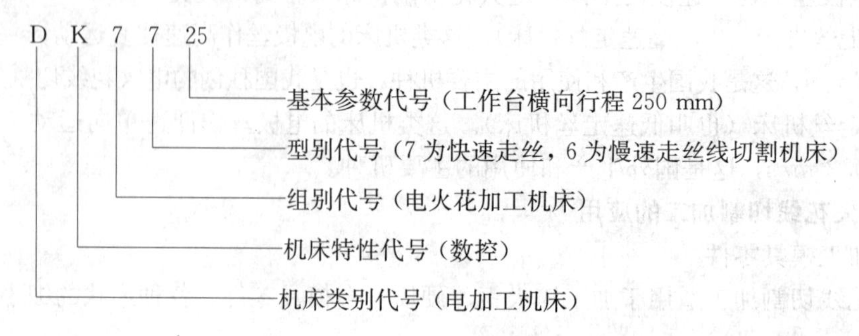

常见数控电火花线切割机床的型号及技术规格如表5-2所示。

**表5-2　数控线切割机床的型号及技术规格**

| 型号规格 | 工作台横向行程/mm | 工作台纵向行程/mm | 切割工件最大厚度/mm | 切割工件总重量/kg |
|---|---|---|---|---|
| DK7728 | 280 | 340 | 300 | 120 |
| DK7732 | 320 | 420 | 340 | 250 |
| DK7735 | 350 | 450 | 340 | 400 |
| DK7745 | 450 | 550 | 430 | 450 |
| DK7750 | 530 | 630 | 500 | 500 |
| DK7763 | 630 | 830 | 600 | 960 |
| DK7780 | 800 | 1 050 | 790 | 1 800 |
| DK7732E | 320 | 350 | 280 | 175 |
| DK7735E | 350 | 400 | 480 | 230 |
| DK7740E | 400 | 500 | 480 | 320 |
| DK7745E | 450 | 500 | 480 | 400 |
| DK7750-ⅠE | 500 | 630 | 480 | 500 |
| DK7750-ⅡE | 500 | 800 | 500 | 630 |
| DK7763E | 630 | 800 | 500 | 960 |
| DK7780E | 800 | 1 000 | 500 | 1 200 |
| SCX-Ⅰ | 150 | 150 | 75 | 40 |
| DK7255 | 250 | 320 | 120 | 125 |
| HX-A | 320 | 350 | 280 | 75 |

**4. 数控线切割机床的主要技术参数**

数控电火花线切割机床的主要技术参数包括：工作台行程（纵向行程×横向行程）、最大切割厚度、加工表面粗糙度、加工精度、切割速度及数控系统的控制功能等。表5-3为国家已颁布的《电火花线切割机床参数》（GB/T 7925—1987）标准。

**表5-3　电火花线切割机床参数（GB/T 7925—1987）**

| | | | | | | | | | | | | | | | | | |
|---|---|---|---|---|---|---|---|---|---|---|---|---|---|---|---|---|---|
| 工作台 | 横向行程 | 100 | | 125 | | 160 | | 200 | | 250 | | 320 | | 400 | | 500 | |
| | 纵向行程 | 125 | 160 | 160 | 200 | 200 | 250 | 250 | 320 | 320 | 400 | 400 | 500 | 500 | 630 | 630 | 800 |
| | 最大承载重量/kg | 10 | 15 | 20 | 25 | 40 | 50 | 60 | 80 | 120 | 160 | 200 | 250 | 320 | 500 | 500 | 630 |
| 工件尺寸 | 最大宽度 | 125 | | 160 | | 200 | | 250 | | 320 | | 400 | | 500 | | 630 | |
| | 最大长度 | 200 | 250 | 250 | 320 | 320 | 400 | 400 | 500 | 500 | 630 | 630 | 800 | 800 | 1 000 | 1 000 | 1 250 |
| | 最大切割厚度 | 40、60、80、100、120、180、200、250、300、350、400、450、500、550、600 | | | | | | | | | | | | | | | |
| 最大切割锥度 | | 0°、3°、6°、9°、12°、15°、18°（18°以上，每档间隔增加6°） | | | | | | | | | | | | | | | |

**5. 数控线切割机床数控系统（CNC系统）**

数控线切割机床控制系统主要具备轨迹控制和加工控制两大功能。

轨迹控制是指数控系统根据指令要求反复作插补运算，不断地生成纵、横向工作台的运动指令，精确地控制工件相对于电极丝的运动轨迹，以获得工件的形状和尺寸。

加工控制主要包括对伺服进给速度、电源装置、走丝机构、工作液系统及其他的机床操作控制等。其中，伺服进给速度的控制实际上是控制电极丝与工件之间的平均火花放电间隙，使之稳定在某一个常数，即使电极的进给速度与工件材料的火花蚀除速度相平衡。

数控线切割机床数控系统的工作流程可用图 5－19 表示。

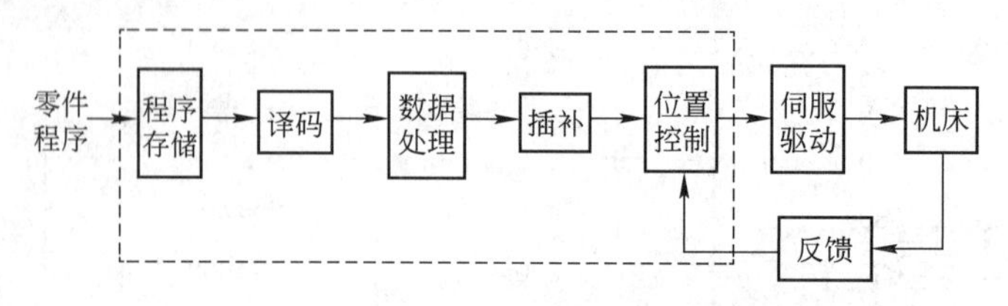


图 5－19　CNC 系统对线切割程序的处理流程

为了简化计算，通常是按照工件的轮廓形状和尺寸进行编程，但实际上数控系统控制的是工作台相对于电极丝中心的轨迹。从工件的轮廓到电极丝中心有两个尺寸需要补偿：电极丝与工件之间的放电间隙和电极丝半径。用 3B 格式编程时，是进行人工换算的，计算工作量非常大；而自动编程时，将工件的轮廓转换成电极丝中心轨迹的过程全部由计算机完成。这个过程称为数据处理，也就是数据的补偿，分为直线部分补偿和圆弧部分补偿。

零件程序经过数据处理后，接着就是插补运算和位置控制，其中插补运算是数控系统的主要任务之一，用于控制执行机构按预定的轨迹运动。数控电火花线切割机床 $X$、$Y$ 坐标工作台只能在 $X$ 或 $Y$ 坐标轴方向作直线进给，但线切割加工的大部分图形都可分解成由斜线或圆弧组合而成。因此为了加工斜线或圆弧，就把 $X$ 或 $Y$ 工作台每走一步的距离（即脉冲当量）取得很小，只有 0.001 mm。依斜线斜率或圆弧半径不同，$X$ 或 $Y$ 两个坐标方向进给步数的互相配合，使钼丝的轨迹尽量逼近所要加工的斜线或圆弧。这样，钼丝中心的轨迹并不是斜线或圆弧，而是由逼近所加工的斜线或圆弧的很多长度甚小的折线所组成，也就是由这些小折线交替“插补”实现进给加工轨迹。

## 任务资讯 5.2.3　电火花线切割数控程序编制

电火花数控线切割机床采用的是数字程序控制系统，在线切割加工前，必须对加工工件进行程序编制。我国电火花数控线切割机床所采用的编程代码有 3B、4B、ISO 等格式。

**1. 3B 格式程序的编制**

我国常用数控线切割机床的程序为 3B 格式程序，多用于快速走丝线切割机床。

1）3B 格式编程基础知识

（1）计算坐标系与切割坐标系

计算坐标系是针对工件整个几何图形建立的坐标系，通常选工件的对称轴为计算坐标轴，确定工件几何图形上的拐点、直线或圆弧的起点与终点、圆弧与圆弧或直线与圆弧的切点、圆弧中心等在计算坐标系中的坐标值。如图 5－20 所示建立的坐标系即为计算坐标系，它是以工件的对称轴作为 $X$ 轴，以圆弧的直径作为 $Y$ 轴。在该坐标系中可以计算出各特殊点的坐标值。

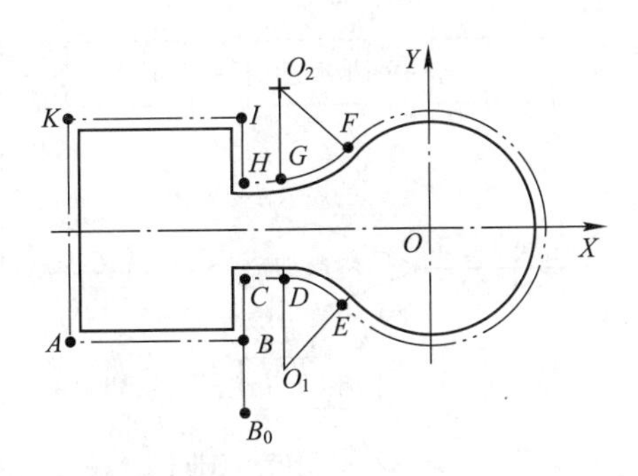


图 5 - 20　凸模计算坐标系的建立

切割坐标系是针对单个的直线或圆弧建立的坐标系。对于直线而言，是将切割坐标系的坐标原点取在直线的切割起点上，坐标轴的方向通常与计算坐标轴平行而建立坐标系；对于圆弧，将切割坐标系的原点取在圆弧的圆心上，坐标轴的方向与计算坐标轴平行而建立坐标系。

3B 格式编程时，通常是针对单段的直线或曲线编程，亦即是在各曲线的切割坐标系中编程，因此通常需要将计算坐标中各点的坐标值转换成各曲线相应的切割坐标系中的坐标值。如图 5 - 20 中的直线 $AB$，假设切割起点是 $A$，则以 $A$ 为坐标原点，平行于原计算坐标系而建立切割坐标系。

(2) 计数方向的确定

数控线切割加工是基于逐点比较法的原理进行的，如图 5 - 21 所示。逐点比较法就是在加工过程中，工作台每进给一步，都要比较一下加工点位置与规定图形的位置（实际上是将加工点的坐标值与规定图形的方程进行比较），一步一步地逼近加工图形，以达到加工要求的一种加工控制方法。

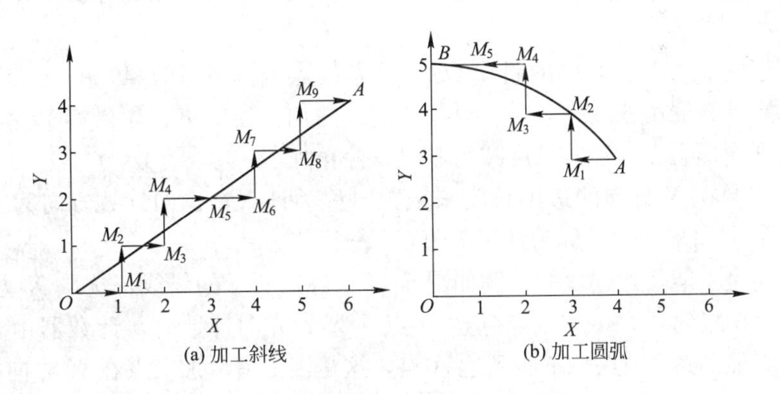


(a) 加工斜线　　(b) 加工圆弧

图 5 - 21　逐点比较法加工原理图

从上述加工斜线或圆弧的步进图形可以看出，步进拖板每走一步都要完成下面 4 个工作节拍，如图 5 - 22 所示。

① 偏差判别。判别加工点与规定图形的位置，如判别圆弧加工点是在圆内还是圆外，以决定工作台是向 $X$ 方向走一步还是向 $Y$ 方向走一步。

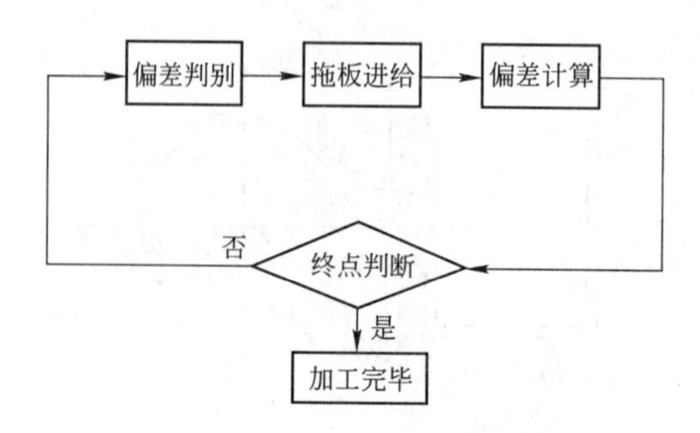


图 5-22 工作节拍框图

② 进给。根据判别的结果，控制工作台沿 $X$ 或 $Y$ 方向进给一步，使加工点向规定图形靠拢。

③ 偏差计算。数控系统计算进给后的加工点位置（坐标值）与规定图形（图形方程）之间的偏差，以作为工作台下一步移动方向的判别依据。

④ 终点判断。完成偏差计算后，还应判断是否已加工到图形的终点，若加工点已到终点，便停止加工；若未到终点，则应进入下面的偏差判别等工作节拍，直至加工到图形终点为止。

由上述可知，工作台每进给一步，都要经过 4 个节拍的循环，其中终点判断实际上是用来自动控制工件图形的加工长度。而加工长度的控制是通过控制加工图形在 $X$、$Y$ 轴上的投影长度来实现的，该投影长度就是工作台在 $X$（或 $Y$）方向的进给总长度，也称为计数长度。

如果在数控系统内设置一个计数器，将工作台在 $X$（或 $Y$）方向的总长度输入计数器，加工过程中，工作台在 $X$（或 $Y$）方向每进给一步，计数器就减 1，只要未减到零，其加工就继续进行，减到 0 时，表示已到终点，加工停止。由此便可实现对加工长度的自动控制。

例如对于图 5-21（a）中的斜线 $OA$，将其终点坐标 $A$（6，4）的 $X$ 坐标值“6”送入计数器。当计数器由 6 减为 0 时，对斜线 $OA$ 的加工便结束；如果将 $Y$ 坐标值“4”送入计数器，则同样会在计数器长度减为零时，停止加工。

选取工作台在 $X$ 方向的进给长度来记数时称为计 $X$，也即计数方向为 $X$ 向，用 $G_X$ 表示；选取 $Y$ 方向来计数时称为计 $Y$，用 $G_Y$ 表示。

计数方向是不能任意选取的，例如图 5-21（a）所示的斜线，选取 $X$ 方向计数，则计数器由 $X=6$ 减到 0 时，加工点到达 $A$ 点。选 $Y$ 方向计数时，计数器由 $Y=4$ 减到 0 时，加工点只能到达 $M_9$ 点，不能到达 $A$ 点，这是因为最后加工点在 $X$ 方向少走了一步，在终点产生了加工偏差。同样对图 5-21（b）中的圆弧 $AB$，如选 $Y$ 方向计数，则加工点只能到达 $M_4$ 点，产生的偏差更大（在 $X$ 方向少走了两步）。

计数方向的选取应以最后一个加工点是否能达到图形终点为标准，以防加工偏差。对任何一条线段（斜线、圆弧），应取其在坐标轴上投影最长的那一坐标方向为计数方向。

加工斜线时，应取斜线切割起点作为坐标原点并建立切割坐标系，其记数方向由该斜线在坐标中 45°斜线所划分的区域不同来确定，如图 5-23（a）所示。斜线在图中阴影区

域时，取记数方向为$Y$，即计$G_Y$；在其他区域时计$G_X$；在$X$、$Y$夹角线上时，计$G_X$、计$G_Y$均可。另外，斜线的计数方向还可以根据其终点坐标值$X$、$Y$的绝对值大小来判别。如果$|X'|>|Y|$，则计$G_X$；$|X|<|Y|$，则计$G_Y$；如果$|X|=|Y|$，则计$G_X$、计$G_Y$均可。

加工圆弧时，以圆弧圆心为坐标原点而建立切割坐标系，计数方向由圆弧终点坐标在坐标系中45°斜线所划分的区域不同来选取，如图5-23（b）所示。当终点坐标在图中阴影区域时取$G_X$，其他区域取$G_Y$，在$X$、$Y$夹角线上时计$G_X$、计$G_Y$均可。

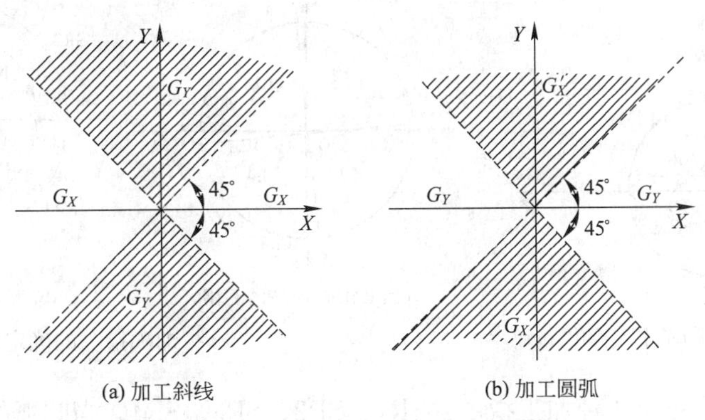


图5-23　加工斜线和圆弧时计数方向的确定

2）3B编程的格式

我国目前采用的3B程序格式如表5-4所示。

**表5-4　数控线切割3B程序格式**

| B | X | B | Y | B | J | G | Z |
|---|---|---|---|---|---|---|---|
| 分隔符号 | $X$坐标值 | 分隔符号 | $Y$坐标值 | 分隔符号 | 计数长度 | 计数方向 | 加工指令 |

现将各符号的含义说明如下。

① 分隔符号B。用来将X、Y、J三项数码分开，以免执行指令时混淆。

② 坐标值（$X$、$Y$）。加工线路的起点或终点坐标值，单位为μm。为简化数控装置，规定只能输入坐标的绝对值。当$X$（或$Y$）值为0时，可以不写，但必须保留分隔符号。加工平行于坐标轴的直线时，取$X=Y=0$；加工斜线时取加工的起始切割点为坐标系的原点，$X$、$Y$为斜线终点坐标值；加工圆弧时取圆心为原点，$X$、$Y$为圆弧切割起点的坐标值。坐标值（$X$、$Y$）允许按相同的比例缩小或放大。

③ 计数长度J。它是指被加工图形在计数方向上的投影长度（取绝对值）的总和，单位为μm。这里特别要强调“总和”的概念，如确定图5-24中圆弧的计数长度。图中加工半径为350的圆弧$EF$时，计数方向为$X$轴，计数长度为350×3=1 050，即是$EF$中三段90°圆弧在$X$轴上投影的绝对值的总和。对于计数长度J应补足六位数，如J=1 250 μm，应写成001 250，参见表5-8。

④ 计数方向G。由于计数长度是按计数方向选取的，因而必须按上述规则准确地确定计数方向。

⑤ 加工指令。分为直线加工指令和圆弧加工指令，其中加工直线有4种加工指令；

加工圆弧时，顺时针加工有 4 种加工指令，逆时针加工有 4 种加工指令，共 12 种加工指令，具体规定如下。

加工直线的 4 种加工指令：L1、L2、L3、L4。当直线在第Ⅰ象限时，包括 $X$ 轴而不包括 $Y$ 轴，加工指令记作 L1；当直线处于第Ⅱ象限时，包括 $Y$ 轴而不包括 $X$ 轴，加工指令记作 L2；加工指令 L3 和 L4 以此类推，具体如图 5－25（a）所示。

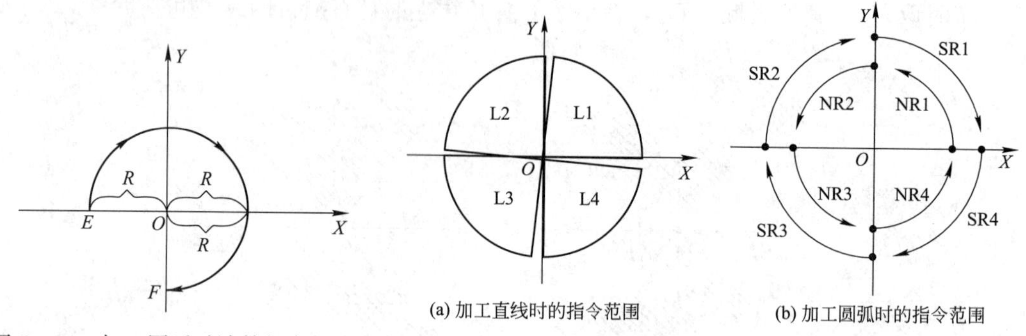


图 5－24　加工圆弧时计数长度的确定　　　图 5－25　加工指令的确定范围

顺时针加工圆弧有 4 种加工指令：SR1、SR2、SR3、SR4。当圆弧的起点在第Ⅰ象限时，包括 $Y$ 轴而不包括 $X$ 轴，加工指令记作 SR1；当起点在第Ⅱ象限时，包括 $X$ 轴而不包括 $Y$ 轴，加工指令记作 SR2；加工指令 SR3、SR4 以此类推。逆时针加工圆弧有 4 种加工指令：NR1、NR2、NR3、NR4。当圆弧的起点在第Ⅰ象限时，包括 $X$ 轴而不包括 $Y$ 轴，加工指令记作 NR1；当圆弧起点在第Ⅱ象限，包括 $Y$ 轴而不包括 $X$ 轴时，加工指令记作 NR2；加工指令 NR3、NR4 以此类推，具体如图 5－25（b）所示。

**【例 5－1】** 加工如图 5－26 所示的直线及斜线，$O$ 点为起点，试分别写出其 3B 格式方程。

**解**　图 5－26（a）斜线 $OA$ 的程序为：B17000B5000B17000$G_X$L1；

图 5－26（b）直线 $OA$ 的程序为：BBB21500$G_Y$L2；

图 5－26（c）斜线 $OA$ 的程序为：B3926B6800B6800$G_Y$L4；

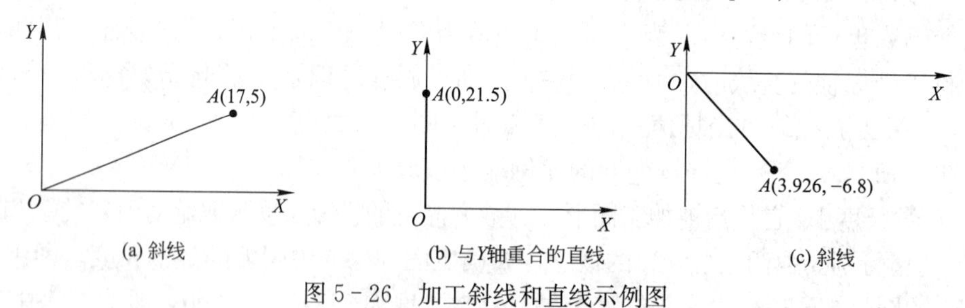


图 5－26　加工斜线和直线示例图

**【例 5－2】** 加工如图 5－27 所示的圆弧，$A$ 点为起点，$B$ 点为终点，试分别写出其 3B 格式方程。

**解**　图 5－27（a）半圆弧的程序为：B5000BB10000$G_Y$SR2；

图 5－27（b）圆弧的程序为：B5707B5707B11414$G_X$NR1；

图 5－27（c）圆弧的程序为：B2000B9000B25440$G_Y$NR2；

其中，图 5－27（c）所示的圆弧半径 $R=\sqrt{2\ 000^2+9\ 000^2}\ \mu m=9\ 220\ \mu m$。终点 $B$ 的坐标点在第四象限，靠近 $X$ 轴正方向，应取计数方向为 $G_Y$，其计数长度为三段圆弧 $AC$、$CD$、$DB$ 在 $Y$ 轴上投影的绝对值之和，即

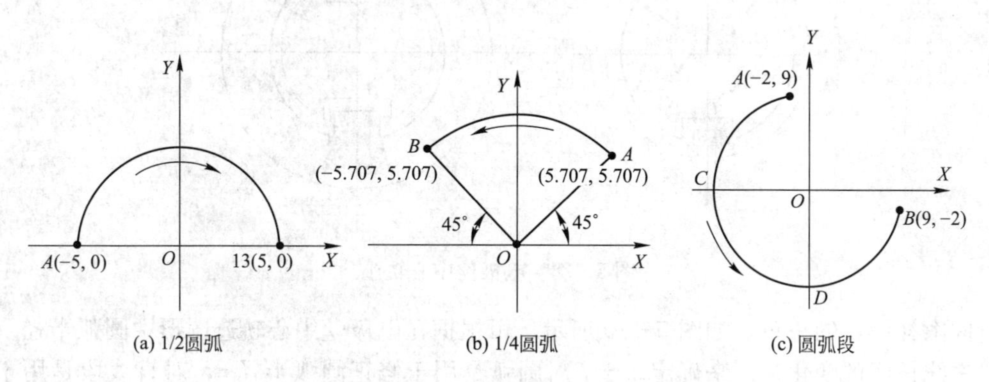


图 5－27　加工圆弧示例图

$$
\begin{aligned}
J_Y &= J_{YAC}+J_{YCD}+J_{YDB} \\
&= [9\ 000+9\ 220+(9\ 220-2\ 000)]\ \mu m = 25\ 440\ \mu m
\end{aligned}
$$

故可得出上面的程序。

3）有公差尺寸的编程计算

根据大量的统计表明，加工后的实际尺寸大部分是在公差带的中值附近。因此，对注有公差的尺寸，应采用中差尺寸编程。中差尺寸的计算公式为

$$中差尺寸=基本尺寸+\frac{1}{2}(上偏差+下偏差)$$

例如，槽 $32^{+0.04}_{+0.02}$ 的中差尺寸为

$$32+\left(\frac{0.04+0.02}{2}\right)=32.03$$

半径为 $10^{\ 0}_{-0.02}$ 的中差尺寸为

$$10+\left(\frac{0-0.02}{2}\right)=9.99$$

直径为 $\phi 24.5^{\ 0}_{-0.24}$ 的中差尺寸为

$$24.5+\left(\frac{0-0.24}{2}\right)=24.38$$

其半径的中差尺寸为

$$24.38/2=12.19$$

4）考虑间隙补偿的 3B 编程

（1）间隙补偿的方向及计算

数控线切割加工时，控制台所控制的是电极丝中心移动的轨迹，图 5－28 中电极丝中心轨迹用双点划线表示。加工凸模时，电极丝中心轨迹应在所加工图形的外面；加工凹模时，电极丝中心轨迹应在要求加工图形的里面。工件图形与电极丝中心轨迹间的距离，在圆弧的半径方向和线段的垂直方向都等于间隙补偿量 $f$。

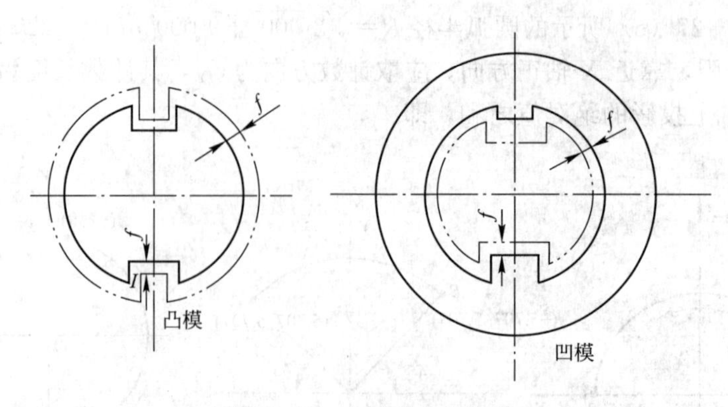


图 5-28 电极丝中心轨迹

间隙补偿量的正负，如图 5-29 所示，可根据在电极丝中心轨迹图形中圆弧半径及直线段法线长度的变化情况来确定。$\pm f$ 对圆弧是用于修正圆弧半径 $r$，对直线段是用于修正其法线长度 $P$。对于圆弧，当考虑电极丝中心轨迹后，其圆弧半径比原图形半径增大时取 $+f$，减小时取 $-f$；对于直线段，当考虑电极丝中心轨迹后，使该直线段的法线长度 $P$ 增加时取 $+f$，减小时则取 $-f$。

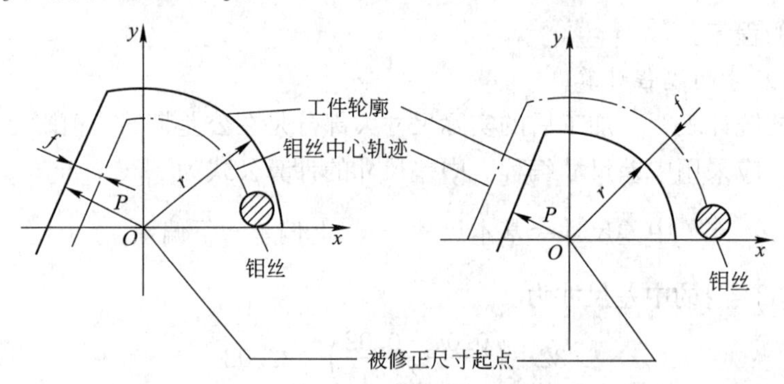


图 5-29 间隙补偿量的符号判断

加工冲模的凸、凹模时，应考虑电极丝半径 $r_{丝}$、电极丝和工件之间的单边放电间隙 $\delta_{电}$ 及凸模和凹模间的单边配合间隙 $\delta_{配}$。当加工冲孔模具时（即冲后要求工件保证孔的尺寸），凸模尺寸由孔的尺寸确定。因 $\delta_{配}$ 在凹模上扣除，故凸模的间隙补偿量 $f_{凸}=r_{丝}+\delta_{电}$，凹模的间隙补偿量 $f_{凹}=r_{丝}+\delta_{电}-\delta_{配}$。当加工落料模时（即冲后要求保证冲下的工件尺寸），凹模尺寸由工件的尺寸确定。因 $\delta_{配}$ 在凸模上扣除，故凸模的间隙补偿量 $f_{凸}=r_{丝}+\delta_{电}-\delta_{配}$，凹模的间隙补偿量 $f_{凹}=r_{丝}+\delta_{电}$。

(2) 编程步骤

对于根据加工工件的图形编制凸模或凹模的加工程序时，通常按照下面的步骤进行。

① 根据工件图形的切割起点、顺序及方向，确定统一的计算坐标系。为了简化计算，应尽量选取图形的对称轴线为坐标轴，并计算出各交（切）点、圆心的坐标值。

② 按选定的电极丝半径 $r$、放电间隙 $\delta_{电}$、凸模、凹模之间的单边配合间隙 $\delta_{配}$，计算间隙补偿量 $f$。

③ 将电极丝中心轨迹分解成单一的直线或圆弧线段，同时确定好切割加工顺序。对从坯料开始切割的工件，还需要先确定好穿丝孔的位置。

④ 按照切割加工的顺序，逐个确定其单一线段的切割坐标系（由计算坐标系平移换算），并将原计算坐标系中的坐标值换算成切割坐标系的坐标值；然后按照各线段在切割坐标系中的起终点位置、坐标值、线段形状及切割走向等；确定出计数方向、计数长度、加工指令等；最后逐段编写出切割程序，并填写程序单。

⑤ 对编制的程序进行检查和检验。必要时，可以对加工样板进行切割以检验加工程序的正确与否。

**【例 5-3】** 编制加工如图 5-30 所示零件的凹模和凸模程序，此模具是落料模，$\delta_{配}=0.01$ mm，$\delta_{电}=0.01$ mm，$r_{丝}=0.065$ mm（钼丝直径 $\phi=0.13$ mm）。

**解** 因该模具是落料模，冲下零件的尺寸由凹模决定，模具配合间隙在凸模上扣除，故凹模的间隙补偿量为

$$f_{凹}=r_{丝}+\delta_{电}=0.065+0.01=0.075\ \text{mm}$$

图 5-31 中虚线表示电极丝中心轨迹，此图对 $X$ 轴上下对称，对 $Y$ 轴左右对称。因此，只要计算一个点的坐标，其余三个点的坐标值均可相应地得到。

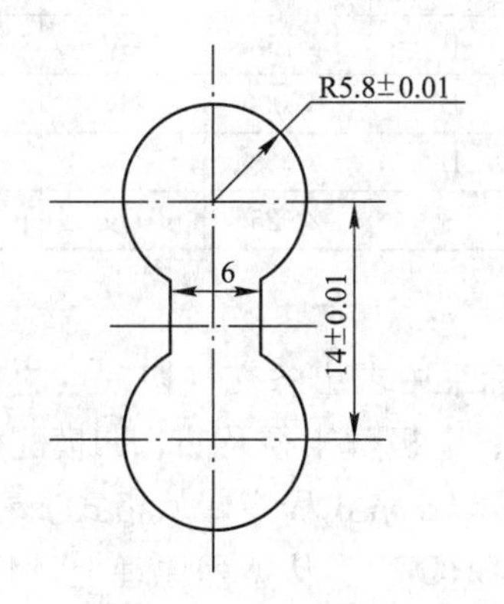

图 5-30　零件图

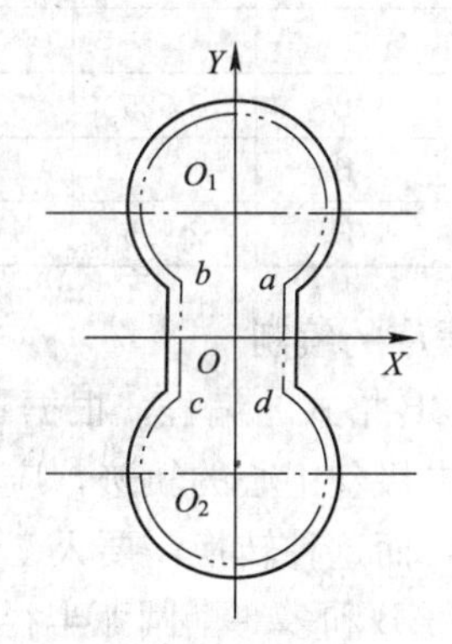

图 5-31　凹模电极丝中心轨迹及坐标

① 圆心 $O_1$ 的坐标为（0，7）；

② 虚线交点 $a$ 的坐标为

$$X_a=3-f_{凹}=3-0.075=2.925\ \text{mm}$$

$$Y_a=7-\sqrt{(5.8-0.075)^2-X_a^2}=2.079\ \text{mm}$$

故坐标值记作：$a$（2.925，2.079）。

③ 根据对称原理可得其余各点对 $O$ 点的坐标如下。

$O_2$（0，−7）；$b$（−2.925，2.079）；$c$（−2.925，−2.079）；$d$（2.925，−2.079）

④ 编 $Oa$ 段程序，以 $O$ 为原点建立切割坐标系，由于已知 $a$ 点相对于 $O$ 点的坐标值，可知其程序为

B2925B2079B2925$G_XL_1$

⑤ 编圆弧 $ab$ 段的程序。此时应以 $O_1$ 为编程原点。

$a$ 点对 $O_1$ 的坐标为

$$X_a^{O1}=X_a=2.925\ \text{mm},\quad Y_a^{O1}=Y_a-Y_{O1}=2.079-7=-4.921\ \text{mm}$$

$b$ 点对 $O_1$ 的坐标为

$$X_b^{O1}=-X_a^{O1}=-2.925\ \text{mm},\quad Y_b^{O1}=Y_a^{O1}=-4.921\ \text{mm}$$

求计数长度

$$J_{ab}=4r_f-2X_a^{O1}=4\times(5.8-0.075)-2\times2.925=17.05\ \text{mm}$$

$ab$ 段的程序为

B2925B4921B17050$G_X$$NR_4$

此凹模的全部程序如表 5－5 所示。

**表 5－5 凹模加工程序**

| 序号 | 程序线路 | B | X | B | Y | B | J | G | Z |
|---|---|---|---|---|---|---|---|---|---|
| 1 | oa | B | 2 925 | B | 2 079 | B | 2 925 | $G_X$ | $L_1$ |
| 2 | ab | B | 2 925 | B | 4 921 | B | 17 050 | $G_X$ | $NR_4$ |
| 3 | bc | B | | B | | B | 4 158 | $G_Y$ | $L_4$ |
| 4 | cd | B | 2 925 | B | 4 921 | B | 17 050 | $G_X$ | $NR_2$ |
| 5 | da | B | | B | | B | 4 158 | $G_Y$ | $L_2$ |
| 6 | ao | B | 2 925 | B | 2 079 | B | 2 925 | $G_X$ | $L_3$ |

**2. 4B 格式程序的编制**

前面讲到了 3B 格式的编程，根据零件图在计算坐标系中求出各交（切）点的坐标值后，若要转换成电极丝中心的轨迹，应在考虑放电间隙、电极丝半径及凸、凹模配合间隙后进行坐标转换，而这种转换需要人工进行复杂的运算。4B 格式程序，从格式上看比 3B 型多一个分隔符号 B 和多一个圆弧半径 R，即 BXBYBJBRGDZ。从编程原理上，4B 格式的程序是完全按照工件图形基本尺寸而编制的。但在切割时，电极丝能够相对于编程图形自动向外或向内偏移一个补偿距离。

（1）间隙补偿原理

4B 格式程序可自动补偿电极丝与工件的放电间隙和电极丝半径，故也称为有间隙补偿格式程序。相应地，3B 格式程序则称为无间隙补偿格式程序。采用 4B 格式编程，可减少编程工作量，特别是在配套加工凸模和凹模时，只需编制一套程序即可。凸、凹模的配合间隙是靠电极丝自动向内或向外偏移一定的距离来保证的，这可使其配合间隙十分均匀。

例如，加工如图 5－32 所示的工件形状（图中实线）的冲模。图中用双点划线 1、2 分别表示切割凸模和凹摸时电极丝的中心轨迹，实线表示零件基本尺寸的轮廓线（即编程轨迹）。电极丝中心轨迹上的圆弧（如 $N'B'$）半径与各自对应的工件圆弧（如 $NB$）半径相差一个补偿量 $f$。对直线段（如 $B'C'$），其长度和方向都无变化，只是相对工件直线（$BC$）平移了一个 $f$ 值。因此在加工过程中，凡是直线部分仍按工件基本形状尺寸的程序加工，而对圆弧部分则是根据所加工的是凸模还是凹模，以及圆弧的凸凹形状等不同的情况，由数控

装置使圆弧半径增加或减少一个 $f$ 值，实现间隙的自动补偿。对加工图中的凸模，当输入凸圆弧 $NB$ 的程序后，数控装置能自动地把它变成 $N'B'$ 的程序进行加工，使其半径增加一个 $f$ 值，而圆心角不变。对于凸模的凹圆弧（如 $HI$），其补偿方向恰好与凸圆弧相反，使半径减少一个 $f$，变成 $H''I''$ 加工。同理，加工凹模时，其补偿方向与凸模相反。

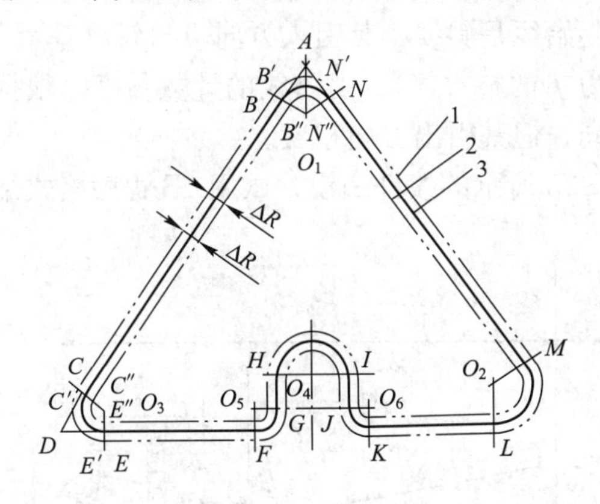


图 5-32　配套加工凸、凹模间隙补偿原理图

1—切割凸模；2—切割凹模；3—编程轨迹

（2）编程格式

在运用 4B 格式程序加工时，间隙补偿 $f$ 是单独送进数控装置的，不编入程序格式中，不论是加工凸形件（凸模）还是凹形件（凹模），是由控制台（操作面板）转换开关来确定，也不编入程序格式中。因此在输入数控装置的格式中，4B 格式只比 3B 格式多一个圆弧半径 R 和图形曲线形状信息符号。4B（也称有间隙补偿）程序格式见表5-6。

**表 5-6　4B 程序格式（有间隙补偿型）**

| B | X | B | Y | B | J | B | R | G | D或DD | Z |
|---|---|---|---|---|---|---|---|---|---|---|
| 分隔符号 | X 坐标值 | 分隔符号 | Y 坐标值 | 分隔符号 | 计数长度 | 分隔符号 | 圆弧半径 | 计数方向 | 曲线形式 | 加工指令 |

表 5-6 中，除圆弧半径 R，曲线形式 D（或 DD）外，其他符号的含义与 3B 格式相同。D 代表凸曲线，DD 代表凹曲线。R 是指加工图形（编程轨迹）的圆弧半径，对图形的尖角，采用圆弧半径 R 大于间隙补偿量的过渡圆弧来编程（如取 R=0.1 mm）。R 增大称为正补偿，减小称为负补偿。在加工凸形件（或凸模）时，其凸曲线作正补偿，凹曲线作负补偿；加工凹形件（或凹模）时，其凹曲线作正补偿，凸曲线作负补偿。数控系统在接受程序中的补偿信息后，根据外部输入的凸形件或凹形件信息及间隙补偿值 $f$，自动区别出是正补偿还是负补偿，并自动进行偏移计算及运动控制。

4B 程序格式中，R 及 D（或 DD）只在编制工件圆弧线段的程序时才使用，在编制直线段的程序时，其程序中不必加任何特别标记。

（3）间隙补偿的引入程序

每一个工件的加工，都需要一个引入程序，将电极丝从工件的编程基准位置引入到补偿偏移后的电极丝中心的轨迹上，加工完毕后，还需要一个引出程序，将电极丝从加工轨迹引回到原基准位置上。

利用间隙补偿功能，可用特殊的编程方式编制引入（出）程序。它可直接将电极丝沿加工图形的法线方向引入到加工位置。如果加工起始为圆弧，则引入方向是沿圆弧的任意一条半径线引入，其引入线长度 $J_{引}=R$（$R$ 为该圆弧半径）。此时，数控装置会自动将引入线长度修改为 $J_{引}-f$（正补偿 $f$ 取正号，负补偿 $f$ 取负号），使电极丝正确地引入到加工轨迹线上。如果加工起始线是斜线，其引入方向应与斜线垂直，引入线长度 $J_{引}$ 取一适当长度（该长度最好取为 $f$ 的整数倍）。引入线的计数长度，根据其斜率换算而得。引出程序与引入程序基本相同，但其引出方向相反。

**【例 5-4】** 如图 5-33 所示的拨杆凹模，试用 4B 程序格式编制其线切割程序。

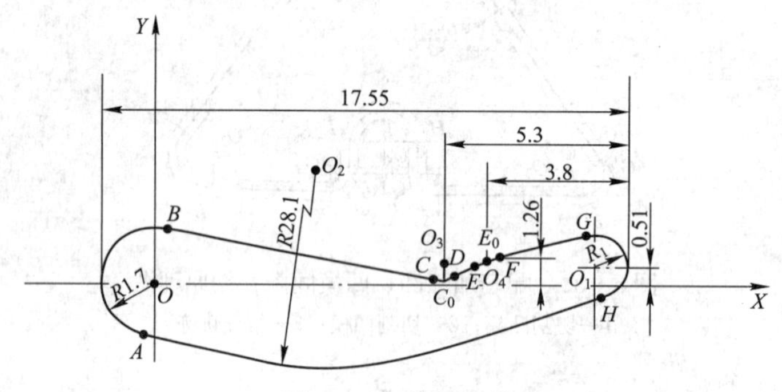


图 5-33 拨杆凹模

**解** ① 计算各交（切）点。坐标值取 $O$ 点为计算坐标系的原点，取穿丝孔在 $O$ 点，各交（切）点的计算坐标值列表 5-7 所示。其中，尖角点 $C_0$、$E_0$ 按 $R=0.1$ mm 的圆弧 $CD$、$EF$ 过渡。

**表 5-7 拨杆圆弧和直线段的交（切）点及圆心坐标**

| 点号 | X | Y | 点号 | X | Y | 点号 | X | Y |
|---|---|---|---|---|---|---|---|---|
| $A$ | −0.335 | −1.667 | $E$ | 12.014 | 1.230 | $O$ | 0 | 0 |
| $B$ | 0.274 | 1.678 | $E_0$ | 12.050 | 1.260 | $O_1$ | 14.850 | 0.510 |
| $C$ | 10.482 | 0.011 | $F$ | 12.124 | 1.264 | $O_2$ | 5.260 | 26.177 |
| $C_0$ | 10.550 | 0 | $G$ | 14.760 | 1.506 | $O_3$ | 10.506 | 0.159 |
| $D$ | 16.602 | 0.044 | $H$ | 15.200 | −0.427 | $O_4$ | 12.110 | 1.115 |

② 切割程序单的编制。取工件的切割顺序为 $OA$（引入）→$AB$→$BC$→$CD$→$DE$→$EF$→$FG$→$GH$→$HA$→$AO$（退出）。其 4B 格式的切割程序单如表 5-8 所示。

**表 5-8 拨杆凹模数控线切割程序单**

| 程序号 | B | X | B | Y | B | J | B | R | G | D (DD) | Z | 程序线路 |
|---|---|---|---|---|---|---|---|---|---|---|---|---|
| 1 | B | 335 | B | 1 667 | B | 001 667 | B | | | | $L_3$ | 引入 $OA$ |
| 2 | B | 335 | B | 1 667 | B | 003 339 | B | 001 700 | | D | $SR_3$ | $AB$ |
| 3 | B | 10 208 | B | 1 667 | B | 010 208 | B | | | | $L_4$ | $BC$ |
| 4 | B | 24 | B | 148 | B | 000 120 | B | 001 500 | | DD | $NR_3$ | $CD$ |
| 5 | B | 1 412 | B | 1 186 | B | 001 412 | B | | | | $L_1$ | $DE$ |
| 6 | B | 96 | B | 115 | B | 000 110 | B | 001 500 | | | $SR_2$ | $EF$ |

续表

| 程序号 | B | X | B | Y | B | J | B | R | G | D (DD) | Z | 程序线路 |
|---|---|---|---|---|---|---|---|---|---|---|---|---|
| 7 | B | 2 636 | B | 242 | B | 002 636 | B | | | D | $L_1$ | *FG* |
| 8 | B | 90 | B | 996 | B | 001 740 | B | 001 000 | | | $SR_2$ | *GH* |
| 9 | B | 9 940 | B | 26 604 | B | 015 535 | B | 002 840 | | D | $SR_4$ | *HA* |
| 10 | B | 335 | B | 1 667 | B | 001 667 | B | | | D | $L_1$ | 引出 *AO* |
| 11 | B | | B | | B | | B | | | | D | 加工结束 |

**3. ISO 代码数控程序的编制**

我国电火花线切割加工的编程中，目前广泛使用的是3B、4B程序格式，为了便于加强国际交流，按照国际统一规范的ISO代码进行自动编程是今后数控加工的必然趋势。

(1) 程序格式

程序是由若干个程序段构成，而程序段是由若干个程序字组成。其格式如下。

```
N G X Y
```

字是组成程序段的基本单元，一般都是由一个英文字母加若干位十进制数字组成（如X8000），这个英文字母称为地址字符。不同的地址字符表示的功能也不一样，如表5-9所示。一个完整的加工程序是由程序名、程序的主体（若干程序段）、程序结束指令组成，例如：

**表5-9　地址字符表**

| 功　能 | 地　址 | 意　义 | 附加说明 |
|---|---|---|---|
| 顺序号 | N | 程序段号 | 位于程序段之首，表示程序段的序号，后续数字2～4位，如N0010 |
| 准备功能 | G | 指令动作方式 | 是建立机床或控制系统工作方式的一种指令，后续两位正整数，如G00～G99 |
| 尺寸字 | X、Y、Z | 坐标轴移动指令 | 主要用来指定电极丝运动到达的坐标位置，尺寸字的后续数字在要求代数符号时应加正负号，单位为$\mu$m |
| | A、B、C、U、V | 附加轴移动指令 | |
| | I、J、K | 圆弧中心坐标 | |
| 锥度参数字 | W、H、S | 锥度参数指令 | 表示锥度值的大小 |
| 进给速度 | F | 进给速度指令 | 工作台的纵横向移动速度 |
| 刀具速度 | T | 刀具编号指令（切削加工） | |
| 辅助功能 | M | 机床开/关及程序调用指令 | 由M及后续两位数字组成，即M00～M99，用来指令机床辅助装置的接通或断开 |
| 补偿字 | D | 间隙及电极丝补偿指令 | 给定间隙补偿值 |

```
P10
N01  G92  X0     Y0
N02  G01  X5000  Y5000
N03  G01  X2500  Y5000
N04  G01  X2500  Y2500
N05  G01  X0     Y0
N06  M02
```

上面这段程序由这样几部分构成。

① 程序名。由文件名和扩展名组成。程序的文件名可以用字母和数字表示，最多可用8个字符，如P10，但文件名不能重复。扩展名最多用3个字母表示，如P10.CUT。

② 程序的主体。程序的主体由若干程序段组成，如上面加工程序中N01～N05段。在程序的主体中又分为主程序和子程序。一段重复出现的、单独组成的程序，称为子程序。子程序命名后单独储存，即可重复调用。子程序常应用在某个工件上有几个相同型面的加工中。调用子程序所用的程序，称为主程序。

③ 程序结束指令M02。M02指令安排在程序的最后，单列一段。当数控系统执行到M02程序段时，就会自动停止进给并使数控系统复位。

(2) 常用的ISO代码

表5-10是电火花线切割数控机床常用的ISO代码。

**表5-10 电火花线切割数控机床常用ISO代码**

| 代码 | 功能 | 说明 | 代码 | 功能 | 说明 |
|---|---|---|---|---|---|
| G00 | 快速定位 | 在机床不加工的情况下，可使指定的某轴以最快速度移动到指定位置 | G55 | 加工坐标系2 | |
| G01 | 直线插补 | 机床在各个坐标平面内加工任意斜率直线轮廓和用直线段逼近曲线轮廓 | G56 | 加工坐标系3 | |
| G02 | 顺圆插补 | 顺时针插补圆弧指令 | G57 | 加工坐标系4 | |
| G03 | 逆圆插补 | 逆时针插补圆弧指令 | G58 | 加工坐标系5 | |
| G05 | $X$轴镜像 | 表示$X=-X$ | G59 | 加工坐标系6 | |
| G06 | $Y$轴镜像 | 表示$Y=-Y$ | G80 | 接触感知 | 只在“手动”加工方式时有效 |
| G07 | $X$、$Y$轴交换 | 表示$X=Y$，$Y=X$ | G82 | 半程移动 | 只在“手动”加工方式时有效 |
| G08 | $X$、$Y$轴镜像 | 表示$X=-X$，$Y=-Y$ | G84 | 微弱放电找正 | 校正电极丝 |
| G09 | $X$轴镜像，$X$、$Y$轴交换 | G09=G05+G07 | G90 | 绝对尺寸 | 程序中的编程尺寸是按绝对尺寸给定。 |
| G10 | $Y$轴镜像，$X$、$Y$轴交换 | G10=G06+G07 | G91 | 增量尺寸 | 坐标值均以前一个坐标位置作为起点来计算下一点的位置值 |
| G11 | $X$、$Y$轴镜像，$X$、$Y$轴交换 | G11=G05+G06+G07 | G92 | 定起点 | 指令中的坐标值为加工程序的起点的坐标值 |
| G12 | 消除镜像 | | M00 | 程序暂停 | |
| G40 | 取消间隙补偿 | | M02 | 程序结束 | |
| G41 | 左偏间隙补偿 | | M05 | 接触感知解除 | |
| G42 | 右偏间隙补偿 | | M96 | 主程序调用文件程序 | |
| G50 | 消除锥度 | 为缺省状态 | M97 | 主程序调用文件结束 | |
| G51 | 锥度左偏 | | W | 下导轮到工作台面高度 | |
| G52 | 锥度右偏 | | H | 工件厚度 | |
| G54 | 加工坐标系1 | | S | 工作台面到上导轮高度 | |

**【例5-5】** 编制如图5-34所示的落料凹模型孔的数控线切割程序。电极丝直径为$\phi$0.5 mm，单面放电间隙为0.01 mm。图中尺寸为型孔的平均尺寸。

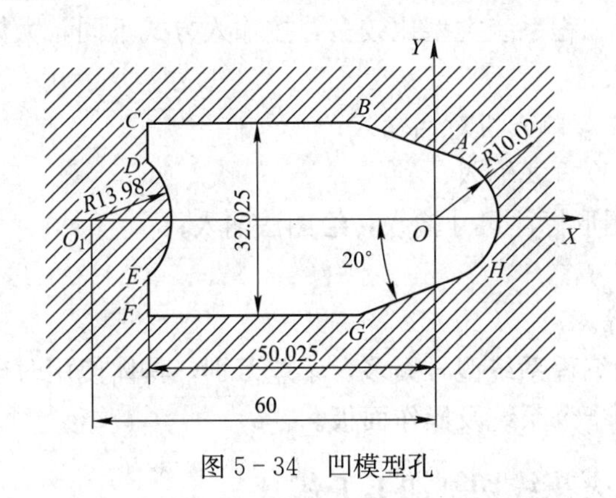


图5-34　凹模型孔

**解**　穿丝孔选在D点（如图5-34所示），加工顺序为$O \to A \to B \to C \to D \to E \to F \to G \to H \to A$，程序如下。

```
OA1(程序号)
G92  XO        YO
G41  D85
G01  X3427     Y9416
G01  X-14698  Y16013
G01  X-50025  Y16013
G01  X-50025  Y-9795  I-9975  J-9795
G01  X-50025  Y-16013
G01  X-14698  Y-16013
G01  X3427     Y-9416
G03  X3427     Y9416  I-3427  J-9416
G40
G01  XO  Y0
M02
```

**4. 数控线切割机床自动编程**

对于编制外形不太复杂或计算工作量不大的零件程序时，手工编程简便、易行。但是，对于许多复杂的冲模、凸轮、非圆齿轮或多维空间曲面等，则编程周期长、精度差、易出错，因此快速、准确地编制程序就成为数控机床发展和应用中的一个重要环节。而计算机自动编程正是针对这个问题而产生和发展起来的。

所谓自动编程，就是用计算机代替手工编程。其过程是：编程人员根据零件图和工艺要求，运用数控语言，编写零件加工的源程序；将该源程序输入通用计算机，在编译程序支持下，进行译码、计算和后置处理后，自动转换成线切割程序（3B、4B或ISO代码），可在CRT屏幕上显示程序和图形，可打印出程序清单或图形，或打出穿孔纸带，或录写成磁带、磁盘。现在则往往将数控程序信息流由编程计算机直接传输给线切割机床的

CNC 存储器予以调用，这样既节省了纸带、磁带等中间环节，又减少差错。

很多厂家新出售的数控线切割机床都有微机编程系统，早期购买的机床，也逐步配上了微机编程系统。微机编程系统类型比较多，按输入方式不同，大体上可分为：

① 数控语言式输入；

② 采用中文或西文菜单人机对话输入；

③ 采用 AUTOCAD 方式输入；

④ 采用鼠标器按图形标注尺寸输入，绘图法输入；

⑤ 用数字化仪输入；

⑥ 用扫描仪输入等。

各厂家生产的自动编程系统型号繁多，千差万别，具体使用时应参见各编程系统的使用说明书并熟悉各自的指令系统及操作面板。

## 任务资讯 5.2.4 电火花线切割加工工艺

电火花线切割加工，一般是作为工件加工中的最后工序，在设备一定的情况下，合理地选择工艺方法和工艺路线，是达到加工零件的精度和表面粗糙度要求的重要保证。

电火花线切割加工过程可分为 6 个步骤：图样分析、毛坯准备、工艺准备、工件装夹及调整、程序编制、加工和检验。

**1. 图样分析**

（1）尖角处应注明圆弧半径

线切割加工工件凹角时，由于电极丝有一定的半径和放电间隙，所以不能得到“清角”，得到的是一个过渡圆弧。

（2）加工精度和表面粗糙度应合理

采用电火花线切割加工，合理的加工精度为 IT6，表面粗糙度 $R_a=0.4\ \mu m$。若超出此范围，既不经济，在技术上也难以达到。

**2. 毛坯准备**

电火花线切割加工所用的毛坯一般是经过下料→锻造→退火→机械粗加工→淬火与回火→磨削加工等工序后获得。由于毛坯在线切割加工前经过两次热处理，内应力较大，在线切割加工后，由于大面积去除金属和切断，又会产生较大变形，所以应合理确定切割起点和加工路线，否则会大大降低加工精度。如图 5-35 所示为加工穿丝孔的几种方案比较。同时毛坯也应尽量选择锻造性能好，淬透性好，热处理变形小的材料制作，如 CrWMn、Cr12MoV、GCr15 等，并制定严格的热处理规范。

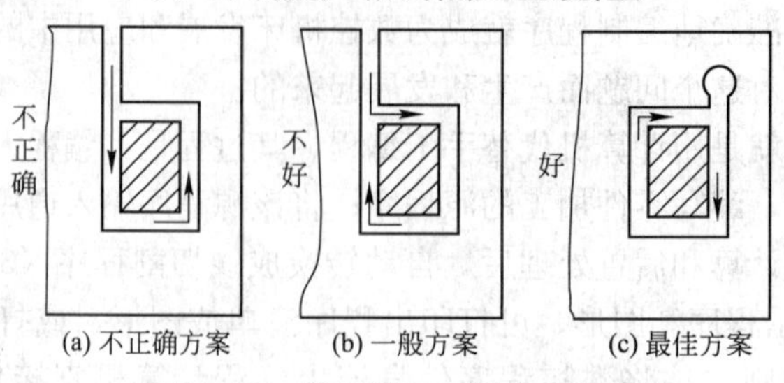


图 5-35 线切割加工穿丝孔路线

**3. 工艺准备**

① 检查间隙。检查机床走丝架的导轮、保持器和拖板丝杆副的间隙，不符合要求的应及时调整更换，以免影响加工精度。

② 正确选择脉冲参数。电火花线切割加工一般采用单个脉冲能量小、脉宽窄、频率高的电参数进行正极性加工。快速走丝线切割加工脉冲参数的选择见表5－11。

**表5－11　快速走丝线切割加工脉冲参数的选择**

| 应　用 | 脉冲宽度 $t_i/\mu s$ | 电流峰值 $I_c/A$ | 脉冲间隔 $t_o/\mu s$ | 空载电压/V |
| --- | --- | --- | --- | --- |
| 快速切割或加大厚度工件 $R_a>2.5\ \mu m$ | 20～40 | 大于12 | 为实现稳定加工，一般选择 $t_o/t_i=3\sim4$ 以上 | 一般为70～90 |
| 半精加工 $R_a=1.25\sim2.5\ \mu m$ | 6～20 | 6～12 | | |
| 精加工 $R_a<1.25\ \mu m$ | 2～6 | 4.8以下 | | |

③ 选配工作液。工作液对切割速度、表面粗糙度、加工精度等有较大影响，加工时必须准确选配。快速走丝线切割加工目前常用5%的乳化液，慢速走丝线切割加工目前普遍使用离子水。

④ 选择电极丝。电极丝应具有良好的导电性和抗电蚀性，抗拉强度高，材质均匀。常用电极丝有钨丝、黄铜丝、钼丝等。

● 直径为0.1～0.3 mm黄铜丝适用于慢速加工，加工表面粗糙度和平直度较好，但抗拉强度差，损耗大。

● 钼丝抗拉强度高，适用于快速走丝加工，直径为0.08～0.2 mm。

● 钨丝抗拉强度高，直径为0.03～0.1 mm，一般用于各种窄缝的精加工，但价格昂贵。

选择电极丝以后，盘绕时应松紧合适，盘丝距应大于丝径；加工前应校正和调整电极丝对工作台的垂直度。

⑤ 开机试运行，观察走丝是否正常。

**4. 工件装夹和调整**

(1) 工件的装夹

电火花线切割机床一般在工作台上配备安装夹具，常用的装夹方式有以下几种。

① 悬臂式装夹。悬臂式装夹如图5－36所示，这种方式装夹方便，通用性好。但由于一端悬伸，工件受力时位置易变化，造成切割表面与工件上、下平面间的垂直度误差。悬臂式装夹适用于工件加工要求不高或悬臂较短的情况。

② 简支式装夹。简支式装夹如图5－37所示，这种方式装夹方便，支撑稳定，定位精度高，但不适用于小型工件的装夹。

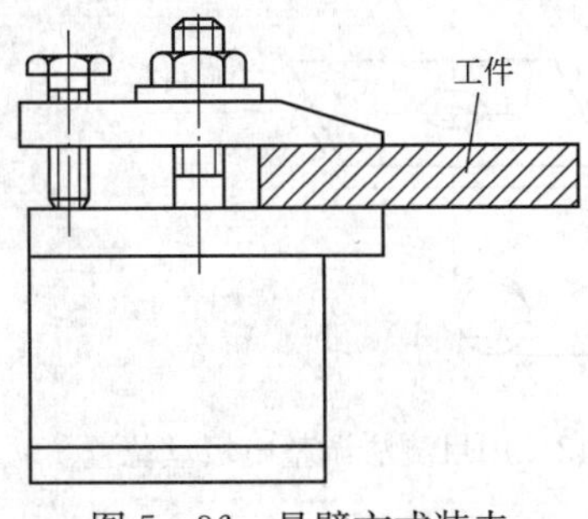

图5－36　悬臂方式装夹

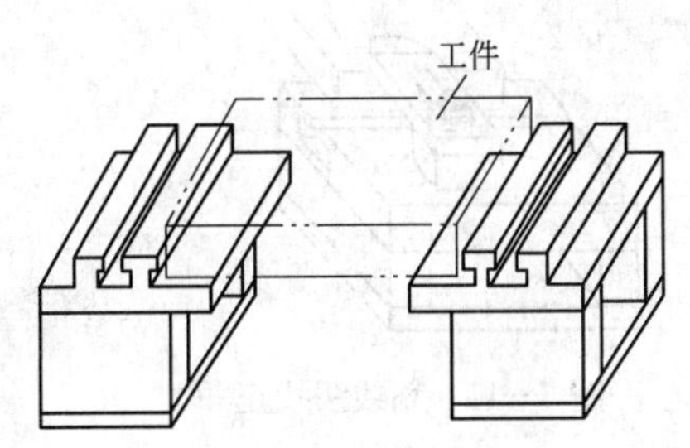

图5－37　简支式装夹

③ 桥式支撑方式装夹。桥式支撑方式装夹如图 5－38 所示，这种方式是在通用夹具上放置垫铁后再装夹工件，装夹方便，对大、中、小型工件都可采用。

④ 板式支撑方式装夹。板式支撑方式装夹如图 5－39 所示，这种方式是根据常用的工件形状和尺寸，采用有通孔的支撑板装夹工件，定位精度高，但通用性差。

（2）工件的调整

① 用百分表找正。如图 5－40 所示，将百分表同定在丝架上，百分表的测量头与工件基面接触，往复移动工作台即可对工件进行校正，校正应在 3 个互相垂直的方向上进行。

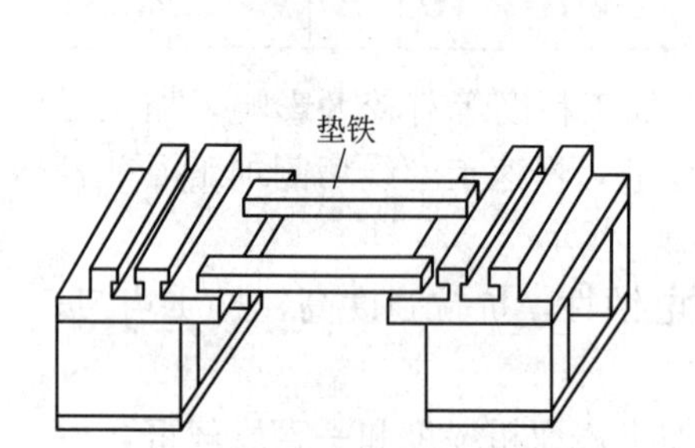

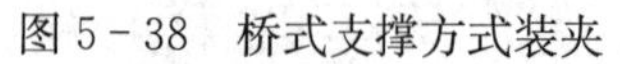
图 5－38 桥式支撑方式装夹

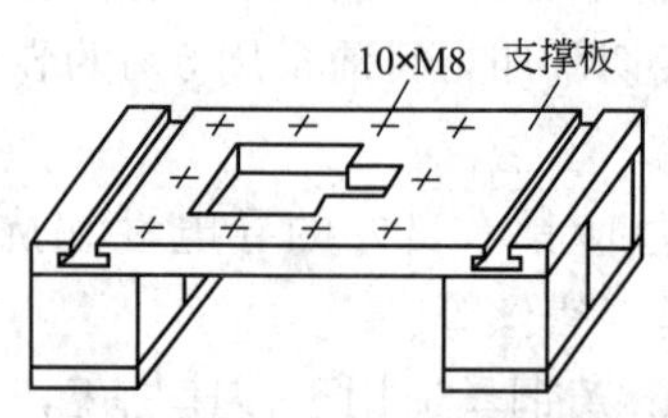

图 5－39 板式支撑方式装夹

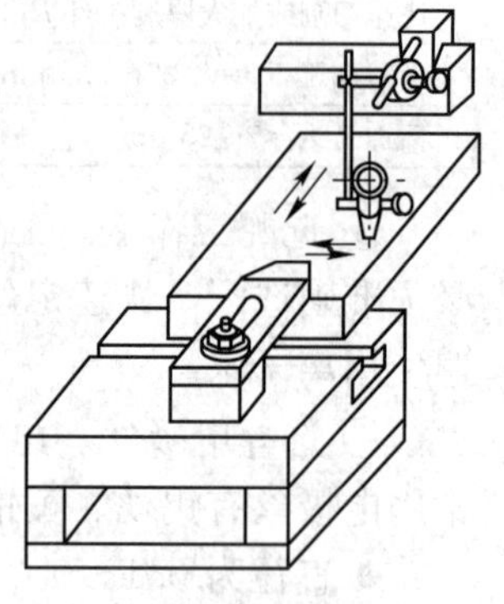
图 5－40 用百分表找正

② 划线法找正。如图 5－41 所示，利用固定在丝架上的划针对正工件上划出的基准线，往复移动工作台，目测划针、基准之间的偏离情况，将工件调整到准确位置。

（3）调整电极丝起始位置

电火花线切割加工之前，应将电极丝调整到切割的起始坐标位置上。调整方法有以下几种。

① 目测法。对加工精度要求较低的工件，可以直接利用目测或借助 2～8 倍的放大镜来进行观察。如图 5－42 所示，利用穿丝孔处划出的十字基准线，分别沿划线方向观察电极丝与基准线的相对位置，根据它们之间的偏离情况移动工作台，当电极丝中心分别与纵、横方向基准线重合时，工作台纵、横方向上的读数就确定了电极丝的中心位置。

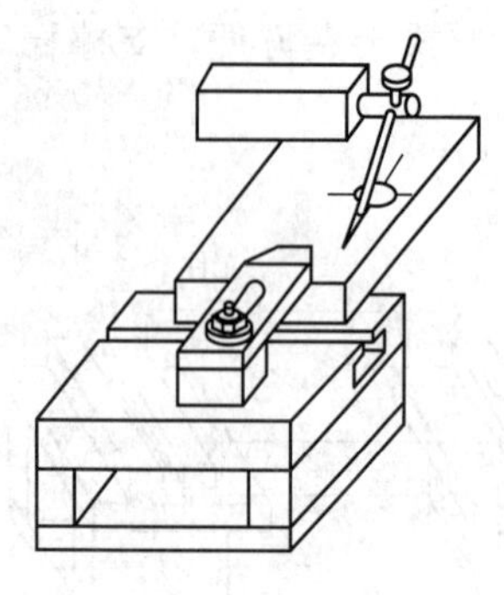
图 5－41 划线法找正

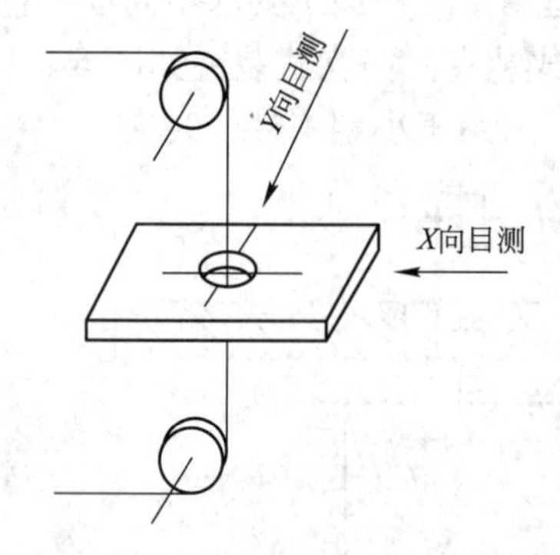

图 5－42 用目测法调整电极丝位置

② 火花法。如图 5－43 所示，移动工作台使工件的基准面逐渐靠近电极丝，出现火花的瞬时的工作台的相应坐标值加（减）电极丝半径和放电间隙，即为电极丝的中心坐标。这种方法简便易行，应用较广泛，但电极丝运动时的抖动会引起一些误差，放电也会损伤工件的基准面。

③ 电阻法。对加工精度要求较高的工件，可以采用电阻法。电阻法是利用电极丝和工件之间由绝缘到接触短路时电阻的变化来确定电极丝的位置。如图 5－44 所示，利用万用表即可指示出电极丝与工件接触瞬间的位置。

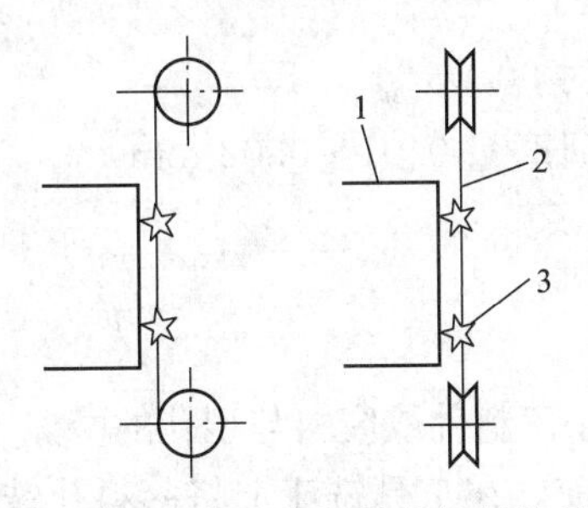

图 5－43　火花法调整电极丝位置
1—工件；2—电极丝；3—火花

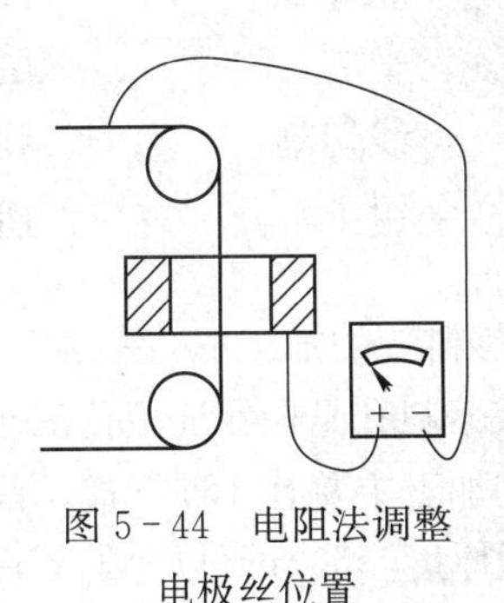

图 5－44　电阻法调整电极丝位置

## 任务资讯 5.2.5　电火花线切割加工实例

根据本情境任务图 5－1（见情境学习指南 5）来分析冲裁模凹模的加工工艺过程。

**1. 工艺性分析**

该零件是级进冲裁模的凹模，采用整体式结构，零件的外形表面尺寸是 120 mm×80 mm×18 mm，零件的成形表面尺寸是三组冲裁凹模型孔：第一组是冲定距孔和两个圆孔，第二组是冲两个长孔，第三组是一个落料型孔。这三组型孔之间有严格的孔距精度要求，它是实现正确级进和冲裁，保证产品零件各部分位置尺寸的关键。再就是各型孔的孔径尺寸精度，它是保证产品零件尺寸精度的关键。这部分尺寸和精度是该零件加工的关键。结构表面包括螺纹连接孔和销钉定位孔等。

该零件是这副模具装配和加工的基准件，模具的卸料板、固定板，模板上的各孔都和该零件有关，以该零件型孔的实际尺寸为基准来加工相关零件各孔。

零件材料为 MnCrWV，热处理硬度为 60～64HRC。零件毛坯形式为锻件，金属材料的纤维方向应平行于大平面与零件长轴方向垂直。

零件各型孔的成形表面加工，在进行淬火之后，采用电火花线切割加工，最后由模具钳工进行研抛加工。

型孔和小孔的检查：型孔可在投影仪或工具显微镜上检查，小孔要用二级工具光面量规进行检查。

**2. 工艺过程的制定**

| 序号 | 工序名称 | 工序主要内容 |
| --- | --- | --- |
| 1 | 下料 | 锯床下料，$\phi 56$ mm×$105^{+4}$ mm |

| | | |
|---|---|---|
| 2 | 锻造 | 锻六方 125 mm×85 mm×23 mm |
| 3 | 热处理 | 退火，HBS≤229 |
| 4 | 立铣 | 铣六方，120 mm×80 mm×18.6 mm |
| 5 | 平磨 | 光上下面，磨两侧面，对 90° |
| 6 | 钳工 | 倒角去毛刺，划线，做螺纹孔及销钉孔 |
| 7 | 工具铣 | 钻各型孔线切割穿丝孔，并铣落料孔 |
| 8 | 热处理 | 淬火、回火 60～64HRC |
| 9 | 平磨 | 磨上下面及基准面，对 90° |
| 10 | 线切割 | 找正，切割各型孔留研磨量 0.01～0.02 mm |
| 11 | 钳工 | 研磨各型孔 |

**3. 落料孔的加工**

冲裁落料孔是在保证型孔工作面长度基础上，减小落料件或废料与型孔的摩擦力。关于落料孔的加工主要有 3 种方式。首先是在零件淬火之前，在工具铣床上将落料孔铣削完毕。这在模板厚度≥50 mm 以上的零件中，尤为重要，是落料孔加工首先考虑的方案。其次是电火花加工法，在型孔加工完毕，利用电极从落料孔的底部方向进行电火花加工。最后是浸蚀法，利用化学溶液，将落料孔尺寸加大。一般落料孔尺寸比型孔尺寸单边大 0.5 mm 即可。

# 学习工作单 5.3　模具电解磨削加工技术

<table>
<tr><td rowspan="2">情景 5　凸、凹模特种加工<br>任务 5.3　电解磨削加工技术</td><td>姓名：________</td><td>班级：________</td></tr>
<tr><td>日期：________</td><td>共________页</td></tr>
<tr><td colspan="3">1. 电解磨削加工的原理是什么？<br><br>2. 电解磨削加工有哪些特点？电解磨削的主要工艺参数是什么？<br><br>3. 电解磨削应用在哪些方面？<br><br>4. 导电磨轮的种类有哪些？<br><br>5. 电解内、外圆磨削的方式和特点有哪些方面？<br><br>6. 电解成形磨削原理是什么？有什么特点？</td></tr>
</table>

| 检查情况 |  | 教师签名 |  | 完成时间 |  |
|---|---|---|---|---|---|

# 任务资讯 5.3 模具电解磨削加工

## 任务资讯 5.3.1 电解磨削原理

电解磨削又称电化学磨削，英文简称 ECG，是将金属的电化学阳极溶解作用和机械磨削作用相结合的一种复合磨削工艺，其工作原理如图 5-45 所示。

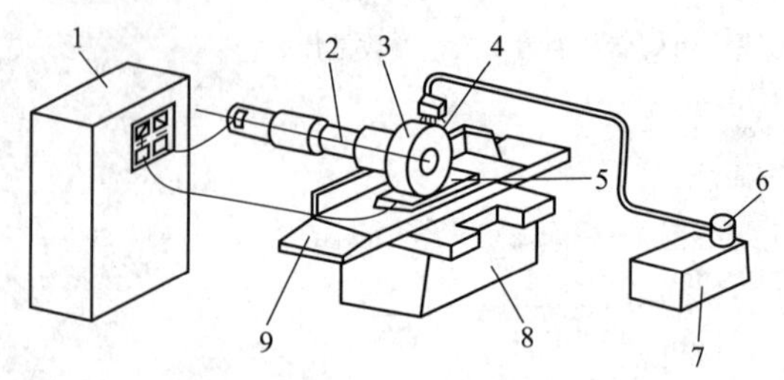


图 5-45 电解磨削的原理图

1—直流电源；2—绝缘主轴；3—导电磨轮；4—电解液喷嘴；5—工件；6—电解液泵；7—电解液箱；8—机床本体；9—工作台

工件 5 接直流电源 1 的正极，导电磨轮 3 接直流电源的负极。磨削时，两者之间保持一定的磨削压力，凸出于磨轮表面的非导电性磨料使工件表面与磨轮 3 导电基体之间形成一定的电解间隙（0.02～0.05 mm），同时向间隙中供给电解液，工件表面金属由于电解作用生成一层极薄的氧化膜或氢氧化膜（统称为阳极钝化膜）。这层阳极钝化膜相对较软而又有很高的电阻，在加工过程中极易被旋转的磨轮所刮除，并被电解液带走，使新的金属表面露出，继续产生电解作用，如此交替循环，对工件进行连续加工，直至达到所需要的尺寸和表面粗糙度。

在电解磨削过程中，工件加工余量大部分（占 95%～98%）由电解作用去除；同时，电解磨轮也参加少量的机械磨削（占 2%～5%）。电解磨削主要用于粗、半精加工，若切断电源，停止电解作用，可单独使用磨轮继续进行精加工，最后达到的加工精度与一般机械磨削相同。与一般磨削加工相比，电解磨削具有如下特点。

① 加工范围广，加工效率高。可以加工任何高硬度、高韧性的金属材料，如硬质合金、不锈钢、耐热合金等；磨削硬质合金时，与用一般金刚石砂轮相比，电解磨削效率可提高 3～5 倍。

② 磨削后的表面质量好。电解磨轮磨削的主要是电解过程中产生的硬度较低的阳极钝化膜，因而磨削力和磨削热很小，不会产生磨削毛刺、裂纹、烧伤等缺陷。一般电解磨削加工精度可达 0.01 mm，表面粗糙度 $R_a$ 可小于 0.16 μm。

③ 砂轮损耗小。由于电解磨削主要靠电解作用去除金属材料，磨料主要作用是保持电解加工间隙与刮除硬度较低的阳极钝化膜，切削力极小，因此砂轮磨损量小，寿命长。例如磨削硬质合金时，电解磨削用的金刚石砂轮与普通金刚石砂轮相比，其消耗速度可降低 80%～90%。砂轮磨损量小，有助于提高加工精度，还可降低砂轮成本。

电解磨削存在以下问题：磨削刀具类带有刃口的零件时，不易磨得非常锋利；机床、夹具等需要采取防腐防锈措施，并需增加电解液循环过滤、直流电源等附件，工作环境差。

## 任务资讯 5.3.2　电解磨削机床

电解磨削机床由机床主体、电解电源和电解液循环过滤系统等组成。电解磨削机床主体的机械结构和普通磨床基本相同，但增加了直流电源、电解液循环过滤系统等装置，同时主轴、工作台等进行了绝缘、防腐处理。无专用电解磨床时，可用普通磨床进行改造。

电解电源一般选用直流电源或直流脉冲电源，只有在采用石墨磨轮磨削硬质合金时才使用交流电源。直流电源一般采用硅整流电源，工作电压为 8～12 V，要求具有无级调压、过载保护和稳压等功能。

电解液循环过滤系统由电解液、电解液喷嘴、电解液泵、电解液箱及过滤系统等组成。电解液的性质对加工效率和工件表面质量有很大影响，电解液要求导电性能好，能在金属表面快速生成阳级钝化膜，能溶解反应生成物，同时具有防腐蚀、不影响人体健康、价格便宜等特点。不同的工件材料需要使用不同的电解液，同时单一成分的电解液难以满足上述 5 个方面的要求，在实际生产中常采用复合电解液。

磨削硬质合金的电解液成分包括：$NaNO_2$（9.6%），$NaNO_3$（1.5%），$NaHPO_4$（0.3%），$K_2CrO_7$（0.3%），其余为 $H_2O$。

合金与钢焊接一起后同时磨削的电解液成分包括：$NaNO_2$（5%），$NaNO_3$（1.5%），$KNO_3$（0.3%），$Na_2B_4O_7$（0.3%），其余为 $H_2O$。

## 任务资讯 5.3.3　导电磨轮

导电磨轮的作用是在电解磨削中作为阴极，用来与工件保持一定的电解间隙，同时刮除工件表面的阳极钝化膜。因此，导电磨轮对加工效率和加工质量有直接的影响。对导电磨轮的要求应具有良好的导电性和足够的机械强度，同时要求导电磨轮易于成形和修整，使用寿命长，价格低廉。

1）导电磨轮的种类

（1）金刚石导电磨轮

金刚石导电磨轮强度高，使用寿命长，磨削效率高。金刚石导电磨轮有金属黏结型和电镀型两种。金属黏结型是用铜合金粉作黏结剂，与金刚石磨粉混合，加压成型，烧结而成的，制造比较困难，因而适合于规则的表面（如平面和圆柱面）及大批量生产的电解磨削；电镀型是采用电镀法将金刚石磨料沉积在预成形的铜或钢制的磨轮基体圆周上，由于电镀的金刚石磨料是单层的，使用寿命比较短，但可以制成形状复杂的成型磨轮，因而适合于单一形状、大批量生产及小孔内圆工件的电解磨削。

（2）树脂结合剂导电磨轮

树脂结合剂导电磨轮是用树脂作黏结剂，与石墨粉、磨料混合，热压成型、烧结而成。这种磨轮机械强度较差，同时磨轮内部无气孔，磨削效率也较低，一般用于内、外圆或简单形状的电解磨削。

(3) 氧化铝（碳化硅）导电磨轮

氧化铝（碳化硅）导电磨轮是将普通的氧化铝（碳化硅）砂轮经导电处理（如电镀法、渗透法等），再用金刚石工具修整成形。这种磨轮具有良好的导电性和电解磨削能力，适合于各种钢件的电解磨削，但不适合于电解磨削硬质合金。

(4) 石墨导电磨轮

石墨导电磨轮是用石墨作黏结剂，分为含磨料和不含磨料两种类型。不含磨料的纯石墨磨轮可以用普通刀具修整成形，但是在磨削硬质合金时，必须使用交流电源，通过火花放电去除氧化膜来实现电解磨削，加工原理如图 5－46 所示。

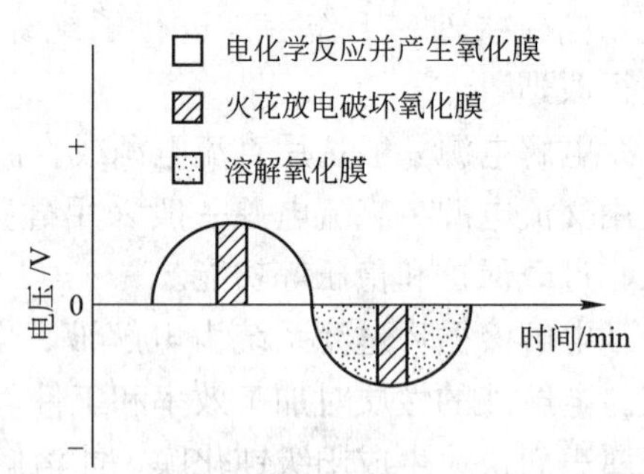

图 5－46 交流电源电解磨削原理

含磨料石墨导电磨轮具有机械磨削作用，使用直流电源。石墨导电磨轮电解磨削加工精度较低，常用于成形表面的粗磨削加工。

2) 电解磨削的主要工艺参数

电解磨削的工艺参数影响到电解磨削效率、加工精度和表面质量，主要有以下几个工艺参数。

(1) 电流密度

一般来说，电流密度越大，电解效率越高。提高电流密度的途径包括提高工作电压、缩小电极间隙和提高电解温度。电极间隙不能过小，电解温度不能过高，而工作电压过高容易引起火花放电，使表面质量恶化。电流密度确定原则是在保证加工质量要求的前提下采用尽可能大的电流密度，一般电解电流密度为 30～50 A/cm$^2$。

(2) 导电磨轮与工件的接触面积

当电流密度一定时，总电流与工件和导电磨轮的接触面积成正比，接触面积越大，总电流越大，电解速度越快。因此，应尽可能增加工件和导电磨轮的接触面积。

如图 5－47 所示为“中极法”电解磨削原理，在普通砂轮 1 之外附加一个中间电极 5 作为阴极，普通砂轮不导电，电解作用在中间电极 5 和工件 2 之间进行，砂轮只起到刮除钝化膜的作用，从而使电解面积增大，电解效率提高。

(3) 电解间隙

为了保证电解过程的进行，导电磨轮和工件之间必须保证一定的间隙，这个间隙 $\delta$ 称为电解间隙，如图 5－48 所示，其值等于导电磨轮凸出磨粒的高度。若 $\delta$ 过大，则电流密度减小，电解效率降低；若 $\delta$ 过小，则易发生短路而烧伤工件表面，加工质量恶化。一般加工中 $\delta$ 为 0.01～0.1 mm，精加工中 $\delta$ 为 0.01～0.05 mm。

电解间隙大小可根据加工精度要求选用不同粒度的导电磨轮并进行反电解处理来获得。反电解处理过程包括机械修整和反极性处理两个过程。机械修整的目的是使电解磨轮工作表面保持所需要的形状，并去除磨损后变钝的磨粒，修整方法主要有磨削法和靠模法，如表 5－12 所示；反极性处理是将电解磨轮接电源正极，用一处理块（如铜片）接电源负极，慢慢转动磨轮，通过电解去掉一层金属基体，使磨料突出磨轮基体表面，以保证电解间隙，如表 5－13 所示。

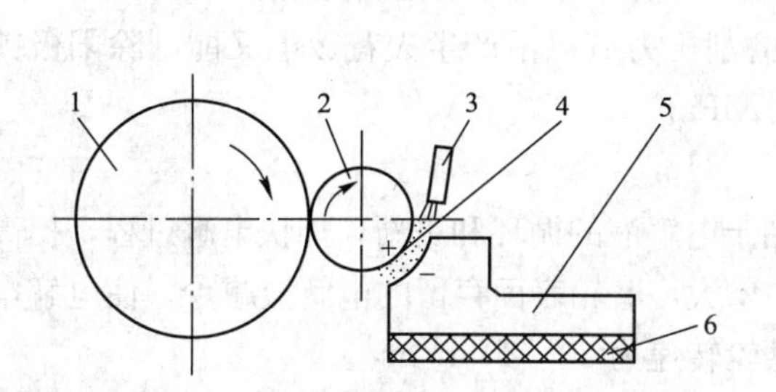


图 5-47 “中极法”电解磨削原理

1—普通砂轮；2—工件；3—电解液喷嘴；
4—钝化膜；5—中间电极；6—绝缘层

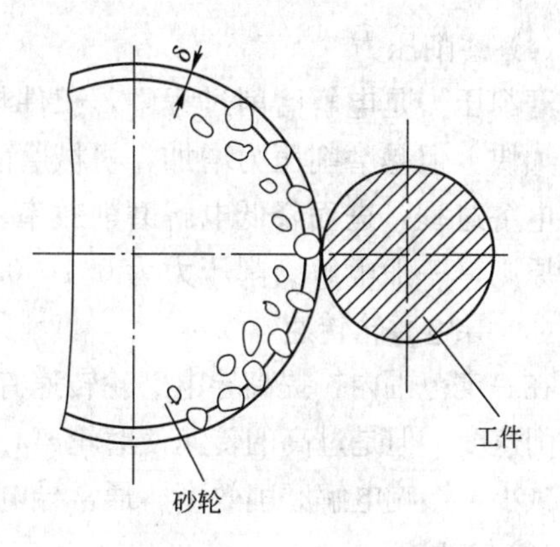


图 5-48 电解间隙

**表 5-12 机械修整的电解磨轮**

| 修整方法 | 工艺说明 | |
|---|---|---|
| 磨削法 | ① 采用普通机械磨削法，将电解磨轮安装在磨床上，用粒度为 36# ～46# 、硬度为 R1～R3 的绿色碳化硅砂轮对其外圆或端面进行磨削整平，磨削时每次进刀 0.01～0.02 mm，干磨或湿磨均可<br>② 磨削法的修整速度快、平直性好，但电解磨轮的金刚石损耗大，应尽量少采用 | |
| 靠磨法 | (a) 圆周电解磨轮修整　　(b) 端面电解磨轮修整 | 将专用的修整磨头固定在电解磨削设备的工作台上，使电解磨轮与粒度为 36# ～46# 、硬度为 ZR1～Z1 的绿色碳化硅砂轮轻微接触，依靠电解磨轮的旋转进行修整。修整时，每次进给 0.01～0.02 mm，并喷射电解液进行冷却 |

**表 5-13 电解磨轮的反极性处理**

| 电解磨轮类型 | 圆周电解磨轮的反极性处理 | | | 端面电解磨轮的反极性处理 | | |
|---|---|---|---|---|---|---|
| 操作示意图 | 喷嘴<br>处理块<br>+ −<br>直流电源 | | | + − | | |
| 工艺参数 | 电解液配方 | 工作电压/V | 电流/A | 加工间隙/mm | 处理时间/min | 电解磨轮转速/r·min$^{-1}$ |
| | 与磨削硬质合金相同 | 8～10 | 50～80 | 0.2～0.4 | 10～20（新磨轮）<br>3～5（旧磨轮） | 10 |

(4) 磨削压力

磨削压力是电解磨削过程中，工件与导电磨轮之间的接触压力。磨削压力增加，磨削速度加快。但是磨削压力增加，机械磨削作用加强，磨粒易磨损和脱落，加工间隙减小，影响电解过程，进而降低电解磨削效率。磨削压力应以不产生火花放电又能刮除阳极钝化膜为原则，一般电解磨削压力为 0.1～0.3 MPa。

(5) 导电磨轮转速

在一定范围内，提高导电磨轮转速有利于电解液的循环和更新，加快电解过程，提高电解磨削速度。但是过高的转速使磨轮离心力增大，磨轮表面存留的电解液减少，使电解电流密度减小，影响电解磨削效率。通常导电磨轮转速为 20～30 m/min。

(6) 电解液

电解液应充分均匀地注入电解间隙，加大流量，可提高磨削效率，但是加工精度不易控制，特别是工件的尖棱部位易形成圆角；流量过小或注入不均匀，则磨削效率降低，且易产生火花放电而影响加工质量。电解磨削流量与加工方式有关，一般为1～6 L/min。电解液的供给方式对电解磨削效率和加工精度有很大影响，供给方式主要有 3 种，如表 5-14 所示，加工时要根据实际情况选择。

**表 5-14 电解磨削电解液供给方式**

| 喷射方式 | 直流式 | 标准式 | 刮板式 |
|---|---|---|---|
| 示意图 | | | |
| 工艺说明 | ① 要求效率高时使用<br>② 采用含磨料的磨轮 | ① 一般磨削<br>② 使用石墨磨轮或树脂结合剂金属电解磨轮 | ① 要求精度较高时，用一般刮板将多余电解液刮除，使电解液形成均匀薄膜<br>② 用于纯石墨磨轮 |

## 任务资讯 5.3.4 电解磨削的应用

(1) 电解平面磨削

电解平面磨削有立式和卧式两种方式，如图 5-49 所示。立式电解磨削效率高，适合于电解磨削大的平面；卧式电解磨削质量好，适合于电解磨削质量要求高的平面。电解平面磨削工艺要求如表 5-15 所示。

电解内圆磨削方法有纵向式磨削和一次切深式磨削。电解内圆磨削要注意磨轮直径的选择，磨轮直径越大，磨削效率越高，但电解作用也增强，影响加工质量，一般取 $D_{磨轮}/D_{工件}=0.6～0.7$ 为宜。

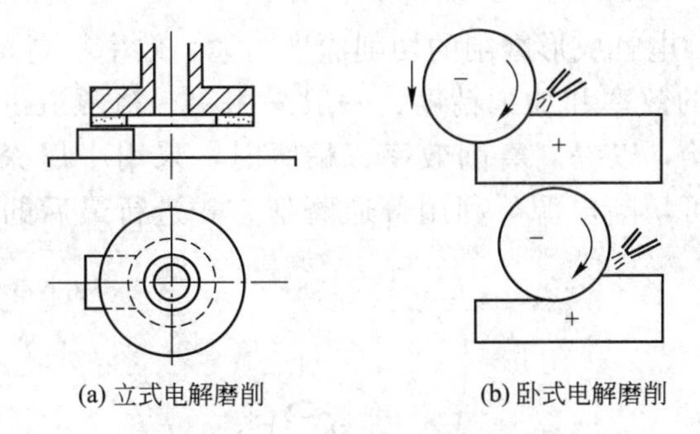


(a) 立式电解磨削　(b) 卧式电解磨削

图 5 - 49　平面电解磨削示意图

**表 5 - 15　电解平面磨削工艺要求**

| 电 规 准 | 粗　磨 | 精　磨 | 最后短时间磨削/min |
| --- | --- | --- | --- |
| 电压/V | 8～9 | 3～4 | 2 |
| 电流/V | 根据工件与磨轮接触面积选择 | | |
| 立轴矩台平面磨削 | | 卧轴短台平面磨削 | |
| 工艺说明 | ① 进给速度要根据电流大小来选择，不可太快以防短路<br>② 工作台往复移动时，工件应退出磨轮，否则会影响工作的平直度。当工件退出磨轮时应停止磨轮进给 | ① 尽可能将磨轮一次（或几次）进给到加工深度。如工件留 0.03～0.05 mm 精磨余量，工作台慢速移动 1～2 个行程将其余量全部磨去<br>② 按一般机械磨削方法进行精磨 | |

（2）电解内、外圆磨削

电解外圆磨削方法有切入式磨削、纵向式磨削、一次切深式磨削和附加阴极式磨削，如表 5 - 16 所示。

**表 5 - 16　电解外圆磨削方式**

| 磨削方式 | 切入式磨削 | 纵向式磨削 | 一次切深式磨削 | 附加阴极式磨削 |
| --- | --- | --- | --- | --- |
| 磨削示意图 | 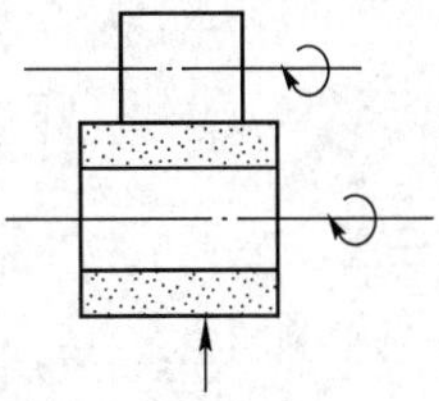 | 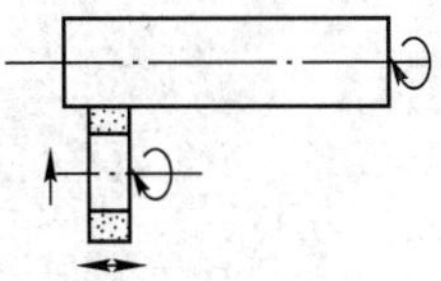 | 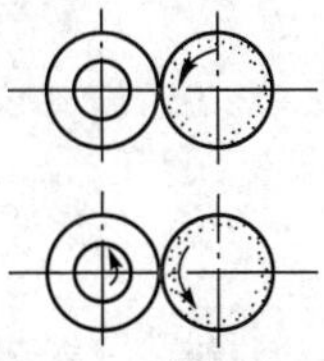 | 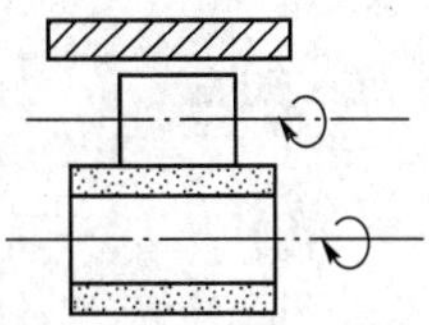 |
| 工艺说明 | 当工件长度小于磨轮宽度时，一般采用切入式磨削 | 当工件长度大于磨轮宽度时，一般采用纵向式磨削 | 开始磨削时工件不转，磨轮旋转并向工件进给至要求达到的切深。然后工件缓慢旋转，一次去除磨削余量 | 为提高电解作用，增加一个附加阴极，使工件同时受到工件和附加阴极的电解作用 |

（3）电解成形磨削

电解成形磨削是先将电解磨轮外圆周面按需要的形状修形，再进行电解磨削，加工原理如图 5－50 所示。电解成形磨削的切削深度越大，效率越高，但是加工精度差。为了同时保证电解磨削的效率和加工精度，一般采用粗、精两道工序。粗磨时，采用高电压、大切深、小进给，以提高磨削效率；精磨时，采用小切深、大进给，以保证加工精度。此外，最后可切断电源，利用普通磨削方式进行最后的精加工，可获得与普通磨削一样的精度。

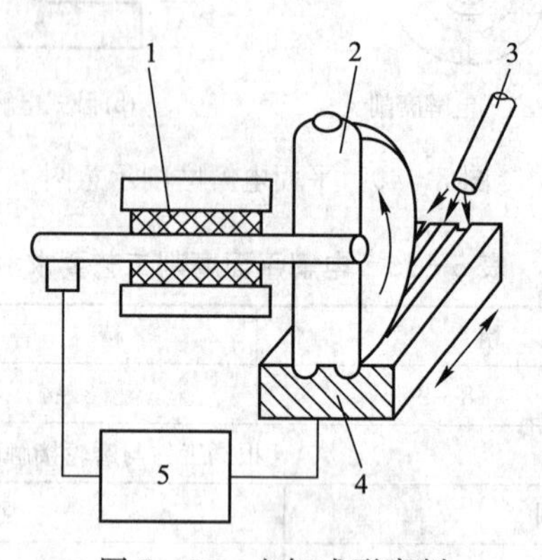


图 5－50 电解成形磨削

1—绝缘层；2—磨轮；3—喷嘴；4—工件；5—加工电源

# 学习工作单 5.4　模具电铸成形加工技术

<table>
<tr><td>情景5　凸、凹模特种加工<br>任务5.4　模具电铸成形加工技术</td><td>姓名：________<br>日期：________</td><td>班级：________<br>共________页</td></tr>
<tr><td colspan="3">1. 电铸成形的原理是什么？<br><br>2. 电铸成形有哪些特点？<br><br>3. 简述电铸成形的工艺过程。<br><br>4. 如何加速金属沉积？<br><br>5. 常用电铸设备有哪些？电铸设备都有什么特点？电铸设备适合什么场合？</td></tr>
</table>

| 检查情况 | | 教师签名 | | 完成时间 | |
|---|---|---|---|---|---|

# 任务资讯 5.4 模具电铸成形加工

## 任务资讯 5.4.1 电铸成形加工原理与特点

**1. 电铸加工原理**

电铸加工是利用电解阳极的沉积金属积存在原模上，然后将其分离，以制造或复制金属制品的加工工艺。其基本原理与电镀相同，不同之处在于电镀时要求得到与基本体结合牢固的金属镀层，以达到防护、装饰的目的；而电铸要求与原模分离，其厚度也远大于电镀层。

如图 5－51 所示，用可导电的原模作阴极，用于电铸的金属作阳极，金属盐溶液作电铸液，阳极金属材料与金属盐溶液中的金属离子种类相同。在直流电源作用下，电铸溶液中的金属离子在阴极还原成金属，沉积于原模表面，而阳极金属则源源不断地变成离子溶解到电铸液中进行补充，使溶液中金属离子的浓度保持不变。当阴极原模电铸层逐渐加到要求的厚度时，与原模分离，即获得与原模相反的铸件。

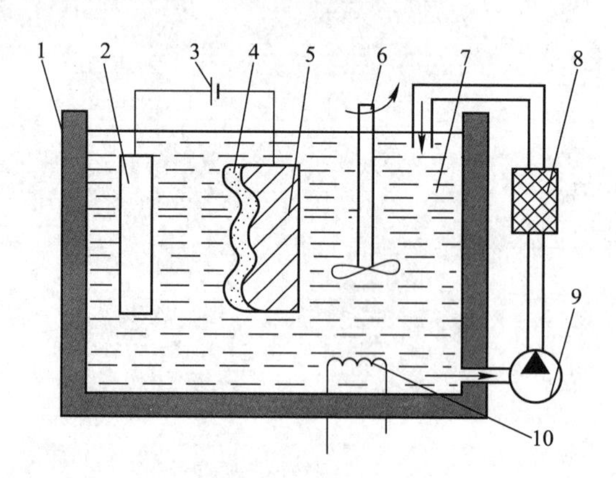


图 5－51 电铸加工原理图

1—电铸槽；2—阳极；3—直流电源；4—电铸层；5—原模（阴极）；6—搅拌器；7—电铸液；8—过滤器；9—泵；10—加热器

利用电铸成形法加工，主要可以加工一些型腔模，如塑料模型腔、玻璃制品模具型腔及小型拉伸凹模等。

**2. 电铸成形加工的特点**

利用电铸成形加工模具零件，主要具有以下特点。

（1）复制精度高

可以复制出利用机械加工方法不可能加工出来的细微形状的复杂型腔。一般电铸出来的型腔可不做再加工，直接可以使用。

（2）原模利用率较高

可以用一只原模加工多个型腔。原模也可以用制品零件来代替，也可以用其他非金属材料来制作。并且用电铸法可制出已有的型腔，这为模具维修带来了方便。

(3) 加工高质量的型腔

复制出的型腔精度高、质量好，一般不易变形。型腔铸出以后，不需要热处理，硬度可达40～50HRC，并且可以直接铸出花纹、图案、文字、窄槽及细长的窄臂与深孔。

(4) 设备简单

不需要特殊的设备，在加工时，可一槽多模，同时加工出不同形状的型腔零件。

(5) 电铸层结构性差

电铸层较薄，且厚度不均匀，内应力大。尤其是有尖角、凹槽及尺寸大的电铸件，受力容易变形，因而不适合于制造有冲击载荷的型腔（如锻模型腔）。

(6) 电铸效率低

电铸金属沉积速度缓慢，制造周期长，如电铸1 mm厚的制品，往往需要十几小时。

## 任务资讯5.4.2　电铸成形加工的一般工艺过程

(1) 原模的设计和制造

电铸原模是为了得到所需的成品而专门制作的一种模型。原模的外形与所需的型腔形状正好相反。电铸结束后，取出或破坏原模，即可得到电铸型腔。原模的材料可用金属、合金、塑料、蜡、石膏、木材、玻璃等制造。对于公差要求严格的成品，原模应采用硬质材料制造。设计原模时，应避免出现锐角、尖棱和深槽。这是因为电铸过程中，沉积的金属在阴极表面分布不均匀，在锐角和尖棱处形成树枝状金属节瘤，而在凹槽处沉积层非常薄。为防止角部薄弱，原模轮廓应倒棱。内部尖角处最小半径应不小于被加工零件的壁厚，外部尖角最小半径约为1 mm。

(2) 前处理

电铸原模的前处理包括金属原模的表面抛光、除油清洗、镀分离层。对于非金属原模，前处理主要指表面的防水处理和镀导电层。

(3) 电沉积

电铸时对电解液的基本要求是沉积物应具有一定的物理、化学及机械性能。金属沉积速度要高，沿阴极表面的分布应均匀。电解液应具有稳定性。为加速金属沉积，电解液应保证沉积在高电流密度条件下进行。金属沉积过程一般持续数小时乃至昼夜。由于阴极和阳极电流效率不同，电解液的成分可能产生明显的变化，因此电解液必须经常调整其成分。

电铸成品的壁厚一般为3～5 mm，为了增加强度，往往镶入钢衬套，形成整体结构。当金属沉积达到时，可用物理或化学方法将型腔与原模分开。根据需要，有时还要对型腔进行相应的精加工。

## 任务资讯5.4.3　电铸设备

电铸设备主要包括电铸槽、直流电源、搅拌系统、恒温控制装置。

(1) 电铸槽

电铸槽有内热式和外热式两种。内热式电铸槽体积小，外热式电铸槽加热均匀，图5-51所示为外热式电铸槽。电铸槽内表面材料不能与电铸液发生化学反应，一般用钢板焊接，内衬铅板、橡胶或塑料薄板等，小型的电铸槽可以直接用玻璃、陶瓷等容器，大型的电铸槽可以用耐酸砖衬里的水泥槽。

(2) 直流电源

电铸采用低电压、大电流的直流电源，常用硅整流或晶闸管直流电源，要求电压为6～12 V并且可调，电流密度为15～30 A/cm$^2$。

(3) 搅拌系统

搅拌的作用是为了降低电铸液的浓度差，加大电流密度，减少工作时间，提高生产速度和电铸质量。搅拌的方法有循环过滤法、超声振动法和机械搅拌法等。循环过滤法不仅可以搅拌电铸液，并且可以对电铸液进行过滤，是搅拌系统常用的方法。

(4) 恒温控制装置

电铸周期较长，而电铸过程中电铸液的温度要求保持基本不变，因此需要设置恒温控制装置对电铸液温度进行恒温控制。加热时可用电炉、加热管，冷却时可用冷水管或冷冻机，加热和冷却一般通过温度传感器来控制。

# 学习工作单 5.5　超声加工技术

| 情景5　凸、凹模特种加工<br>任务5.5　超声加工技术 | 姓名：＿＿＿＿＿＿ | 班级：＿＿＿＿＿＿ |
|---|---|---|
| | 日期：＿＿＿＿＿＿ | 共＿＿＿＿＿＿页 |

1. 什么是超声加工？超声加工的原理和特点是什么？

2. 模具超声波抛光机的组成有哪些？

3. 什么是变幅杆？在超声加工中有何作用？

4. 影响超声加工速度和质量的因素有哪些？

5. 如何设计超声加工工具？

6. 如何选择工具长度 $L_{max}$？

| 检查情况 | | 教师签名 | | 完成时间 | |
|---|---|---|---|---|---|

# 任务资讯 5.5　超声加工

在机械制造和仪表零件模具制造中，各种脆性材料和难加工材料不断出现。超声加工较好地弥补了在加工脆性材料方面的某些不足，并显示出其独特的优越性。用于加工和抛光的超声波频率为16 000～25 000 Hz，超声波和普通声波的区别是频率高、波长短、能量大和有较强的束射性。

## 任务资讯 5.5.1　超声加工的原理和特点

超声加工也叫超声波加工，是利用产生超声振动的工具，带动工件和工具间的磨料悬浮液冲击和抛磨工件的被加工部位，使局部材料破坏而成粉末，以进行穿孔、切割和研磨等。如图 5-52 所示，加工时工具以一定的静压力压在工件上，在工具和工件之间送入磨料悬浮液（磨料和水或煤油的混合物），超声换能器产生 16 kHz 以上的超声频轴向振动，借助于变幅杆把振幅放大到 0.02～0.08 mm 左右，迫使工作液中悬浮的磨粒以很大的速度不断地撞击、抛磨被加工表面，把加工区域的材料粉碎成很细的微粒，并从工件上去除下来。虽一次撞击所去除的材料很少，但由于每秒钟撞击的次数多达 16 000 次以上，所以仍有一定的加工速度。工作液受工具端面超声频振动作用而产生的高频、交变的液压冲击，使磨料悬浮液在加工间隙中强迫循环，将钝化了的磨料及时更新，并带走从工件上去除下来的微粒。随着工具的轴向进给，工具端部形状被复制在工件上。

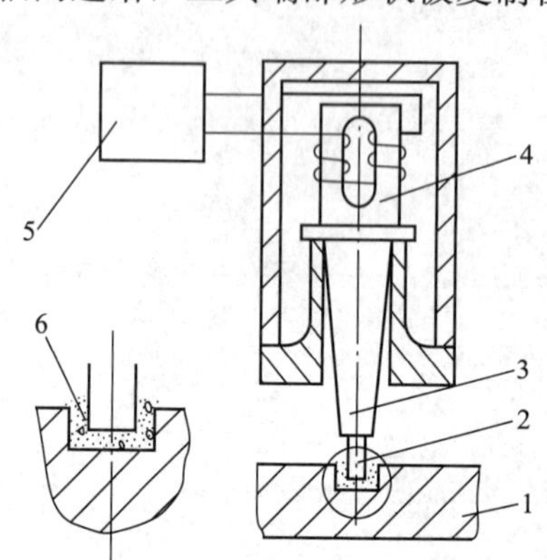


图 5-52　超声加工原理示意图

1—工件；2—工具；3—变幅杆；4 一换能器；5—超声发生器；6—磨料悬浮液

由于超声波加工是基于高速撞击原理的，因此越是硬脆材料，受冲击破坏作用也越大，而韧性材料则由于它的缓冲作用而难以加工。超声加工具有以下特点。

① 适于加工硬脆材料（特别是不导电的硬脆材料），如玻璃、石英、陶瓷、宝石、金刚石、各种半导体材料、淬火钢、硬质合金等。

② 由于是靠磨料悬浮液的冲击和抛磨去除加工余量，所以可采用比工件软的材料作工具，加工时不需要使工具和工件作比较复杂的相对运动。因此，超声加工机床的结构比较简单、操作维修也比较方便。

③ 由于抛光时工具头无旋转运动，因此工具头可以用软材料做成复杂形状，抛光复杂的型孔和型腔表面。

④ 由于去除加工余量是靠磨料的瞬时撞击，工具对工件表面的宏观作用力小、热影响小，不会引起变形及烧伤，因此适合于加工薄壁零件及工件的窄槽和小孔等。

⑤ 工具对工件的作用力和热影响小，不会产生变形、烧伤和变质层，加工精度可达0.01～0.02 mm，表面粗糙度为0.63～0.08 μm。

## 任务资讯 5.5.2 超声加工设备简介

模具超声波抛光机的外形如图5-53所示。超声波抛光机主要由超声波发生器、换能器和机械振动系统三部分组成，如图5-54所示。

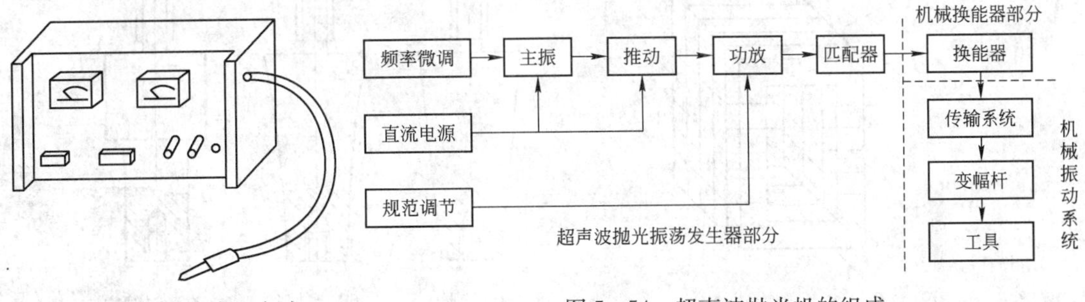


图5-53 手持式超声波抛光机外形图

图5-54 超声波抛光机的组成

(1) 超声波发生器

超声波发生器的作用是将50 Hz的交流电转变成具有一定功率输出的超声波电振荡。

(2) 机械振动换能器

换能器的作用是将超声波电振荡转换成机械振动。目前换能器有压电效应式和磁致伸缩效应式两种。

在锆钛酸铅（压电陶瓷）等界面上加以一定电压后，会产生一定的机械变形；反之，当它受到机械压缩或拉伸时，界面将产生一定的电荷，形成一定的电动势，这种现象称为“压电效应”。将锆钛酸铅制成圆形薄片，两面镀银，经高压直流电进行极化处理，一面为阳极，一面为阴极。使用时将两片叠在一起，阳极在中间，阴极在两侧，用螺钉夹紧，如图5-55所示。为了导电引线方便，常用镍片夹在两压电陶瓷片阳极之间作为接线端片（阳极必须与设备绝缘）。压电陶瓷片的自振频率与其厚薄、上下端块的质量及夹紧力等有关系。

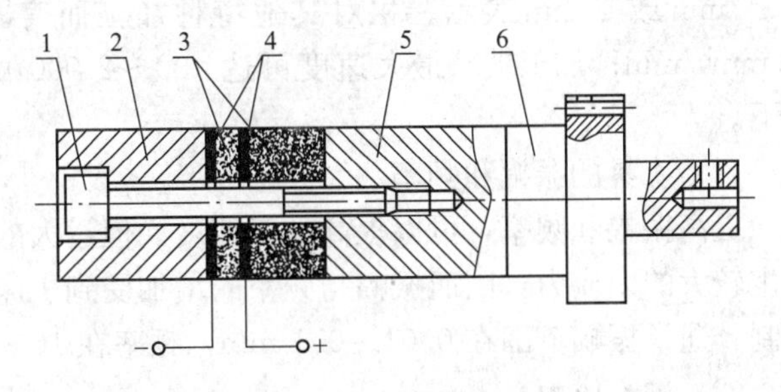


图5-55 压电效应式换能器

1—压紧螺钉；2—主端块；3—压电陶瓷；4—导电镍片；5—下端块；6—变幅杆

当镍、钴、铁等铁磁体置于变化的磁场内，随着磁场的变化，铁磁体长度发生变化的现象称为磁致伸缩效应。在生产实际中可利用纯镍片叠合成封闭磁路的镍换能器，如图 5-56 所示，在两芯柱上同向绕以线圈，通入高频电流可使之伸缩。

（3）机械振动系统

机械振动系统包括变幅杆和工具。当加工端面较小时，两者可以做成一体。

变幅杆也称振荡扩大器，压电式或磁致式换能器的变形量很小，在共振条件下其振幅不超过 0.005～0.01 mm，需通过变幅杆将其放大到 0.01～0.1 mm，才能进行超声波加工。将变幅杆大端与换能器的轴截面相连，由于变幅杆和换能器连接面的截面大，而工作端截面小，因此它可以将换能器的振幅扩大，满足超声加工的需要。变幅杆的形式有圆锥形、指数形和阶梯形等，如图 5-57 所示。

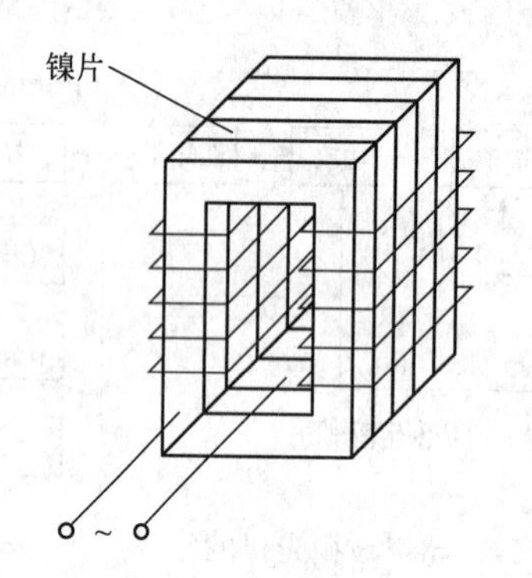


图 5-56 磁致伸缩效应式换能器

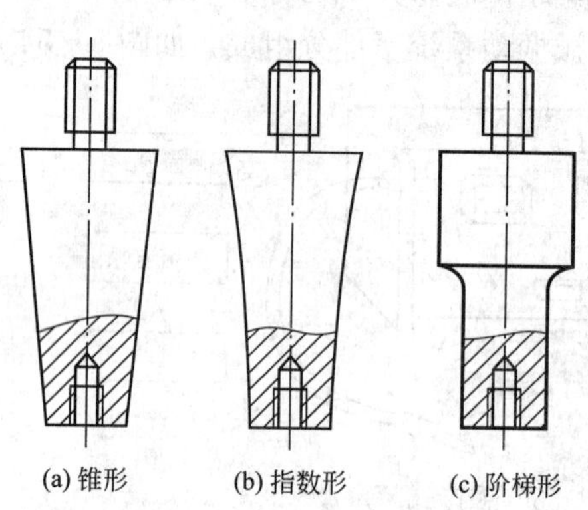


图 5-57 变幅杆的形式

工具和变幅杆之间采用机械或胶合方式相连接。超声波机械振动经变幅杆扩大振幅后传给工具，工具沿轴向振动。工具头的形状应该和模具抛光型腔的形状相适应。固定磨料式工具头有金刚石油石、电镀金刚石锉刀、刚玉油石等，这类磨料用于粗抛光。游离磨料式工具头采用硬木和竹片等材料，抛光时在抛光面涂以研磨粉和工作液的混合剂，用于精抛光。研磨粉是氧化铝、碳化硅等，工作液用煤油、汽油或水。

## 任务资讯 5.5.3 影响超声加工速度和质量的因素

**1. 加工速度及其影响因素**

超声加工的加工速度（或生产率）是指单位时间内被加工材料的去除量，其单位用 $mm^3/min$ 或 g/min 表示。相对其他特种加工而言，超声加工生产率较低，一般为 1～50 $mm^3/min$；加工玻璃最大速度可达 400～2 000 $mm^3/min$。影响加工速度的主要因素如下。

（1）工具的振幅和频率

提高振幅和频率，可以提高加工速度。但过大的振幅和过高的频率会使工具和变幅杆产生较大的内应力，因而振幅与频率的增加受到机床功率及变幅杆、工具材料疲劳强度的限制。通常振幅范围在 0.01～0.1 mm，频率在 16～25 kHz 之间。

（2）进给压力

加工时工具对工件所施加的压力的大小，对生产率影响很大，压力过小则磨料在冲击过程中损耗于路程上的能量过多，致使加工速度降低；而压力过大，则使工具难以振动，并会使加工间隙减小，磨料和工作液不能顺利循环更新，也会使加工速度降低，因此存在一个最佳的压力值。由于此值与工具形状、材料、工具截面积、磨粒大小等因素有关，一般由实验决定。

（3）磨料悬浮液

磨料的种类、硬度、粒度、磨料和液体的比例及悬浮液本身的黏度等对超声加工都有影响。磨料硬、磨粒粗则生产率高，但在选用时还应考虑经济性与表面质量要求。一般用碳化硼、碳化硅加工硬质合金，用金刚石磨料加工金刚石和宝石材料，至于一般的玻璃、石英、半导体材料等则采用刚玉（$Al_2O_3$）作磨料。最常用的工作液是水，磨料与水的较佳配比（重量比）为 0.8～1。为了提高表面质量，有时也用煤油或机油作工作液。

（4）被加工材料

超声加工适于加工脆性材料，材料越脆，承受冲击载荷的能力越差，越容易被冲击碎除，即加工速度越快。如以玻璃的可加工性作标准为 100%，则石英为 50%；硬质合金为 2%～3%；淬火钢为 1%；而锗、硅半导体单晶为 200%～250%。

除此之外，工件加工面积、加工深度、工具面积、磨料悬浮液的供给及循环方式对加工速度也都有一定影响。

**2. 加工精度及其影响因素**

超声加工的精度除受机床、夹具精度影响外，主要与工具制造及安装精度、工具的磨损、磨料粒度、加工深度、被加工材料性质等有关。

超声加工精度较高，可达 0.01～0.02 mm，一般加工孔的尺寸精度可达±(0.02～0.05) mm。磨料越细，加工精度越高。尤其在加工深孔时，采用细磨粒有利于减小孔的锥度。

工具安装时，要求工具质量中心在整个超声振动系统的轴心线上，否则在其纵向振动时会出现横向振动，破坏成形精度。

工具的磨损直接影响圆孔及型腔的形状精度。为了减少工具磨损对加工精度的影响，可将粗、精加工分开，并相应地更换磨料粒度，还应合理选择工具材料。对于圆孔，采用工具或工件旋转的方法，可以减少圆度误差。

**3. 表面质量及其影响因素**

超声加工具有较好的表面质量，表面层无残余应力，不会产生表面烧伤与表面变质层。表面粗糙度可达 0.63～0.08 μm。

加工表面质量主要与磨料粒度、被加工材料性质、工具振动的振幅、磨料悬浮液的性能及其循环状况有关。当磨粒较细，工件硬度较高，工具振动的振幅较小时，被加工表面的粗糙度将得到改善，但加工速度也随之下降。工作液的性能对表面粗糙度的影响比较复杂，用煤油或机油作工作液可使表面粗糙度有所改善。

## 任务资讯 5.5.4　超声加工工具设计

工具的结构尺寸、质量大小与变幅杆的连接好坏，对超声振动系统的共振频率和工作性能影响较大。同时，工具的形状、尺寸和制造质量，对零件的加工精度有直接影响。通常取工具直径 $D_t$ 为

$$D_t = D - 2d_0 \quad (5-5)$$

式中：$D$——加工孔径，单位为 mm；

$d_0$——磨料基本磨粒的平均直径，单位为 mm。

加工深孔时，为减小锥度，工具后部直径可比前端直径 $D_t$ 稍小些或稍带倒锥。工具长度可按以下情况选取。

① 当工具横截面积比变幅杆输出端截面积小很多，工具连接到变幅杆上对超声系统共振频率影响不大时，可取工具长度 $L_{max} < \lambda/4$（$\lambda$ 为工作频率下工具中的声波波长），变幅杆的长度也不减短。

② 当工具横截面积与变幅杆输出端横截面积相差不大时，仍取 $L_{max} < \lambda/4$。变幅杆长度应减短，变幅杆减短部分的质量等于工具质量。

③ 对于深孔加工，可取工具长度 $L = \lambda/2$。

通常采用 45 钢和碳素工具钢作工具材料。工具与变幅杆的连接必须可靠，连接面要紧密接触，以保证声能有效传递。按工具断面尺寸大小可分别采用螺纹连接或焊接。对于一般加工工具，通常采用锡焊，以便于工具制造和更换。

# 学习工作单 5.6　冷挤压成形技术

<table>
<tr><td colspan="3">情景 5　凸、凹模特种加工<br>任务 5.4　冷挤压成形技术</td><td>姓名：＿＿＿＿＿</td><td colspan="2">班级：＿＿＿＿＿</td></tr>
<tr><td colspan="3"></td><td>日期：＿＿＿＿＿</td><td colspan="2">共＿＿＿＿＿页</td></tr>
<tr><td colspan="6">1. 什么是冷挤压成形？有什么特点？<br><br>2. 简述冷挤压的基本原理和特点。它的应用范围如何？<br><br>3. 挤压加工的分类、工艺过程是什么？<br><br>4. 封闭式冷挤压加工的原理和结构是什么？<br><br>5. 型腔冷挤压适合加工什么材料的模具零件？</td></tr>
<tr><td>检查情况</td><td></td><td>教师签名</td><td></td><td>完成时间</td><td></td></tr>
</table>

## 任务资讯 5.6 冷挤压成形

模具工作零件可用挤压方法成形，常用的有冷挤压成形和热挤压成形两种方法，本节重点介绍冷挤压成形加工技术。

### 任务资讯 5.6.1 冷挤压的基本原理和特点

**1. 基本原理**

型腔冷挤压成形是在常温下进行的。利用淬硬的挤压冲头，在油压机的高压下缓慢地挤入具有一定塑性的坯料中，获得与冲头形状相同、凹凸相反的型腔，是一种没有切屑的加工方法，如图 5-58 所示。

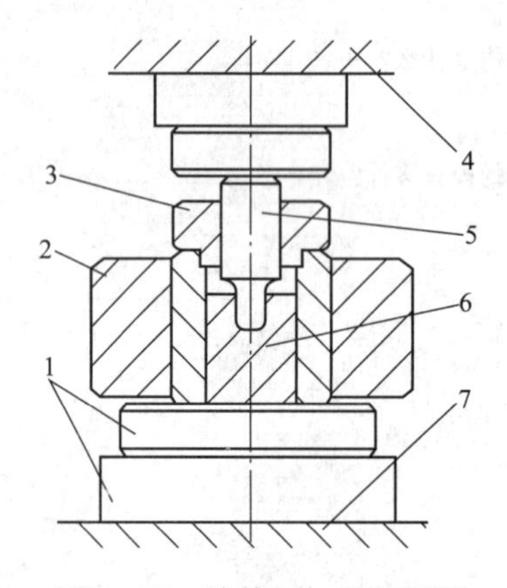


图 5-58 冷挤压加工原理图

1—垫板；2—套圈；3—导向圈；4—压机上座；5—挤压冲头；6—坯料；7—压机下座

**2. 型腔冷挤压的特点**

① 型腔表面粗糙度 $R_a$>0.16～0.32 μm。

② 挤压过程简单、迅速，生产效率高，一个挤压冲头可多次使用。

③ 挤压的型腔材料纤维不切断，型腔强度高。

④ 一般型腔的内表面加工较困难，而相应的挤压冲头的外形加工比较容易。有些型腔甚至不能用机械加工或用镶嵌的方法，而冷挤压成形可显著地减少型腔加工的困难。

⑤ 由于型腔冷挤压是利用坯料的塑性能力，因此适用于塑性较好的材料。对于塑性较差的材料，只能挤压形状较简单、深度较浅的型腔。

⑥ 需要很高的压力，挤压速度缓慢，最好使用油压机。

### 任务资讯 5.6.2 冷挤压加工的分类、工艺过程和应用

**1. 分类**

型腔冷挤压的形式有开启式和封闭式两种。

(1) 开启式冷挤压

如图 5-59 所示，挤压时坯料外周不加约束。这种形式只有在型腔面积和深度与坯料

面积与厚度比相当小的情况下才采用。否则冷挤压时，由于挤压冲头对坯料的压力而使坯料向外扩大或产生很大的扭曲，降低型腔的精度，甚至会造成坯料的裂开。开启式冷挤压必须采取可靠的安全措施。一般锻模型腔的面积与深度相对于坯料的体积相当小，型腔上口的扩大正适应锻模拔模斜度的需要，因此挤压简单形状的锻模型腔常采用这种形式。

（2）封闭式冷挤压

如图5－60所示，封闭式冷挤压是将坯料约束在套圈内，挤压冲头挤入坯料使金属作与挤入相反方向的流动，可以得到坯料与挤压冲头紧密贴合的、精度较高的型腔，但所需挤压力比开启式大。

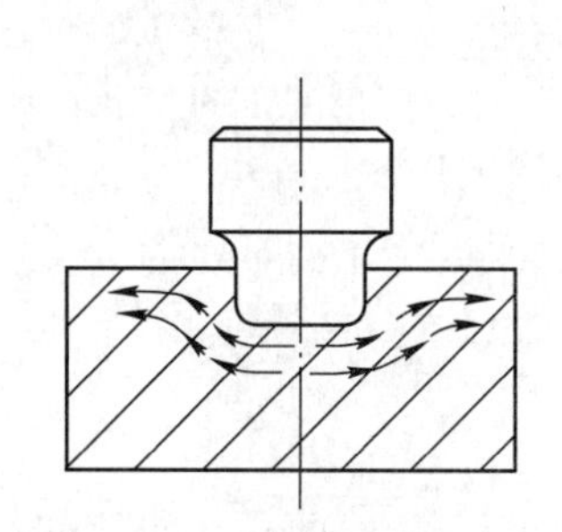

图5－59　开启式冷挤压加工

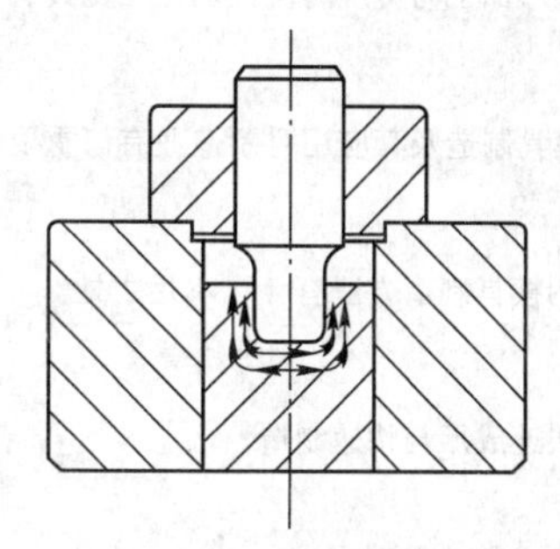

图5－60　封闭式冷挤压加工

对于塑料注射模等塑腔，需要较高的精度、较大的挤压深度及采用较小体积的坯料，因此广泛采用封闭式冷挤压。

封闭式冷挤压将挤压冲头与坯料均封闭在套圈与导向套内，具有防止冲头断裂或坯料开裂而溅出的安全作用，但对于压机本身仍需考虑安全措施。

**2. 封闭式冷挤压的工艺过程**

① 根据型腔的要求设计和制造冷挤压冲头。

② 根据型腔的要求确定坯料大小，选择坯料的材料，应采用硬度低、塑性好、便于挤压加工，淬火后能达到硬度高、耐磨性好、变形小的材料。

③ 根据坯料大小，选择或定制套圈。

④ 冷挤压时的润滑。为了防止挤压冲头与坯料表面之间的粘附咬住，并且减少挤压力，需将经过去油的挤压冲头与坯料浸在加入20%稀硫酸的硫酸铜水溶液中3～4 s，并涂以凡士林润滑剂。

⑤ 挤压后的工作。包括坯料的顶出（挤压完成后，在压机上将坯料从套圈中顶出）；挤压后的脱模（挤压后，将挤压冲头从坯料中取出）；挤压后挤压冲头的回火处理（以消除内应力）；清洁，涂防锈剂以备下次使用。

**3. 型腔冷挤压的应用范围**

① 用紫铜、低碳钢作为坯料的较深和形状复杂的型腔，如热塑性或热固性塑料注射的型腔。

② 中碳钢、高碳钢等作为坯料的中等深度的型腔，如热固性塑料压模、压铸模的型腔。

③ 用工具钢、合金钢作为坯料的较浅的型腔，如热固性塑料压模、压铸模、锻模、粉末冶金模的型腔等。

# 学习工作单 5.7 了解快速制模技术

<table>
<tr><td rowspan="2">情景 5 凸、凹模特种加工<br>任务 5.7 了解快速制模技术</td><td>姓名：__________</td><td>班级：__________</td></tr>
<tr><td>日期：__________</td><td>共__________页</td></tr>
<tr><td colspan="3">1. 试述快速成形加工的基本原理。<br><br>2. 快速成形加工与传统的机械加工相比具有哪些优点？<br><br>3. 快速模具制造及其应用对制造业有何重要性？<br><br>4. 传统的模具制造方法有什么不足之处？<br><br>5. 何谓快速成形与快速制造？<br><br>6. 快速模具制造有哪些方法？快速模具制造有什么独特之处？<br><br>7. 快速模具制造的前景如何？<br><br>8. 如何提高快速模具的精度？</td></tr>
</table>

| 检查情况 | | 教师签名 | | 完成时间 | |
|---|---|---|---|---|---|

## 任务资讯 5.7 快速制模技术

### 任务资讯 5.7.1 快速成形与快速模具制造

在现代先进制造技术中，有一项称为“Rapid Prototyping & Manufacturing”（快速成形与快速制造，简称 RP&M）的支柱技术，应用这种技术能快速制作工件，并使其材质特性接近期望的产品特性或几乎与期望的产品特性相符。其中，“Rapid Prototyping”（快速成形，RP）指的是一种新工艺，它能根据工件的 CAD 三维模型，快速制作工件的实体原型，而无须任何附加的传统模具或机械加工；“Rapid Manufacturing”（快速制造，RM）主要指的是“Rapid Tooling”（快速模具制造，简称快速制模技术，RT）——用快速成形工艺及相应的后续加工，来快速制作模具（Molds 或 Tools）。快速制模技术（RT）是不同于传统机加工模具的一种新方法、新工艺，它涉及以下两方面的功能。

① 快速开发用于传统制造工艺的模具，如快速制作注塑模与铸造模型。

② 减少用模具成形工件所需的时间，缩短成形的循环周期，提高模具的生产效率。例如，在注塑模中，采用与工件共形的冷却道，使塑料快速、均匀冷却，缩短注射成形的循环时间，改善工件的品质。

当然，并非各种快速制模技术（RT）方法都具有第二种功能。快速模具制造（RT）与快速成形（RP）有密切的关系。快速模具制造（RT）方法的出现与发展，在很大程度上取决于快速成形（RP）技术与新材料的发展，采用快速成形（RP）技术能直接或间接快速制作模具，而快速模具制造（RT）技术又能促进、扩大快速成形（RP）的推广应用。

虽然，快速制造（RM）工艺仍处于开发阶段，还不十分成熟、完善，但是它已经能和传统的 CNC 机加工相竞争，并因此促进各自的发展。最新的进展表明，已经能用一些替代技术制作大批量生产用模具，它们在缩短产品的开发周期、降低成本、提高生产率与改善产品品质等方面都很有成效。

按照快速模具所能成形的工件数量，快速模具可分为：试制用模具、正式批量生产模具，以及介于两者之间的过渡模具（Bridge Tooling）。在塑料件成形中，通常正式批量生产快速模具用于成形 $10^3$～$10^6$ 件或者更多的工件，过渡模用于成形 10～$10^3$ 件的工件。按照快速模具所能完成的工艺，快速模具可分为：铸造、注塑、锻压等工艺用模具。其中，大多数是已商品化的技术，少数是接近商品化的成熟技术。

### 任务资讯 5.7.2 快速成形技术与快速制模前景

快速成形技术（Rapid Prototyping Modeling，RPM）是 20 世纪 80 年代以来迅速发展起来的一项新型模具制造技术方法，是集计算机辅助设计、精密机械、数控、激光技术和材料科学为一体的新型技术。它采用离散、堆积原理，自动而迅速地将所设计物体的 CAD 几何信息转化成实物原型，节省了产品的研制费用，大大缩短了研制周期。

**1. 快速成形技术原理**

快速成形技术有不同的英文名称，如 Rapid Prototyping（快速原型制造、快速成形）、Freeform Manufacturing（自由形式制造）、Additive Fabrication（添加式制造）等，常简称为 RP。快速成形将计算机辅助设计（CAD）、计算机辅助制造（CAM）、计算机数字控制（CNC）、激光、精密伺服驱动等先进技术和新材料集于一体，依据计算机上构成的工件三维设计模型，利用快速成形机对其进行分层切片，得到各层截面的二维轮廓图，并按照这些轮廓进行分层自由成形，构成各个截面轮廓逐步顺序叠加成三维工件。

快速成形的全过程可以归纳为以下三步，如图 5-61 所示。

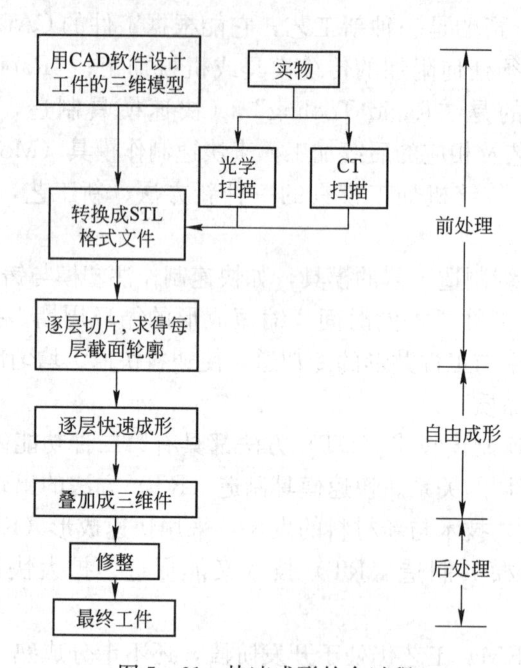


图 5-61 快速成形的全过程

(1) 前处理

它包括工件的三维模型的构造、三维模型的近似处理、模型成形方向的选择和三维模型的切片处理。

(2) 分层叠加自由成形

这是快述成形的核心，包括模型截面轮廓的制作和截面轮廓的叠合。

(3) 后处理

它包括工件的剥离、后固化、修补、打磨、抛光和表面强化处理等。

快速成形技术彻底摆脱了传统的“去除”加工法——去除大于工件毛坯上的材料，而得到工件，采用全新的“增长”加工法——用一层层的小毛坯逐步叠加成大工件，将复杂的三维加工分解成简单的二维加工的组合。因此，它不必采用传统的加工机床和模具，只需传统加工方法 30%～50%的工时和 20%～35%的成本，就能直接制造产品样品或模具。由于快速成形具有上述突出优点，所以近年来发展迅速，已成为现代先进制造技术中的一项支柱技术，是实现并行工程（Concurrent Engineering，CE）必不可少的手段。

**2. 快速成形制造模具**

新产品的开发与其模具的制造紧密相关，减少模具的制造时间和成本一直是制造部门十分关心和重视的问题。将RPM技术用于模具制造可大大减少模具的制造成本和时间，明显提高生产效率。因此，用RPM技术实现模具的快速制造已成为当前RPM技术中的重要研究课题之一。快速制模分为直接制模和间接制模两类。

（1）快速成形直接制模法

采用快速成形技术直接制造模具称为快速成形直接制模法。目前采用选择性激光烧结法（SLS法）制作金属模具。首先将金属粉末用易消失的聚合物树脂包覆，通过选择性激光烧结法得到金属粘结实体，再将树脂在一定温度下分解消失，得到成形后的金属粘结实体在高温下烧结，形成多孔状的金属低密度烧结件，最后再渗入熔点较低的金属，完成金属模具制造。采用这种选择性激光烧结法制作的钢铜合金材料塑料注射模，模具寿命达五万件以上。

另外，也可采用物体分层制造法：利用金属薄箔为薄层材料制造铸模，用于批量生产金属铸件。熔丝沉积制造法用金属熔丝可以直接制造金属模具。

（2）快速成形间接制模法

快速成形技术制作非金属母模，再用母模制造金属模具称为快速成形间接制模法。这种快速成形母模，使模具制造周期缩短，是行之有效且得到广泛应用的方法。

**3. 快速模具制造的发展前景**

1）多种模式的模具制造技术

随着科学技术的发展，在制造领域出现了有关模具的3种模式。

（1）传统模具

即用于传统制造工艺的模具，它适用于批量生产，通常用金属材料经机加工而制成。

（2）无模成形

这是20世纪90年代初期提出的模式。此模式设想在CAD系统上设计产品，并在某种计算机控制的设备上直接生产设计的产品，而无须采用任何模具。显然，这是制造业的奋斗目标。

（3）一次性模具

这是介于前两种模式之间的一种中间模式，是制造业的设想。此模式能显著降低制造模具的时间与成本，用这种模具可生产许多产品，并在完成这些产品的生产后废弃已用过的模具，此后可以制作新模具来生产更多的产品。这种模式能使用户免于考虑因产品修改而引起的模具问题，也不必考虑模具的修改是否与需生产的产品修改相一致。

表5-17是上述3种模式的设计、制作与使用过程的对比。由此表可见，对于传统模具，改变设计时必须修改模具，这很费钱、费时；对于一次性模具，模具的设计修改是在CAD系统上实现的，并如同设计未修改一样制作新模具，所以因设计变化引起的费用与时间消耗很少；对于无模成形，显然每一产品无附加模具制造费用。

表5-17 传统模具、一次性模具与无模成形比较

| 模具类型 | 设计、制作与使用过程 | | | | | | |
|---|---|---|---|---|---|---|---|
| 传统模具 | 设计产品 | 设计模具 | 制作模具 | 生产产品 | 存放模具 | 调用模具 | 生产产品 |
| 一次性模具 | 设计产品 | 设计模具 | 制作模具 | 生产产品 | × | 制作模具 | 生产产品 |
| 无模成形 | 设计产品 | 设计工艺 | × | 生产产品 | × | × | 生产产品 |

通过比较可得以下结论。

① 快速模具制造的一个主要目的在于快速开发、制作用于传统制造工艺的模具，即上述第一种模式的模具。应该说，在这方面，现有的快速成形与快速制造RP&M技术已经有很大的进展，但仍有一定的差距，有待改善。

② 快速软模与快速过渡模已经很接近一次性模具的目标。可以预测，随着技术的改进，一次性模具的目标是完全能够达到的。同时，一些公司还在致力于降低对模具的要求条件，使得上述一次性模具能生产更多的产品。

③ 快速成形的目标正是无模成形，从目前的情况看，已经在逐步接近目标，但还须作持久的努力。

2）改善快速模具的性能

在理想情况下，模具的工作面应该硬、耐磨，并能经受高温与剧变的温度循环，模具的内芯材料应有高导热性，以便使热量能从工件迅速转移。此外，还应有良好的断裂韧性，以便承受疲劳循环。实现上述性能要求的传统方法是，采用热处理或表面涂覆。一个先进方法是采用功能梯度（Gradient）材料，即用不同的材料组合构成模具零件。例如，使其具有硬陶瓷或金属陶瓷（Cermet）的表面，韧性金属复合材料的内芯，并在两者之间有连续的渐变而不是突变。许多快速成形与快速制造RP&M技术开发者正致力于在快速成形RP环境下产生梯度材料，以便能用梯度材料的组合构成快速模具。尽管这项工作有些还处于开发阶段，但是经过一段时间的艰苦努力，很可能使梯度材料制作的快速模具逐步完善并商品化。

为了有效地改善快速模具的性能，将进一步采用计算机辅助工程（CAE）与虚拟制造（Virtual Manufacturing）技术，使模具材料的选择与组合、模具的结构设计等趋于优化，产品的品质与生产率更高。随着计算机辅助工程（CAE）的发展，将能进行模具性能分析与非常复杂的工艺计算、优化，更深刻地认识材料在流动、固化过程中的特性与结构变形的相互作用。虚拟制造技术在快速成形领域的应用——虚拟快速成形（Virtual Prototyping）是计算机辅助工程（CAE）分析的必然扩展，它能创造一个虚拟现实环境，使得能在开发物理原型与制作快速模具之前，更方便、更准确地用计算机模拟材料的成形过程，预测模具的性能与工件的品质，为快速模具的优化与发展提供强有力的手段。

3）提高快速模具的质量

铸造模、塑料模和冲模是最常见的三类模具，其中铸造模与冲模用于成形金属工件，塑料模用于成形塑料工件。如果要用快速模具成功地替代上述三类传统的机加工模具，除

能缩短制作周期与降低成本之外，还必须达到以下 4 项基本要求。

① 尺寸精度与表面光洁度。冲模和塑料模的要求高，铸造模的要求相对较低。

② 强度与硬度。冲模（尤其是冲裁模）的要求最高，以便保证模具有足够的寿命。

③ 工作温度。塑料模与铸造模的温度控制要求高，以便保证模具有足够的寿命。

④ 散热性好。塑料模与铸造模的散热性要求较高，使模具能很好地散热，以便缩短工艺循环时间，提高生产率与工件质量。

# 情境 6　模具装配技术

## 情境学习指南 6　掌握模具装配技术

<table>
<tr><td rowspan="3" colspan="2"></td><td colspan="4">情境 6：模具装配技术</td></tr>
<tr><td>起草人员</td><td></td><td>起草时间</td><td></td></tr>
<tr><td>教学学期</td><td>第 4 学期</td><td>参考课时</td><td>20 学时</td></tr>
<tr><td colspan="6">教学条件：教室带有测量仪器，钳工工作台、扳手、锤子等拆装工具，如钳工锉（平锉）、划线工具、锯弓、锯条、$\phi5$ mm 钻头、$\phi9.8$ mm 钻头、$\phi8.5$ mm 钻头、$\phi10$ mm 圆柱铰刀、M10 丝锥、铰械及扁錾、千分尺、游标卡尺、$R30$ 半径样板、90°角尺、塞尺等</td></tr>
<tr><td colspan="6">学习过程计划</td></tr>
<tr><td>学习情境描述</td><td colspan="5">根据所学模具制造技术知识，完成任务图 6 - 1 总装配工艺，并进行试冲：最后编制装配工艺规程，填写工艺卡片</td></tr>
<tr><td>具体任务的设置</td><td colspan="5">
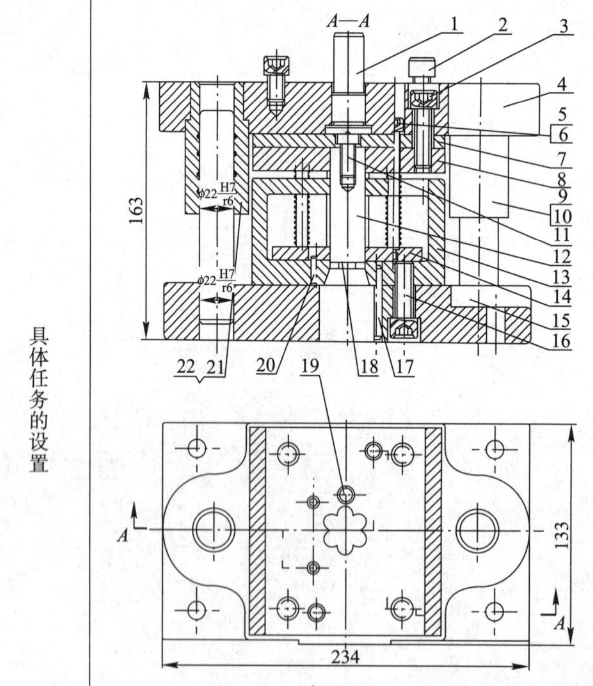


技术要求
① 装配时应保证凸、凹模之间的间隙一致，配合间隙符合设计要求，$Z_{\min}=0.008$ mm，$Z_{\max}=0.012$ mm，不允许采用使凸、凹模变形的方法来修正间隙；
② 各接触面保证密合；
③ 落料的凹模刃口高度按设计要求制造，其漏料孔应保证畅通；
④ 冲模所有活动部分的移动应平稳灵活，无滞止现象；
⑤ 各紧固用的螺钉、销钉不得松动，并保证螺钉和销钉的端面不突出上下模座平面；

任务图 6 - 1　编制梅花垫冲模装配工艺规程并实作

1—模柄；2—限位螺钉；3—紧固螺钉；4—上模座；5—卸料螺钉；6—卸料弹簧；7—垫板；8—凸模固定板；9、21—导柱；10、22—导套；11—紧定螺钉；12—凸模；13—凹模；14—卸料板；15—下模座；16—连接螺钉；17—圆柱销；18—工件位置；19—固定挡料销；20—导料销
</td></tr>
</table>

续表

<table>
<tr><td>能力目标</td><td colspan="2">① 会进行冲模组件装配、总装及间隙位置调整<br>② 会进行塑料模组件的装配与修模</td></tr>
<tr><td>专业技术内容</td><td colspan="2">① 装配尺寸链和装配工艺方法<br>② 模具零件的固定方法<br>③ 模具间隙及位置的控制方法<br>④ 冲裁模的装配<br>⑤ 塑料模的装配<br>⑥ 模具的调试和修理</td></tr>
<tr><td>教学论与方法建议</td><td colspan="2">① 多媒体教学<br>② 现场实作<br>③ 学生分组讨论<br>④ 职业技能评价</td></tr>
<tr><td rowspan="6">学习小组行动阶段</td><td>1. 资讯</td><td>学生从工作任务中完成工作的必要信息，如相关专业知识和技能，冲模和塑料模的装配、调试和修理技能</td></tr>
<tr><td>2. 计划</td><td>学生制定学习计划，建立工作小组</td></tr>
<tr><td>3. 决策</td><td>确定工作方案，工作任务分配到个人，并记录到工作记录表中</td></tr>
<tr><td>4. 实施</td><td>学生以小组的形式在学习工作单的引导下，完成专业知识的学习和技能训练，完成模具总装配的实际操作和实作质量的检测工作等</td></tr>
<tr><td>5. 检查</td><td>① 实操方法正确<br>② 产品合格<br>③ 生产安全情况</td></tr>
<tr><td>6. 评价</td><td>① 是否掌握装配操作技能<br>② 能否按时完成装配<br>③ 记录模具修配心得体会</td></tr>
<tr><td rowspan="6">方法媒介和环境</td><td>1. 分析</td><td>课堂对话、四步法<br>讲解、演示、模仿、练习<br>教师指导、讲解、示范、学生实作</td></tr>
<tr><td>2. 计划</td><td>课堂对话、课堂分组、教师监督、小组长负责</td></tr>
<tr><td>3. 决策</td><td>师生互动<br>老师只进行评估</td></tr>
<tr><td>4. 实施</td><td>在教师指导下分组工作，工业中心实操实作产品，小组完成冲模及塑料模的总装</td></tr>
<tr><td>5. 总结</td><td>答疑，任务对话，学生评价<br>教师评价，企业评价，专家评价</td></tr>
<tr><td>6. 成绩</td><td>工作文件 20%，操作过程 40%，工作结果 20%，汇报效果 10%，团队 10%</td></tr>
</table>

# 学习工作单 6.1　认识模具装配工艺

| 情景 6　模具装配技术<br>任务 6.1　认识模具装配工艺 | 姓名：________ | 班级：________ |
|---|---|---|
| | 日期：________ | 共________页 |

一、填空题

1. 模具装配精度包括以下几方面的内容。

(1) 相关零件的________精度；　(2) 相关零件的________精度；

(3) 相关零件的________精度；　(4) 相关零件的________精度。

2. 模具生产属________生产，在装配工艺上多采用________和________来保证装配精度。

3. 互换装配法只需要控制________和________。

4. 合并加工修配法是把________或________的零件装配在一起后，再进行________，以达到装配精度要求。

5. 模具装配的工艺方法有互换法、修配法和调整法。目前模具装配以________及________为主，________应用较少。

二、问答题

1. 简述模具装配的特点和内容。在模具装配中，常采用修配装配法和调整装配法，比较其两者的异同点。

2. 装配尺寸链的组成、作用与求解方法是什么？

3. 举例说明模具装配中一般需修磨的部位与方法。

4. 装配的组织形式有哪些？分别用于什么情况？

5. 模具的装配方法有哪几种？如何应用？

三、名词解释

1. 修配装配法　2. 装配尺寸链　3. 分组装配法

| 检查情况 | | 教师签名 | | 完成时间 | |
|---|---|---|---|---|---|

# 任务资讯 6.1　模具装配工艺及方法

## 任务资讯 6.1.1　认识模具装配工艺

**1. 模具装配的组织形式**

模具装配过程是按照模具技术要求和各零件间的相互关系，将合格的零件连接固定为组件、部件，直至装配成合格的模具。它可以分为组件装配和总装配等。模具装配属单件小批装配生产类型，具有工艺灵活性大，工序集中，工艺文件不详细，设备、工具比较多等特点。组织形式以固定式为多，手工操作比重大，要求工人有较高的技术水平和多方面的工艺知识。根据产品的生产批量不同，装配过程可采用表 6－1 所列的不同组织形式。模具生产属于单件小批生产，适合于采用集中装配。

完成装配的产品，应按装配图保证配合零件的配合精度、有关零件之间的位置精度要求、具有相对运动的零（部）件的运动精度要求和其他装配精度要求。

**2. 模具装配精度要求**

模具装配精度要求如下。

**表 6－1　装配的组织形式**

<table>
<tr><th colspan="2">形　　式</th><th>特　　点</th><th>应用范围</th></tr>
<tr><td rowspan="2">固定装配</td><td>集中装配</td><td>从零件装配成部件或产品的全过程均在固定工作地点，由一组（或一个）工人来完成。对工人技术水平要求较高，工作地面积大，装配周期长</td><td>单件和小批生产，装配高精度产品，调整工作较多时适用</td></tr>
<tr><td>分散装配</td><td>把产品装配的全部工作分散为各种部件装配和总装配，分散在固定的工作地上完成，装配工人增多，生产面积增大，生产率高，装配周期短</td><td>成批生产</td></tr>
<tr><td rowspan="3">移动装配</td><td>产品按自由节拍移动</td><td>装配工序是分散的，每一组装配工人完成一定的装配工序，每一装配工序无一定的节拍。产品是经传送工具自由地（按完成每一工序所需时间）送到下一工作地点，对装配工人的技术要求较低</td><td>大批生产</td></tr>
<tr><td>产品按一定节拍周期移动</td><td>装配的分工原则同上一种组织形式，每一装配工序是按一定的节拍进行的。产品经传送工具按节拍周期性（断续）地送到下一工作地点，对装配工人的技术水平要求低</td><td>大批和大量生产</td></tr>
<tr><td>按一定速度连续移动</td><td>装配分工原则同上。产品通过传送工具以一定速度移动，每一工序的装配工作必须在一定的时间内完成</td><td>大批和大量生产</td></tr>
</table>

① 相关零件的位置精度。例如定位销孔与型孔的位置精度；上、下模之间，定、动模之间的位置精度；型腔、型孔与型芯之间的位置精度等。

② 相关零件的运动精度。包括直线运动精度、圆周运动精度及传动精度。例如导柱和导套之间的配合状态，顶块和卸料装置的运动是否灵活可靠，进料装置的送料精度等。

③ 相关零件的配合精度。相互配合零件之间的间隙和过盈程度是否符合技术要求。

④ 相关零件的接触精度。例如，模具分型面的接触状态如何，间隙大小是否符合技术要求，弯曲模的上、下成型表面的吻合一致性，拉深模定位套外表面与凹模进料表面的吻合程度等。

**3. 装配尺寸链**

零件的精度将直接影响产品的精度。当某项装配精度是由若干个零件的制造精度所决定时，就出现了误差累积的问题，要分析产品有关组成零件的精度对装配精度的影响，就要用到装配尺寸链。

(1) 装配尺寸链的组成

装配的精度要求与影响该精度的尺寸构成的尺寸链，称为装配尺寸链。如图 6-1 (a) 所示是车床尾顶尖套筒的装配图，按设计要求，装配后应保证轴向间隙 $A_\Sigma$ 不大于 0.5 mm，以保证螺母在套筒内不产生过大的轴向窜动。$A_\Sigma$ 直接受尺寸 $A_1=60^{+0.2}_{0}$ mm、$A_2=57^{\ 0}_{-0.2}$ mm、$A_3=3^{\ 0}_{-0.1}$ mm 的影响。由 $A_\Sigma$、$A_1$、$A_2$、$A_3$ 组成的尺寸链称为装配尺寸链，如图 6-1 (b) 所示。要保证装配精度，要求 $A_\Sigma$ 是尺寸链的封闭环。影响装配精度的零件尺寸 $A_1$、$A_2$、$A_3$ 是尺寸链的组成环。

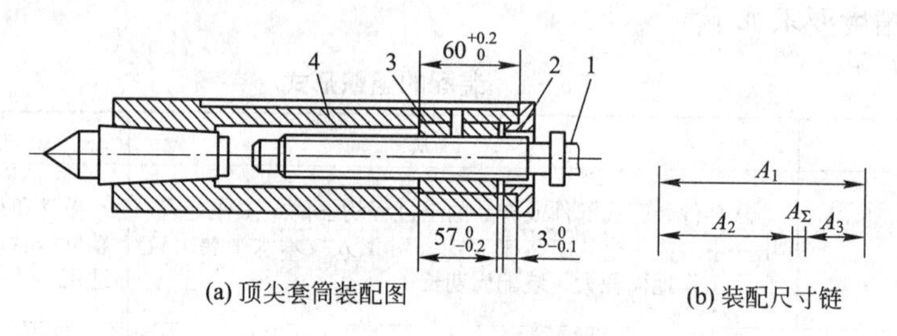


图 6-1 车床尾顶尖套筒装配图

1—丝杆；2—端盖；3—螺母；4—套筒

(2) 用极值法解装配尺寸链

装配尺寸链的极值解法与工艺尺寸链的极值解法相类似，但用装配尺寸链的极值解法分析尺寸链，主要是判断按图样标注尺寸装配后能否保证装配的精度要求，以便确定是否需要调整或进行必要的修配。

在图 6-1 (b) 所示的尺寸链中，$A_1$ 是增环，$A_2$、$A_3$ 是减环。在该尺寸链中已知各组成环的尺寸及偏差，需要计算封闭环的尺寸及偏差。

$$A_\Sigma=A_1-A_2-A_3=0$$

$$ESA_\Sigma=[0.2-(-0.2)-(-0.1)]\text{mm}=0.5\text{ mm}$$

$$EIA_\Sigma=0$$

封闭环的尺寸及偏差为 $0^{+0.5}_{0}$ mm。所以各零件按图样尺寸及偏差加工，装配后能保证配合间隙 $A_\Sigma$ 不大于 0.5 mm，满足图纸规定的要求。

## 任务资讯 6.1.2 模具装配及技术要求

**1. 模具装配及其工艺过程**

模具装配是模具制造工艺全过程的最后工艺阶段，包括装配、调整、检验和试模等工艺内容。

按照模具合同规定的技术要求，将加工完成符合设计要求的零件和购配的标准件，按设计的工艺进行相互配合、定位与安装、连接与固定成为模具的过程就是模具装配。模具装配按其工艺顺序进行初装、检验、初试模、调整、总装与试模成功的全过程，称为模具装配工艺过程。模具装配工艺过程如图 6－2 所示。

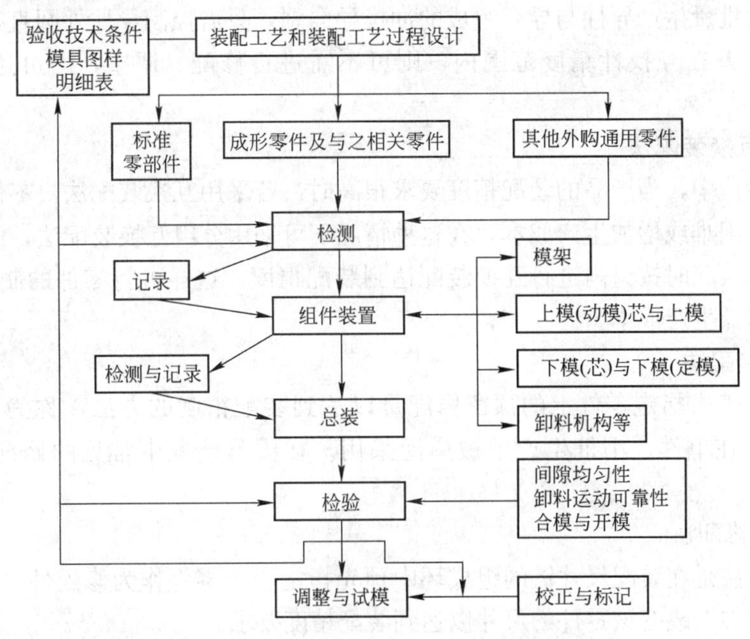


图 6－2　模具装配工艺过程

**2. 模具装配工艺要求**

模具装配时要求相邻零件或相邻装配单元之间的配合与连接均需按装配工艺确定的装配基准进行定位与固定，以保证其间的配合精度和位置精度，保证凸模（或型芯）与凹模（或型腔）间有精密、均匀地配合和定向开合运动，保证其他辅助机构（如卸料、抽芯与送料等）运动的精确性。因此，评定模具精度等级、质量与使用性能技术的要求如下。

① 通过装配与调整，使装配尺寸链的精度能完全满足封闭环（如冲模凸、凹模之间的间隙）的要求。

② 装配完成的模具，冲压、塑料注射、压铸出的制件（冲件、塑件、压铸件）完全满足合同规定的要求。

③ 装配完成的模具使用性能与寿命，可达预期设定的、合理的数值与水平。

## 任务资讯 6.1.3　模具装配方法

模具常用的装配方法有以下几种。

**1. 互换装配法**

零件按规定公差加工后，不需经修配、选择和调整，就能保证其装配精度的方法叫互换装配法。产品采用互换法装配时，其装配精度主要取决于零件的加工精度，实质上就是用控制零件的加工误差来保证产品的装配精度。

互换法可以使装配工作简单，生产效率高，有利于组织专业化生产，而且在设备维修时，零件的更换比较方便。但这种方法要求零件的加工精度较高，因此适用于批量生产中组成环较多而装配精度较低或组成环少而装配精度较高的装配尺寸链中。

例如，大批量生产导柱与导套组成的冲模导向副，只需控制导柱外圆直径和导套内孔直径的加工误差在互换性精度范围内，则可不需进行修配、调整，即可达到装配精度要求。

**2. 分组互换装配法**

在成批生产中，当产品的装配精度要求很高时，若采用互换装配法，零件加工精度太高，导致加工困难或增加生产成本，在这种情况下可采用分组互换装配法，即将零件按实测尺寸分组，装配时按组内进行互换装配达到装配精度。这样可将零件的制造公差扩大，便于加工，降低生产成本。

**3. 修配装配法**

在装配时修去指定零件上的预留修配量以达到装配精度的方法，称为修配装配法。这种装配方法在单件、小批生产中被广泛采用。在模具装配中常见的修配方法有以下两种。

（1）按件修配法

按件修配法是在装配尺寸链的组成环中预先指定一个零件作为修配件（修配环），装配时再用切削加工改变该零件的尺寸以达到装配精度要求。

如图 6-3 所示塑料压缩模，装配后要求上下型芯在 $B$ 面上，凹模的上下平面与上下固定板在 $A$、$C$ 面上同时保持接触。为了使零件的加工和装配简单，选凹模为修配环。在装配时，先完成上、下型芯与固定板的装配，并测量出型芯对固定板的高度尺寸，按型芯的实际高度尺寸修磨 $A$、$C$ 面。凹模的上、下平面在加工中应留适当的修配余量，其大小可根据生产经验或计算确定。

在按件修配法中，选定的修配件应是易于加工的零件，在装配时它的尺寸改变对其他尺寸链不至于产生影响。

（2）合并加工修配法

合并加工修配法是指把两个或两个以上的零件装配在一起后，再进行机械加工，以达到装配精度要求。

如图 6-4 所示，凸模和固定板连接后，要求凸模的上端面和固定板的上平面共面。在加工凸模和固定板时，对尺寸 $A_1$、$A_2$ 并不严格控制，而是将两者装配在一起磨削上平面，以保证装配要求。

**4. 调整装配法**

在装配时改变产品中可调整零件的相对位置或选用合适的调整件以达到装配精度的方法，称为调整装配法。一般常采用螺栓、斜面、挡环、垫片或连接件之间的间隙作为补偿环，经调节后达到封闭环要求的公差和极限偏差。

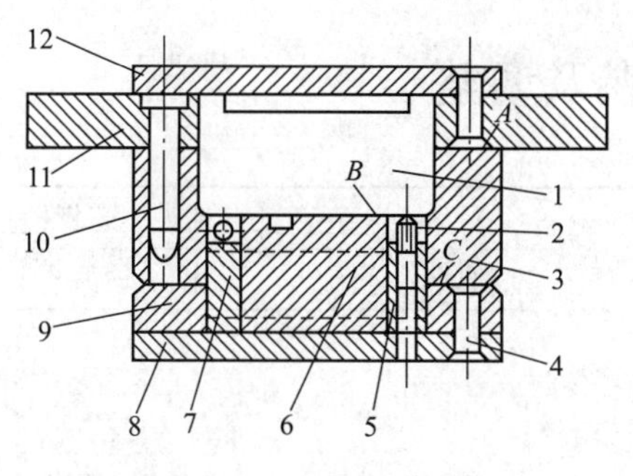

图 6-3　塑料压缩模

1—上型芯；2—嵌件螺杆；3—凹模；4—铆钉；
5、7—型芯拼块；6—下型芯；8、12—支承板；
9—下固定板；10—导柱；11—上固定板

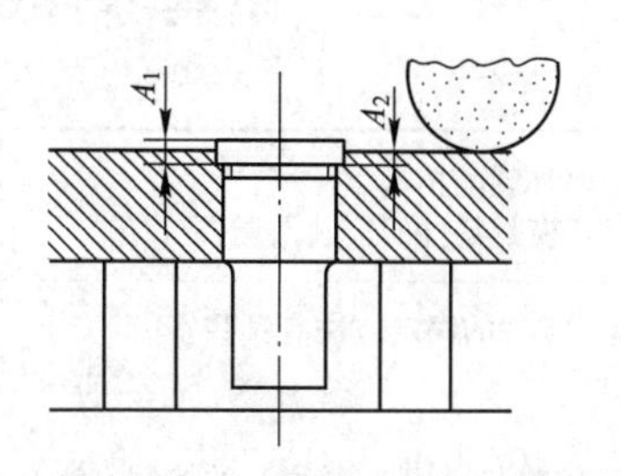

图 6-4　磨削凸模的上平面

如图 6-5（a）所示是用螺钉调整件调整滚动轴承的配合间隙。转动螺钉可使轴承外环相对于内环作轴向位移，使外环、滚动体、内环之间保持适当的间隙。图 6-5（b）是移动调整套筒 1 的轴向位置，使间隙 $Z$ 达到装配精度要求。当间隙调整好后，用止动螺钉将套筒固定在机体上。调整装配法在调整过程中不需拆卸零件，比较方便，在机械制造中应用较广，在模具中也常用到。例如冲模采用上出件时，顶件力的调整常采用调整装配法。

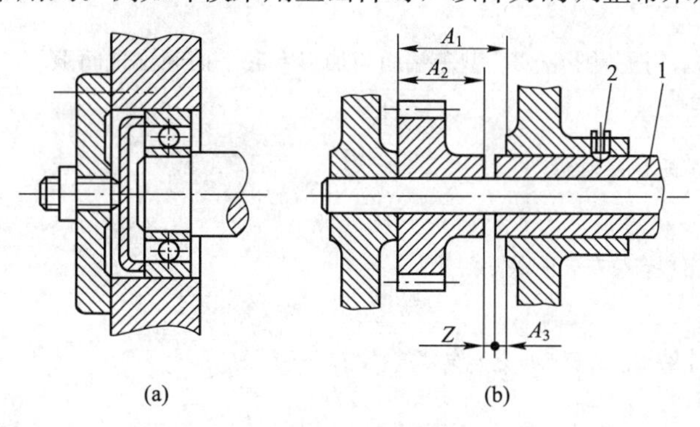

图 6-5　调整装配法

1—调整套筒；2—定位螺钉

不同的装配方法，对零件的加工精度、装配的技术要求、生产效率不尽相同，因此在选择装配方法时，应从产品装配的技术要求出发，根据生产类型和实际生产条件合理进行选择。

# 学习工作单 6.2 模具零件的安装及调整

<table>
<tr><td rowspan="2">情景 6 模具装配技术<br>任务 6.2 模具零件的安装及调整</td><td>姓名：________</td><td>班级：________</td></tr>
<tr><td>日期：________</td><td>共________页</td></tr>
<tr><td colspan="3">

1. 模具零件的固定方法有哪些？

2. 模具装配时间隙（壁厚）的控制方法有哪些？

3. 任务图 6-2 所示，装配后在型芯端面与加料室底平面间出现了间隙，可采用哪些方法进行消除？

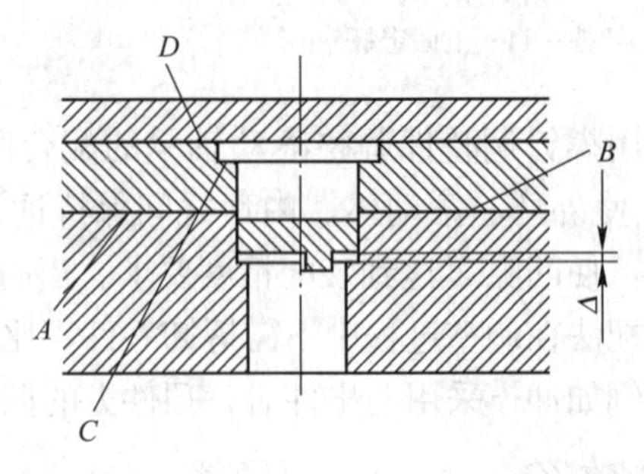


任务图 6-2 型芯端面与加料室底平面间出现间隙

4. 确定凸、凹模间隙的方法有哪些？

5. 凸模与型芯的固定形式与方法有哪些？

6. 模具常用的装配工艺方法有哪些？各有何特点？

7. 模具成形零件的固定方法有哪些？各用于哪些情况？

</td></tr>
</table>

| 检查情况 | | 教师签名 | | 完成时间 | |
|---|---|---|---|---|---|

# 任务资讯 6.2　模具零件安装及调整

## 任务资讯 6.2.1　冲裁间隙的调整

对于冲裁模，即使模具零件的加工精度已经得到保证，但是在装配时如果不能保证冲裁间隙均匀，也会影响制件的质量和模具的使用寿命。冲裁间隙的调整主要有以下几种方法。

**1. 凸、凹模间隙的控制**

冲模装配的关键是如何保证凸、凹模之间具有正确合理而又均匀的间隙。这既与模具有关零件的加工精度有关，也与装配工艺的合理与否有关。为了保证凸、凹模间的位置正确和间隙的均匀，装配时总是依据图纸要求先选择其中某一主要件（如凸模或凹模、或凸凹模）作为装配基准件。以该件位置为基准，用找正间隙的方法来确定其他零件的相对位置，以确保其相互位置的正确性和间隙的均匀性。

控制间隙均匀性常用的方法有如下几种。

（1）测量法

测量法是将凸模和凹模分别用螺钉固定在上、下模板的适当位置，将凸模插入凹模内（通过导向装置），用厚薄规（塞尺）检查凸、凹模之间的间隙是否均匀，根据测量结果进行校正，直至间隙均匀后再拧紧螺钉、配作销孔及打入销钉。

（2）透光法

透光法是凭肉眼观察，根据透过光线的强弱来判断间隙的大小和均匀性。有经验的操作者凭透光法来调整间隙可达到较高的均匀程度。

（3）试切法

当凸、凹模之间的间隙小于 0.1 mm 时，可将其装配后试切纸（或薄板）。根据切下制件四周毛刺的分布情况（毛刺是否均匀一致）来判断间隙的均匀程度，并作适当的调整。

（4）垫片法

如图 6-6 所示，在凹模刃口四周的适当地方安放垫片（纸片或金属片），垫片厚度等于单边间隙值，然后将上模座的导套慢慢套进导柱，观察凸模Ⅰ及凸模Ⅱ是否顺利进入凹模与垫片接触，由等高垫铁垫好，用敲击固定板的方法调整间隙直到其均匀为止，并将上模座事先松动的螺钉拧紧。放纸试冲，由切纸观察间隙是否均匀。不均匀时再调整，直至均匀后再将上模座与固定板同钻，铰定位销孔并打入销钉。

（5）镀铜（锌）法

在凸模的工作段镀上厚度为单边间隙值的铜（或锌）层来代替垫片。由于镀层均匀，可提高装配间隙的均匀性。镀层本身会在冲模使用中自行剥落而无须安排去除工序。

（6）涂层法

与镀铜法相似，仅在凸模工作段涂以厚度为单边间隙值的涂料（如磁漆或氨基醇酸绝缘漆等）来代替镀层。

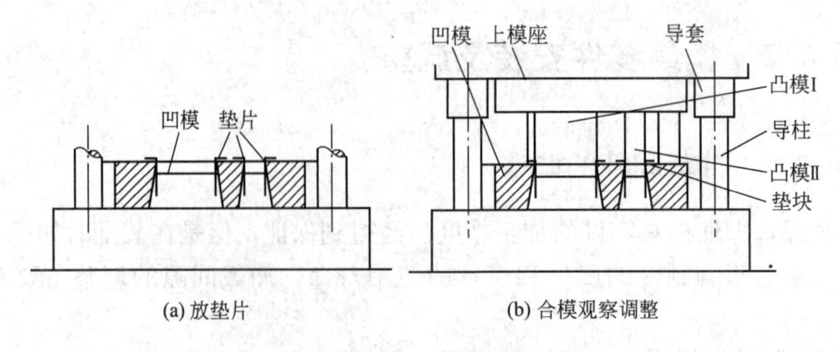


图 6-6 凹模刃口处用垫片控制间隙

(7) 酸蚀法

将凸模的尺寸做成与凹模型孔尺寸相同，待装配好后，再将凸模工作部分用酸腐蚀以达到间隙要求。

(8) 利用工艺定位器调整间隙

如图 6-7 所示，用工艺定位器来保证上、下模同轴。工艺定位器尺寸 $d_1$、$d_2$、$d_3$ 分别按凸模、凹模及凸凹模之实测尺寸，按配合间隙为零来配制（应保证 $d_1$、$d_2$、$d_3$ 同轴）。

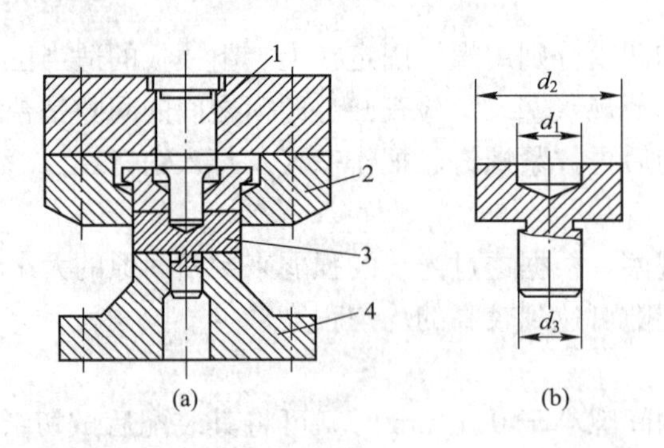


图 6-7 用工艺定位器保证上、下模同轴

1—凸模；2—凹模；3—工艺定位器；4—凸凹模

(9) 利用工艺尺寸调整间隙

对于圆形凸模和凹模，可在制造凸模时在其工作部分加长 1～2 mm，并使加长部分的尺寸按凹模孔的实测尺寸零间隙配合来加工，以便装配时凸、凹模对中（同轴），并保证间隙的均匀。待装配完后，将凸模加长部分磨去。

**2. 凸、凹模位置的控制**

为了保证级进模、复合模及多冲头简单模，凸、凹模相互位置的准确，除要尽量提高凹模及凸模固定板型孔的位置精度外，装配时还要注意以下几点。

① 级进模常选凹模作为基准件，先将拼块凹模装入下模座，再以凹模定位，将凸模装入固定板，然后再装入上模座。当然，这时要对凸模固定板进行一定的钳修。

② 多冲头导板模常选导板作为基准件。装配时应将凸模穿过导板后装入凸模固定板，再装入上模座，然后再装凹模及下模座。

③ 复合模常选凸凹模作为基准件，一般先装凸凹模部分，再装凹模、顶块及凸模等

零件，通过调整凸模和凹模来保证其相对位置的准确性。

型腔模常以其主要工作零件——型芯（凸模）、型腔（凹模）和镶块等作为装配的基准件或以导柱、导套作为基准件，按其依赖关系进行装配。

## 任务资讯 6.2.2　冲模零件的装配

### 1. 模柄的装配

如图 6-8 所示，冲裁模采用压入式模柄，模柄与上模座的配合为 H7/m6。将模柄压入模座内，如图 6-8（a）所示，用角尺检查模柄圆柱面与上模座上平面的垂直度，其误差不大于 0.05 mm；然后加工骑缝销孔（或螺孔），装入骑缝销（或螺钉），将端面在平面磨床上磨平，如图 6-8（b）所示。

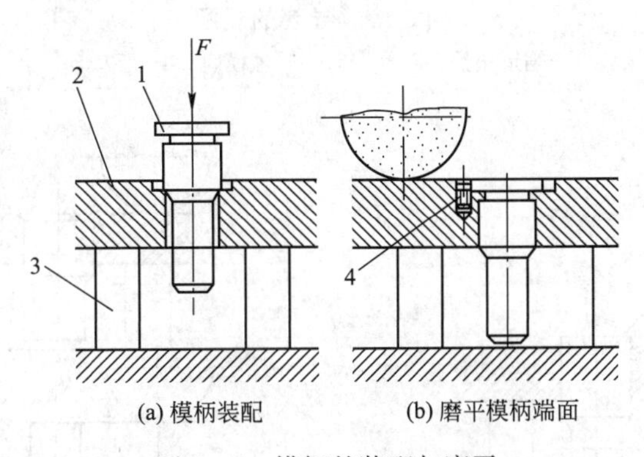


图 6-8　模柄的装配与磨平

1—模柄；2—上模座；3—等高垫铁；4—骑缝销

### 2. 导柱和导套的装配

任务图 6-1 所示的冲模的导柱、导套与上、下模座均采用压入式连接。导套、导柱与模座的配合分别为 H7/r6 和 R7/r6，压入时要注意校正导柱对模座底面的垂直度。装配好的导柱的固定端面与下模座底面的距离不小于 1～2 mm。

如图 6-9 所示的导套的装配，将上模座反置套在导柱上，再套上导套，用千分表检查导套配合部分内外圆柱面的同轴度，使同轴度的最大偏差 $\Delta_{max}$ 在导柱中心连线的垂直方向（图 6-9（a））。用帽形垫块放在导套上，将导套的一部分压入上模座，取走下模座；继续将导套的配合部分全部压入（图 6-9（b））。这样装配可以减小由于导套内、外圆不同轴而引起的孔中心距变化对模具运动性能的影响。

### 3. 凸模和凹模的装配

任务图 6-1 所示的冲模的凸模与固定板的配合常采用 H7/n6 和 H7/m6。凸模装入固定板后，其固定端的端面应和固定板的支承面处于同一平面内。凸模应和固定板的支承面垂直，其垂直度误差不能大于公差值。

装配时在压力机上调整好凸模与固定板的垂直度，将凸模压入固定板内，如图 6-10 所示。凸模对固定板支承面的垂直度经检查合格后将凸模的上端铆合，并在平面磨床上将凸模的上端面和固定板一起磨平，如图 6-11（a）所示。为了保持凸模的刃口锋利，应以固定板的支承面定位，将凸模工作端的端面磨平，如图 6-11（b）所示。

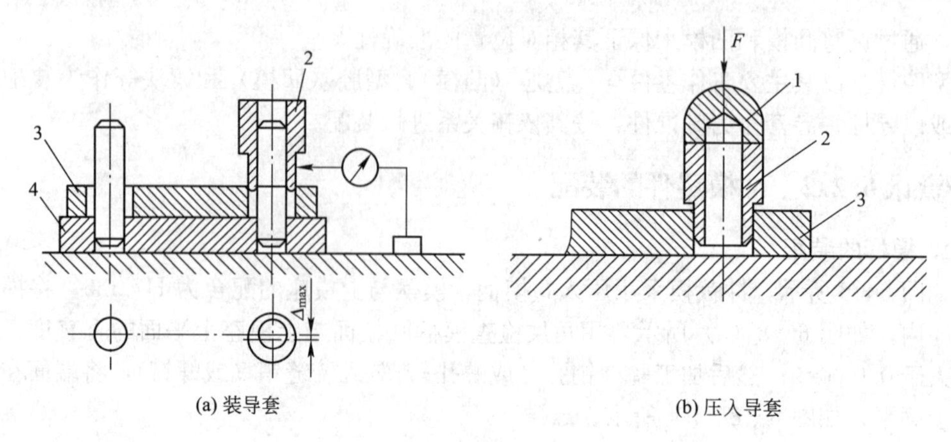


图 6-9 导套的装配

1—帽形垫铁；2—导套；3—上模座；4—下模座

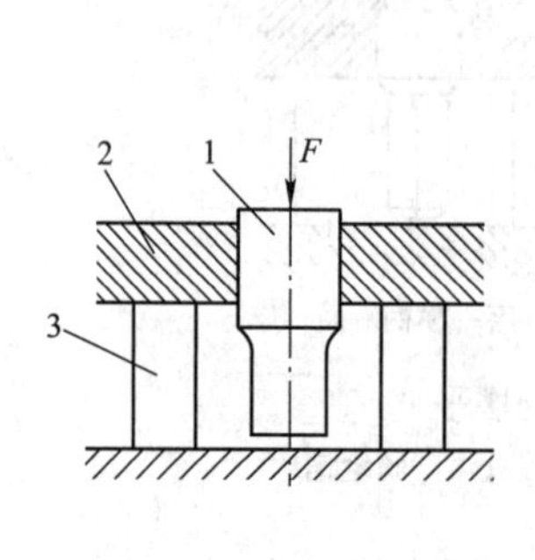


图 6-10 凸模装配图

1—凸模；2—凸模固定板；3—垫块

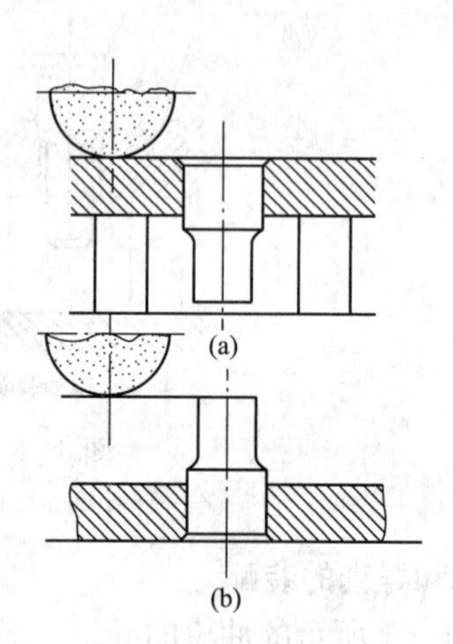


图 6-11 磨支承面

固定端带台肩的凸模如图 6-12 所示，其装配过程与铆合固定的凸模基本相似。压入时应保证端面 $C$ 和固定板上的沉窝底面均匀贴合；否则，因受力不均可能引起台肩断裂。

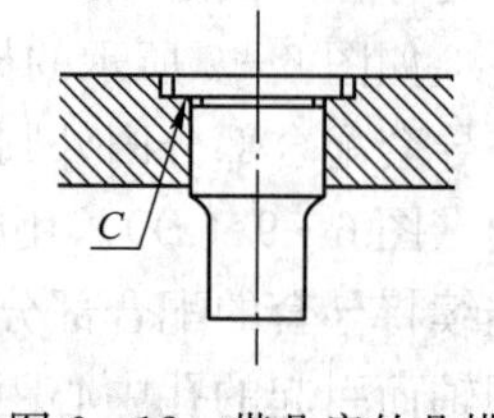


图 6-12 带凸肩的凸模

在固定板上压入多个凸模时，一般应先压入容易定位和便于作为其他凸模安装基准的凸模。凡较难定位或要依赖其他零件通过一定工艺方法才能定位的，应后压入。

凸模有多种结构，为了使凸模在装配时能顺利进入固定孔，应将凸模压入时的起始部位加工出适当的小圆角、小锥度或在3 mm长度内，将其直径磨小 0.03 mm 左右作引导部分。当凸模不允许设引导部分时，可在凸模固定孔的入口部位加工出约 1°的斜度、高度小于 5 mm 的导入部分。对无凸肩凸模可从凸模的固定端将其压入固定板内。

任务图 6-1 所示的梅花垫冲模的凹模为组合式结构，凸模与固定板的配合常采用 H7/n6 或 H7/m6，总装前应先将凸模 12 压入凸模固定板 8 内，再在平面磨床将上、下平面磨平。

## 任务资讯 6.2.3　低熔点合金和粘接技术

在模具装配中，导柱、导套、凸模与凹模的固定方式较多，下面以凸模和凸模固定板的连接为例，说明采用低熔点合金和粘接技术固定的装配方法。

**1. 低熔点合金固定法**

低熔点合金是用铋、铅、锡、锑等金属元素配制的一种合金，按不同的使用要求，各金属元素在合金中的质量分数也不相同。模具制造中常用的低熔点合金见表 6－2。

**表 6－2　模具制造常用低熔点合金**

| 合金成分/% | | | | | 性能 | | | | | 适用范围 | | | | | | |
|---|---|---|---|---|---|---|---|---|---|---|---|---|---|---|---|---|
| $w_{Sb}$ | $w_{Pb}$ | $w_{Cd}$ | $w_{Bi}$ | $w_{Sn}$ | 合金熔点 $\theta_r$/℃ | 合金硬度/HBS | $\sigma_b$/Pa | $\sigma_{bc}$/Pa | 合金冷膨胀值 | 固定凸模 | 固定凹模 | 固定导套 | 卸料板导向孔 | 固定电极 | 浇电气靠模 | 浇成型模 |
| 9 | 28.5 | — | 48 | 14.5 | 120 | — | $8.83\times10^7$ | $10.79\times10^7$ | 0.002 | 适用 | 适用 | 适用 | 适用 | — | — | — |
| 5 | 35 | — | 45 | 15 | 100 | — | — | — | — | 适用 | 适用 | 适用 | 适用 | — | — | — |
| — | — | — | 58 | 42 | 135 | 18～20 | $7.85\times10^7$ | $8.53\times10^7$ | 0.000 51 | — | — | — | — | — | — | 适用 |
| 1 | — | — | 57 | 42 | 135 | 21 | $7.55\times10^7$ | $9.32\times10^7$ | — | — | — | — | — | — | | 适用 |
| — | 27 | 10 | 50 | 13 | 70 | 9～11 | $3.92\times10^7$ | $7.26\times10^7$ | — | — | — | — | — | 适用 | 适用 | — |

图 6－13 所示是用低熔点合金固定凸模的几种结构形式。它是将熔化的低熔点合金浇入凸模和固定板间的间隙内，利用合金冷凝时的体积膨胀，将凸模固定在凸模固定板上，因此对凸模固定板精度要求不高，加工容易。将凸模的固定部位和固定板上的固定孔做出锥度或凹槽，是为使凸模固定得更牢固可靠。浇注前凸模和固定板的浇注部分应进行清洗，去除油污，再以凹模的型孔作定位基准安装凸模，并保证凸、凹模间隙均匀，用螺钉和平行夹头将凸模、凸模固定板和托板固定，如图 6－14 所示。

浇注前应预热凸模及固定板的浇注部位，预热温度为 100 ℃～150 ℃。在浇注过程中及浇注后，凸、凹模等零件均不能触动，以防错位。一般要放置约 24 小时，使其充分冷却。熔化合金的用具事先必须严格烘干。合金熔化时温度不能过高，约 200 ℃为宜，以防合金氧化变质、晶粒粗大而影响质量。熔化过程中还应及时搅拌并去除浮渣。

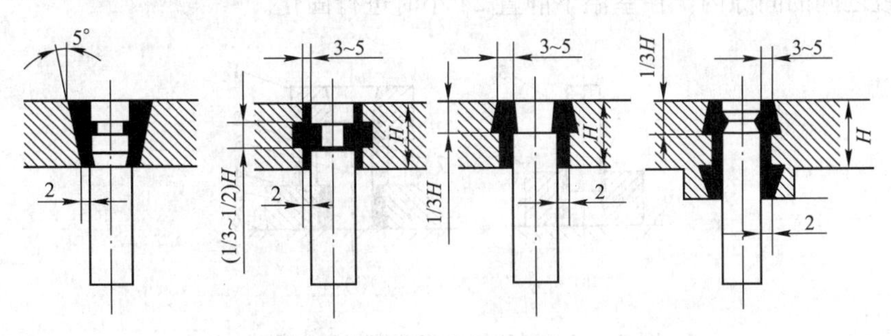


图 6－13　用低熔点合金固定的凸模

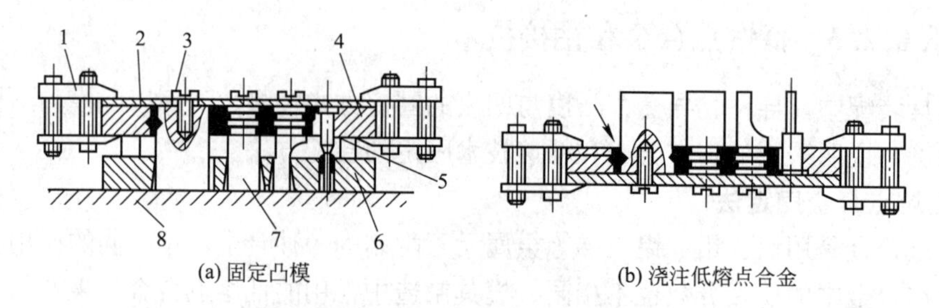


图 6 - 14 浇注低熔点合金

1—平行夹头；2—托板；3—螺钉；4—凸模固定板；
5—等高垫铁；6—凹模；7—凸模；8—平板

**2. 环氧树脂固定法**

图 6 - 15 所示是用环氧树脂粘接法固定凸模的几种结构形式。在凸模与凸模固定板的间隙内浇入环氧树脂粘接剂，经固化后将凸模固定。

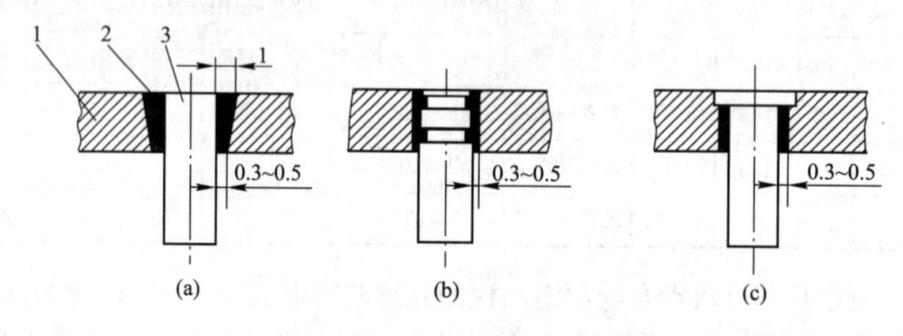


图 6 - 15 用环氧树脂固定凸模的形式

1—凸模固定板；2—环氧树脂；3—凸模

环氧树脂粘接剂的主要成分是环氧树脂，并在其中加入适量的增塑剂、硬化剂、稀释剂及各种填料，以改善树脂的工艺和力学性能。

粘接前，先用丙酮将凸模和固定板上需要浇注环氧树脂的表面洗净，将凸模装入凹模型孔内，使凸、凹模的配合间隙均匀（用垫片、涂层或镀层），如图 6 - 16（a）所示；将调好间隙的凸、凹模翻转，把凸模的固定部分插入凸模固定板的孔中，使凸模处于垂直位置，端面与平板贴合，如图 6 - 16（b）所示；最后将调配好的环氧树脂粘接剂浇注到凸模和固定板之间的间隙内，在室温下静置 24 小时进行固化。

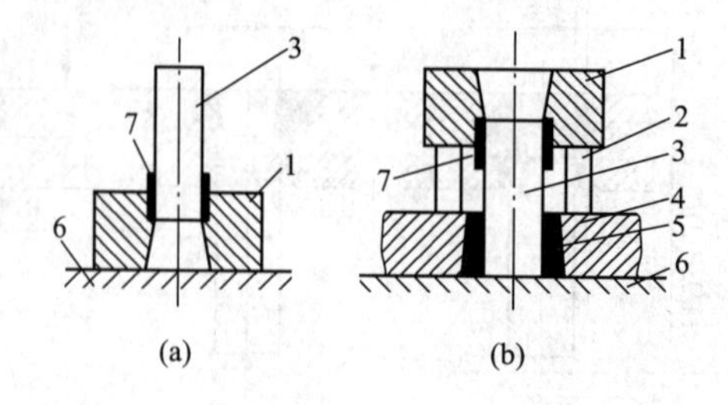


图 6 - 16 用环氧树脂粘接剂固定凸模

1—凹模；2—垫块；3—凸模；4—固定板；5—环氧树脂；6—平台；7—垫片

**3. 无机粘接法**

无机粘接法和环氧树脂粘接法相类似，它采用氢氧化铝的磷酸溶液与氧化铜粉末混合作为粘接剂，填充在凸模和凸模固定板之间的间隙内，经化学反应固化，将凸模粘接在凸模固定板上。为了获得高的粘接强度，粘接部分的配合间隙常在 0.1～1.25 mm（单面间隙）的范围内选择，粘接表面的粗糙度小于 10 μm。

采用无机粘接的工艺顺序为：清洗—安装定位—调粘接剂—粘接及固化。

① 清洗。去除零件表面的污、尘、锈，清洗剂可采用丙酮、甲苯。

② 安装定位。将清洗后的模具零件，按装配要求进行安装定位。

③ 调粘接剂。按比例将氧化铜粉末置于铜板上，中间留坑，用量杯倒入磷酸溶液，用竹片缓慢调匀，约 2～3 分钟后呈浓胶状，可拉出 10～20 mm 长丝，即可进行粘接。其调制温度一般应 25 ℃以下。

④ 粘接及固化。将调制好的粘接剂用竹片涂在各粘接面上，上下移动粘接零件，充分排出气体，注意保证零件的正确位置。在粘接剂未固化前，不再移动零件。固化时应注意保温和掌握固化时间，用体积质量为 1.27 g/mL 磷酸配制的粘接剂在 20 ℃下约需 45 小时。体积质量为 1.4 g/mL 磷酸配制的粘接剂，在 20 ℃下不易干燥，可在室温下固化 1～2 小时，再加热到 60 ℃～80 ℃，保温 3～8 小时以缩短固化时间。

# 学习工作单6.3 冲模装配实作

| 情景6 模具装配技术<br>任务6.3 冲模装配案例 | 姓名：________ | 班级：________ |
| --- | --- | --- |
| | 日期：________ | 共________页 |

一、填空题

1. 冲模的装配，最主要的是保证________和________的对中，使其间隙均匀。
2. 冲模模架的装配方法有________法、________法和________法。
3. 非圆形凸模的加工比较复杂，生产中常用的加工方法有________、________、________和________。

二、选择题

1. 级进模一般以________为装配基准件，落料冲孔复合模以________为装配基准件。
   A. 凸模　B. 凸凹模　C. 凹模　D. 导板
2. 低熔点合金模具一般适用于制作________模具。
   A. 冲裁模　B. 拉深模　C. 弯曲模　D. 成形模

三、问答题

1. 对冲裁模凸模和凹模的主要技术要求有哪些？

2. 冲裁模试模时出现凸、凹模刃口相碰的缺陷，找出其产生的原因及调整方法。

3. 冲模装配时，怎样控制模具的间隙？

4. 简述冲模装配过程。

5. 弯曲模和拉深模的装配特点各是什么？

四、编制如任务图6－1所示的梅花垫冲模等实物模具的装配工艺规程并实作。

| 检查情况 | | 教师签名 | | 完成时间 | |
| --- | --- | --- | --- | --- | --- |

## 任务资讯 6.3　冲模装配案例

冲模的装配包括组件装配和总装配。在装配时首先确定装配基准件，按照零件之间的相互关系，确定装配顺序。要求学生完成如任务图 6－1 所示的冲模的总装配工艺，编制装配工艺规程，填写工艺卡片并最后进行试冲。

### 任务资讯 6.3.1　组件装配

装配模具时，为了方便将上、下两部分的工作零件调整到正确位置，使凸模、凹模具有均匀的冲裁间隙，应正确安排上、下模的装配顺序。

有些组成模具实体的零件在制造过程中是按照图纸标注的尺寸和公差独立地进行加工的（如落料凹模、冲孔凸模、导柱和导套、模柄等），这类零件一般都是直接进入装配；有些零件在制造过程中只有部分尺寸可以按照图纸标注尺寸进行加工，需协调相关尺寸；有的在进入装配前需采用配制或合体加工，有的需在装配过程中通过配制取得协调，图纸上标注的这部分尺寸只作为参考（如模座的导套或导柱固装孔，多凸模固定板上的凸模固装孔，需连接固定在一起的板件螺栓孔、销钉孔等）。

因此，模具装配适合于采用集中装配，在装配工艺上多采用修配法和调整装配法来保证装配精度，从而实现能用精度不高的组成零件，达到较高的装配精度，降低零件加工要求。

**1. 装配技术要求**

① 模架精度应符合国家标准 GB/T 12555—2006《塑料注射模模架》、GB/T 12556—2006《塑料注射模模架技术条件》、GB/T 4170—2006《塑料注射模零件技术条件》、JB/T 8050—1999《冲模模架技术条件》、JB/T 8071—1995《冲模模架精度检查》规定。模具的闭合高度应符合图纸的规定要求。

② 装配好的冲模，上模沿导柱上、下滑动应平稳、可靠。

③ 凸、凹模间的间隙应符合图纸规定的要求，分布均匀；凸模或凹模的工作行程符合技术条件的规定。

④ 定位和挡料装置的相对位置应符合图纸要求。冲模导料板间距离需与图纸规定一致；导料面应与凹模进料方向的中心线平行；带侧压装置的导料板，其侧压板应滑动灵活，工作可靠。

⑤ 卸料和顶件装置的相对位置应符合设计要求，工作面不允许有倾斜或单边偏摆，以保证制件或废料能及时卸下和顺利顶出。

⑥ 紧固件装配应可靠，螺栓螺纹旋入长度在钢件连接时应不小于螺栓的直径，铸件连接时应不小于 1.5 倍螺栓直径；销钉与每个零件的配合长度应大于 1.5 倍销钉直径；销钉的端面不应露出上、下模座等零件的表面。

⑦ 落料孔或出料槽应畅通无阻，保证制件或废料能自由排出。

⑧ 标准件应能互换，紧固螺钉和定位销钉与其孔的配合应正常、良好。

⑨ 模具在压力机上的安装尺寸需符合选用设备的要求；起吊零件应安全可靠。

⑩ 模具应在生产的条件下进行试验，冲出的制件应符合设计要求。

**2. 冲模装配顺序确定**

(1) 无导向装置的冲模

这类模具的上、下模的相对位置是在压力机上安装时调整的，工作过程中由压力机的导轨精度来保证，因此装配时上、下模可以独立进行，彼此基本无关。

(2) 有导柱的单工序模

这类模具装配相对简单。如果模具结构是凹模安装在下模座上，则一般先将凹模安装在下模上，再将凸模与凸模固定板装在一起，然后依据下模配装上模。其装配路线采用：导套装配→模柄装配↘模架→装配下模部分→装配上模部分→试模，或者采用导柱装配↗模架→装配下模部分→装配上模部分→试模。

(3) 有导柱的级进模

通常导柱导向的级进模（也叫连续模）都以凹模作装配基准件（如果凹模是镶拼式结构，应先组装镶拼式凹模），先将凹模装配在下模座上，凸模与凸模固定板装在一起，再以凹模为基准，调整好间隙，将凸模固定板安装在上模座上，经试冲合格后，钻铰定位销的孔。

(4) 有导柱的复合模

复合模结构紧凑，模具零件加工精度较高，模具装配的难度较大，特别是装配对内、外有同轴度要求的模具，更是如此。复合模属于单工位模具，其装配程序和装配方法相当于在同一工位上先装配冲孔模，然后以冲孔模为基准，再装配落料模。基于此原理，装配复合模应遵循如下原则。

① 复合模装配应以凸凹模作装配基准件。先将装有凸凹模的固定板用螺栓和销钉安装、固定在指定模座的相应位置上；再调整冲孔凸模固定板的相对位置，使冲孔凸、凹模间的间隙趋于均匀后用螺栓固定；然后再以凸凹模的外形为基准，装配、调整落料凹模相对凸凹模的位置，调整间隙和用螺栓固定好。

② 试冲无误后，将冲孔凸模固定板和落料凹模分别用定位销，在同一模座经钻铰和配钻、配铰销孔后，打入定位。

**3. 成形模的装配特点**

(1) 弯曲模的装配

一般情况下，弯曲模的导套、导柱的配合要求可略低于冲裁模，但凸模与凹模工作部分的粗糙度要求比冲裁模要高（如 0.63 μm），以提高模具寿命和制件的表面质量。在弯曲工艺中，由于材料回弹的影响，弯曲件在模具中弯成的形状与取出后的形状不一致，从而影响制件的形状和尺寸。影响回弹的因素较多，很难用设计计算来加以消除，因此在制造模具时，常要按试模时的回弹值修正凸模（或凹模）的形状。为了便于修整，弯曲模的凸模和凹模多在试模合格以后才进行热处理。另外，弯曲时材料会发生变形，有些弯曲件的毛坯尺寸要经过试验才能最后确定。所以，弯曲模进行试冲的目的除了要找出模具的缺陷加以修正和调整外，另一个目的就是为了最后确定制件的毛坯尺寸。由于这一工作涉及材料的变形问题，所以弯曲模的调整工作比一般冲裁模要复杂得多。

(2) 拉深模的装配

拉深工艺是使金属板料（或空心坯料）在模具作用下产生塑性变形，变成开口的空心制件。拉深模的装配具有如下特点。

① 冲裁模凸、凹模的工作部分有锋利的刃口，而拉深模凸、凹模的工作部分则要求有光滑的圆角。

② 通常拉深模工作零件的表面粗糙度要求比冲裁模要高（$R_a$＝0.32～0.04 μm）。

③ 冲裁模所冲出的制件尺寸容易控制，如果模具制造正确，冲出的制件一般是合格的。而拉深模即使组成零件制造很精确，装配也很好，但由于材料弹性变形的影响，拉深出的制件不一定合格。因此，在模具试冲后常常要对模具进行修整加工。

拉深模试模的主要目的是通过试冲发现模具存在的缺陷，找出原因并进行调整、修正，最后确定制件拉深前的毛坯尺寸。为此应先按原来的工艺设计方案制作一个毛坯进行试冲，并测量出试冲件的尺寸偏差，根据偏差值确定是否对毛坯进行修改。如果试冲件不能满足原来的设计要求，应对毛坯进行适当修改，再进行试冲，直至冲出的试件符合要求。

## 任务资讯 6.3.2　冲裁模总装配要点

（1）选择装配基准孔

装配前首先确定装配基准件，根据模具主要零件的相互依赖关系，以及装配方便和易于保证装配精度要求，确定装配基准件。依据模具类型不同，导板模以导板作为装配基准件，复合模以凸凹模作为装配基准件，级进模以凹模作为装配基准件，模座有窝槽结构的以窝槽作为装配基准面。

（2）确定装配顺序

根据各个零件与装配基准件的依赖关系和远近程度确定装配顺序。先装配零件要有利于后续零件的定位和固定，不得影响后续零件的装配。

（3）控制冲裁间隙

装配时要严格控制凸、凹模间的冲裁间隙，保证间隙均匀。

（4）位置正确，动作无误

模具内各活动部件必须保证位置尺寸要求正确，活动配合部位动作灵活可靠。

（5）试冲

试冲是模具装配的重要环节，通过试冲发现问题，并采取措施排除故障。

## 任务资讯 6.3.3　冲模总装范例

### 1. 梅花垫冲模总装

任务图 6－1 所示的梅花垫冲模在完成模架和凸、凹模装配后可进行总装，该模具宜先装下模，其装配过程如下。

① 把组装好凹模的固定板安放在下模座上，按中心线找正凹模 13 为装配基准件的位置，用平行夹头夹紧，通过螺钉孔在下模座上钻出锥窝。拆去凹模固定板，在下模座上按锥窝钻螺纹底孔并攻丝。重新将凹模固定板置于下模座上找正，用螺钉紧固。钻铰销孔，打入销钉定位。

② 在组装好凹模的固定板上安装定位板。

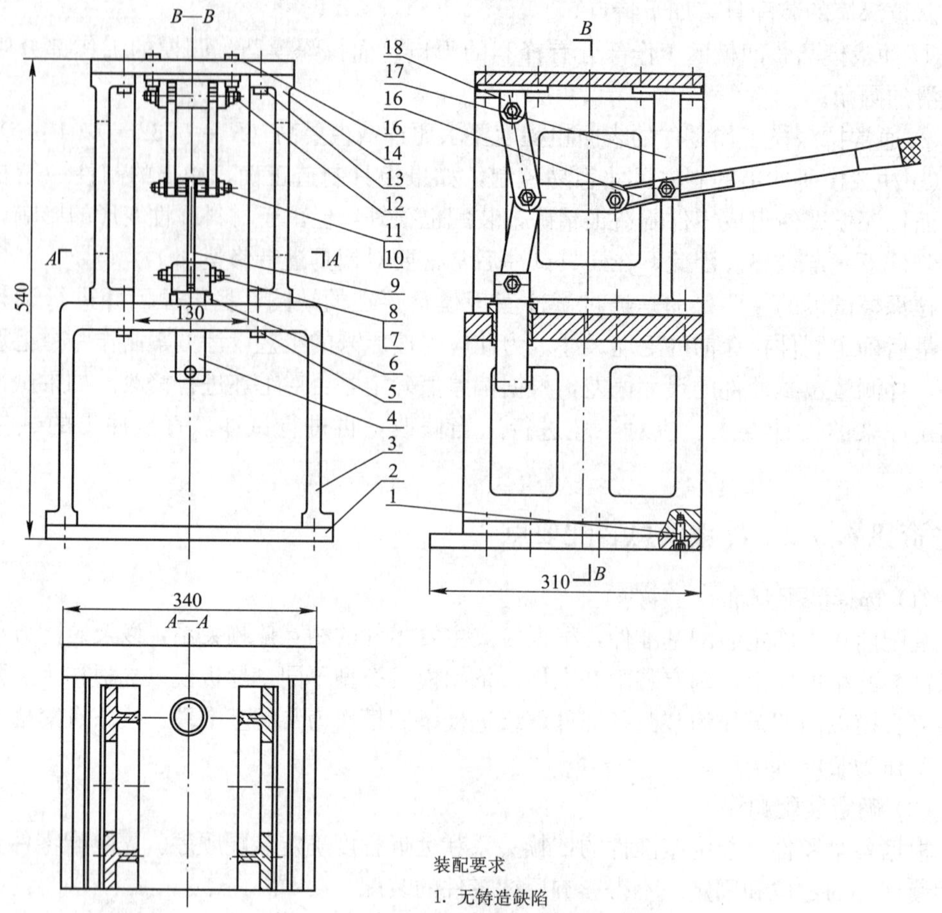


装配要求

1. 无铸造缺陷
2. 外表面涂蓝灰色防锈漆
3. A、B 表面各留后续机加工余量 5 mm

| 序号 | 名称 | 数量 | 材料 | 备注 |
|---|---|---|---|---|
| 18 | 连杆固定铰 | 1 | 45 | |
| 17 | 手柄固定铰 | 1 | 45 | |
| 16 | 手柄 | 1 | 45 | |
| 15 | 螺栓 M8×45 | 8 | | GB 5782—1986 |
| 14 | 上立板 | 2 | QT400-15 | |
| 13 | 沉头螺钉 M8×30 | 6 | | GB 70—1985 |
| 12 | 销钉 $\phi$10×100 | 1 | | |
| 11 | 垫片 | 16 | | GB 97.1—1985 |
| 10 | 销钉 $\phi$10×80 | 1 | 45 | |
| 9 | 连杆 | 5 | 45 | |
| 8 | 螺母 M8 | 10 | | GB 6170—1986 |
| 7 | 销钉 $\phi$10×60 | 3 | | |
| 6 | 导滑套 | 1 | 45 | |
| 5 | 沉头螺钉 M8×30 | 6 | | GB 70—1985 |
| 4 | 滑块式模柄套 | 1 | 45 | |
| 3 | 下架 | 1 | QT400-15 | |
| 2 | 下底板 | 1 | 45 | |
| 1 | 沉头螺钉 M10×45 | 8 | | GB 70—1985 |

图 6-17 梅花垫冲模模架

③ 配钻卸料螺钉孔时，将卸料板 14 套在已装入固定板的凸模 12 上，在固定板与卸料板 14 之间垫入适当高度的等高垫铁，并用平行夹头将其夹紧。按卸料板上的螺孔在固定板上钻出锥窝，拆开后按锥窝钻固定板上的螺钉孔。

④ 将已装入固定板的凸模 12 插入凹模的型孔中。在凹模 13 与下模座 15 之间垫入适当高度的等高垫铁，将垫板 7 放在凸模固定板 8 上，装上模座，用平行夹头将上模座 4 和凸模固定板 8 夹紧。通过凸模固定板在上模座上钻锥窝，拆开后按锥窝钻孔，然后用螺钉将上模座、垫板、凸模固定板稍加紧固。

⑤ 调整凸、凹模的配合间隙时，采用透光法调整凸、凹模的配合间隙后，以纸作冲压材料，用锤子敲击模柄，进行试冲。如果冲出的纸样轮廓齐整，没有毛刺或毛刺均匀，说明凸、凹模间隙是均匀的。如果只有局部毛刺，则说明间隙是不均匀的，应重新进行调整直到间隙均匀为止。

⑥ 调整好间隙后，将凸模固定板的紧固螺钉拧紧。钻铰定位销孔，装入定位销钉 17。

⑦ 装上弹簧和卸料螺钉，检查卸料板运动是否灵活。在弹簧作用下卸料板处于最低位置时，凸模的下端面应缩在卸料板的孔内约 0.5～1 mm。

⑧ 在将模具装入手动模架图 6－17 之前，应按设计图样对模具进行检验，以便及时发现问题，减少不必要的重复安装和拆卸。

⑨ 在生产条件下进行试冲，通过试冲可以发现模具的设计和制造缺陷，找出产生的原因，对模具进行适当的调整和修理后再进行试冲，直到模具能正常工作，冲出合格的制件，则模具的装配过程即告结束。

**2. 编制装配工艺规程**

编制梅花垫冲模装配工艺规程和填写工艺过程卡。如任务图 6－1 所示，该模具为有导柱的单工序模，凹模安装在下模座上，因此选凹模为装配基准件。先装下模，再装上模，并调试间隙、试冲、返修。具体装配过程见表 6－3。

**表 6－3　装配工艺过程卡**

| 序号 | 工　序 | 工艺说明 |
| --- | --- | --- |
| 1 | 凸、凹模预配 | ① 装配前仔细检查凸模 12 形状尺寸和凹模 13 形孔，是否符合图纸要求尺寸精度、形状<br>② 将凸模 12 和凹模孔相配，检查其间隙是否加工均匀，不合适应重新修磨或更换 |
| 2 | 凸模装配 | 以凹模孔定位，将凸模 12 压入凸模固定板 8 并拧紧 |
| 3 | 装配下模 | ① 在下模座 15 上画中心线，按中心预装凹模 13<br>② 在下模座 15 上用已加工好的凹模引孔，分别确定其螺孔位置，并分别钻孔、攻丝<br>③ 将下模座 15、凹模 13 和导料销 20 装在一起，打入销钉，并用螺钉紧固 |
| 4 | 装配上模 | ① 在已装好的下模凹模 13 中放入 0.12 mm 的纸片，然后将凸模 12 与凸模固定板 8 组合装入凹模<br>② 预装上模座 4，画出与凸模固定板 8 相应的螺孔、销孔位置并钻铰螺孔、销孔<br>③ 用螺钉将固定板组合、垫板、上模座连接在一起，但不要拧紧<br>④ 将卸料板 14 套装在已装入固定板的凸模 12 上，装上卸料弹簧 6 和卸料螺钉 5 并调节弹簧预压缩量，使卸料板 14 高出凸模 12 下端约 1 mm<br>⑤ 复查凸、凹模间隙并调整合适后，紧固螺钉 3，打入销钉和限位螺钉 2 等完成总装 |
| 5 | 试冲与调整 | 装上冲模模架试冲并根据试冲结果作相应调整 |

# 学习工作单 6.4 塑料模装配技术

<table>
<tr><td rowspan="2">情景 6　模具装配技术<br>任务 6.4　塑料模的装配</td><td>姓名：________</td><td>班级：________</td></tr>
<tr><td>日期：________</td><td>共________页</td></tr>
</table>

1. 塑料模装配好后为什么要进行试模？

2. 如任务图 6-3 所示，试述塑料模大型芯的固定方式和装配顺序。

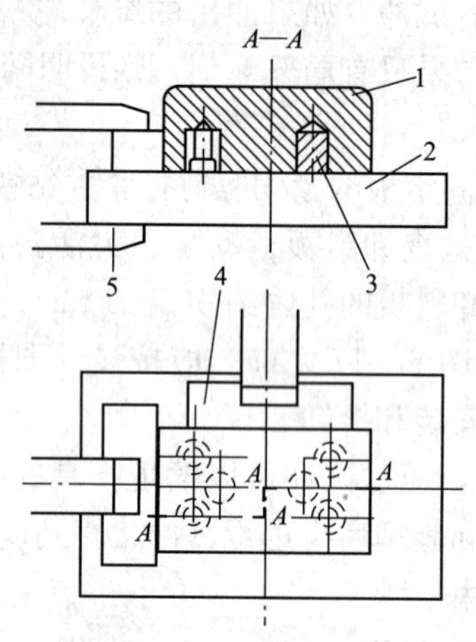


任务图 6-3　塑料模大型芯

3. 简述塑料模型腔的装配过程。

4. 简述塑料模抽芯机构的装配过程。

5. 如何正确装配抽芯机构和推出机构？

6. 型芯与型腔的配合及修正方法有哪些？

| 检查情况 | | 教师签名 | | 完成时间 | |
|---|---|---|---|---|---|

# 任务资讯 6.4　塑料模装配

塑料模的装配基准分成两种情况：一是以塑料模中的主要零件，如定模、动模的型腔、型芯为装配基准，定模和动模的导柱和导套孔先不加工。先将型腔和型芯镶块加工好，然后装入定模和动模内，将型腔和型芯之间以垫片法或工艺定位器法保证壁厚，动模和定模合模后用平行夹板夹紧，镗制导柱和导套孔，最后安装动模和定模上的其他零件，这种情况多适用于大中型塑料模。二是已有导柱、导套的塑料模架的，以模板相邻侧面作为装配基准，将已有导向机构的动模和定模合模后，磨削模板相邻两侧面呈 90°，然后以侧面为基准分别安装定模和动模上的其他零件。

## 任务资讯 6.4.1　型芯的装配

由于塑料模的结构不同，型芯在固定板上的固定方式也不相同。常见的固定方式如图 6－18 所示。图 6－18（a）所示的固定方式，其装配过程与装配带台肩的冲压凸模相类似，在压入过程中要注意校正型芯的垂直度，经修配合格后，用等高垫铁支承在平面磨床上磨平端面。图 6－18（b）所示的固定方式，用于某些有方向要求的型芯。图 6－18（c）所示的螺母固定方式，用于某些有方向要求的型芯，装配时只需按设计要求将型芯调整到正确位置后，用螺母固定，使装配过程简便。

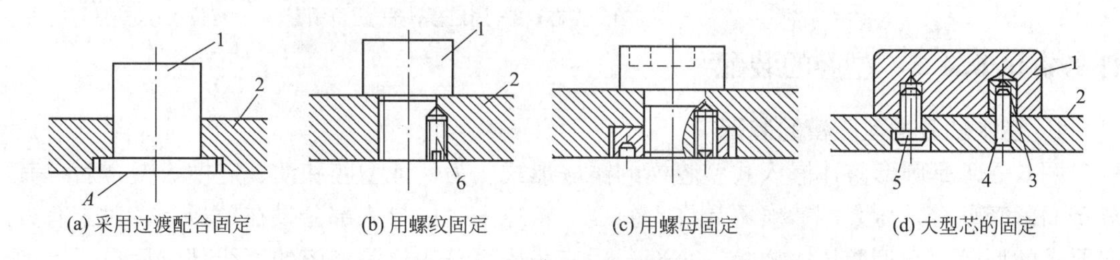


图 6－18　型芯的固定方式

1—型芯；2—固定板；3—定位销套；4—定位销；5—螺钉；6—骑缝螺钉

图 6－18（b）、（c）所示的型芯固定方式，在将型芯位置调好紧固后要用骑缝螺钉定位。骑缝螺钉应安排在型芯热处理之前加工。大型芯的固定方式如图 6－18（d）所示，装配时可按下列顺序进行。

① 在加工好的型芯上压入实心的定位销套。

② 根据型芯在固定板上的位置要求将定位块用平行夹头夹紧在固定板上，如图 6－20 所示。

③ 在型芯螺孔口部抹红丹粉，把型芯和固定板合拢，将螺钉孔位置复印到固定板上，取下型芯，在固定板上钻螺钉通孔及锪沉孔，用螺钉将型芯初步固定。

④ 通过导柱、导套将卸料板、型芯和支承板装配在一起，将型芯调整到正确位置后拧紧固定螺钉。

⑤ 在固定板的背面画出销孔位置，钻、铰销孔，打入销钉。

当螺钉拧紧后型芯的实际位置与理想位置之间常常出现误差，$\beta$ 是理想位置与实际位置之间的夹角，如图 6－19 所示。型芯的位置误差可通过修磨 $a$ 和 $b$ 面来消除。为此，应先进行预装并测出角度 $\beta$ 的大小，其修磨量 $\Delta$ 按下式计算。

$$\Delta=\frac{\beta}{360^{\circ}}t \tag{6-1}$$

式中：$\beta$——误差角（°）；

$t$——连接螺纹的螺距（mm）。

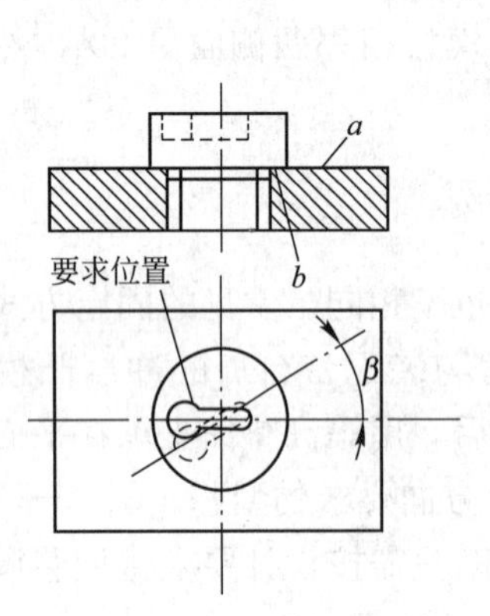


图 6－19　型芯的位置

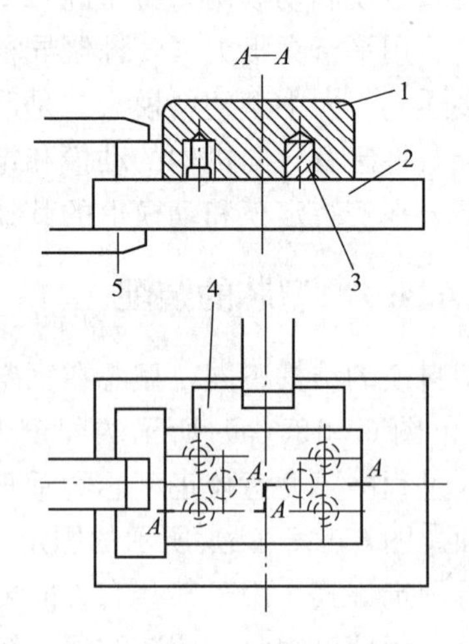


图 6－20　大型芯与固定板的装配

1—型芯；2—固定板；3—定位销套；4—定位块；5—平行夹头

## 任务资讯 6.4.2　型腔的装配

**1. 整体嵌入式型腔模的装配**

图 6－21 是圆形整体嵌入式型腔模的镶嵌形式。为保证型腔和动、定模板镶合后，其分型面紧密贴合，压入端一般不允许有斜度，将压入时的导入部分设在模板上。对于有方向要求的型腔，在型腔压入模板一小部分后应采用百分表检测型腔的直线部位后再压入模板。为了方便装配，可考虑使型腔与模板间保持 0.01～0.02 mm 的配合间隙，在型腔装入模板后将位置找正，再用定位销定位。

**2. 拼块结构式型腔的装配**

图 6－22 所示是拼块结构的型腔。这种型腔的拼合面在热处理后要进行磨削加工，装配前拼块两端均应留余量，待装配完毕后，再将两端面和模板一起磨平。

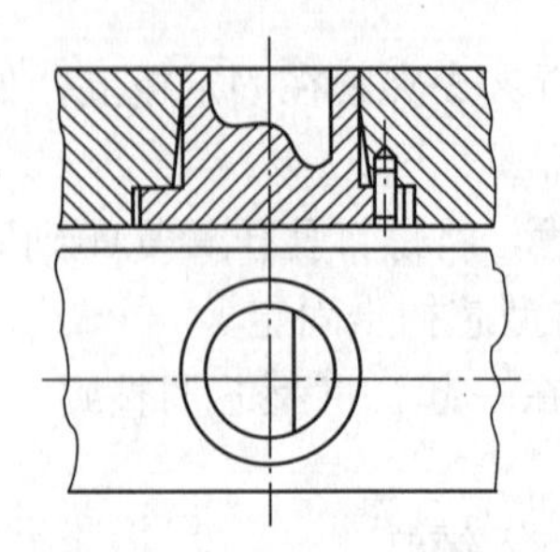

图 6－21　整体嵌入式型腔

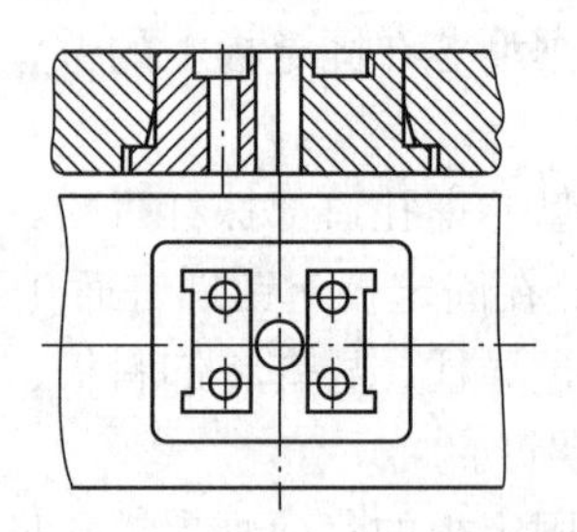

图 6－22　拼块结构式型腔

为了不使拼块结构的型腔在压入模板的过程中各拼块在压入方向上产生错位，应在拼块上压放一平垫板，通过平垫板推动各拼块一起移动，如图 6－23 所示。

**3. 型芯与型腔的配合及修正**

如果型芯装配后出现间隙，可用修配法消除。如图 6－24 所示，装配后在型芯端面与加料室底平面间出现了间隙（Δ）。可采用下列方法加以消除。

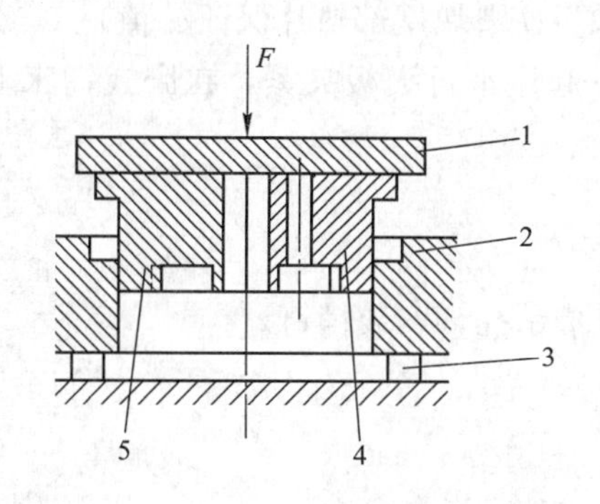


图 6－23　拼块结构式型腔的装配

1—平垫板；2—模板；3—等高垫板；4、5—型腔拼块

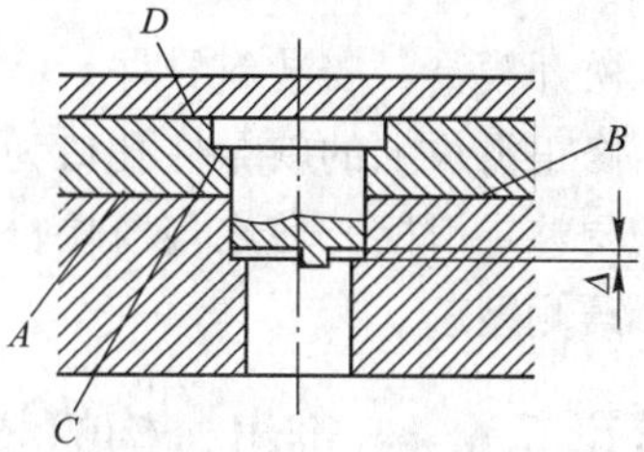

图 6－24　型芯端面与加料室底平面间出现间隙

① 修磨固定板平面 $A$。修磨时需要拆下型芯，磨掉的金属层厚度等于间隙值 Δ。

② 修磨型腔上平面 $B$。修磨时不需要拆卸零件，比较方便。当一副模具有几个型芯时，由于各型芯在修磨方向上的尺寸不可能绝对一致，因此不论是修磨 $A$ 面或 $B$ 面都不可能使各型芯和型腔表面在合模时同时保持接触，所以对具有多个型芯的模具采用这样的修磨方法。

③ 修磨型芯（或固定板）台肩面 $C$。采用这种修磨法应在型芯装配合格后再将支承面 $D$ 磨平，此法适用于多型芯模具。

## 任务资讯 6.4.3　抽芯机构的装配

塑料模常用的抽芯机构是斜导柱抽芯机构，如图 6－25 所示。其装配的技术要求为：闭模后，滑块的上平面与定模底面必须留有 $x$＝0.2～0.8 mm 间隙，斜导柱外侧与滑块斜导柱孔应留有 $y$＝0.2～0.5 mm 的间隙。其装配过程如下。

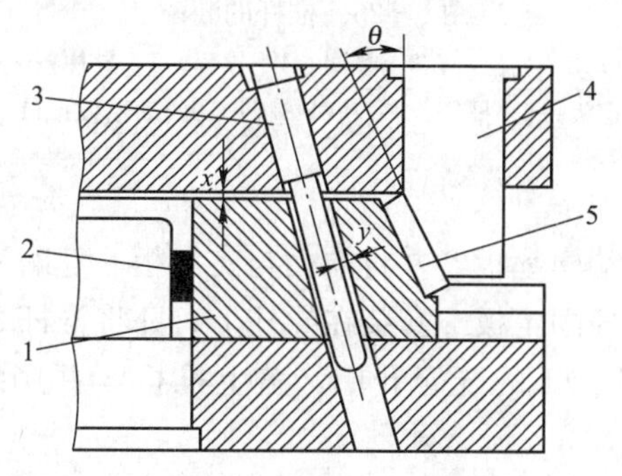


图 6－25　斜导柱抽芯机构

1—滑块；2—壁厚垫片；3—斜导柱；4—锁紧楔；5—垫片

① 型芯装入型芯固定板形成型芯组件。

② 安装导滑槽。按设计要求在固定板上调整滑块和导滑槽的位置，待位置确定后，用平行夹头将其夹紧，钻导滑槽安装孔和动模板上的螺孔，安装导滑槽。

③ 安装定模板锁紧楔。保证锁紧楔斜面与滑面有 70%以上的面积贴合。如侧型芯不是整体式，在侧型芯位置垫以相当于制件壁厚的铝片或钢片。

④ 闭模。检查间隙 $x$ 值是否合格（通过修磨和更换滑块尾部垫片保证 $x$ 值）。

⑤ 镗斜导柱孔。将定模板、滑块和型芯组合一起用平行夹板夹紧，在卧式镗床上镗斜导柱孔。

⑥ 松开模具，安装斜导柱。

⑦ 修正滑块上的斜导柱孔口为圆环状。

⑧ 调整导滑槽，使之与滑块松紧适应，钻导滑槽销孔，安装销钉。

⑨ 镶侧型芯。

## 任务资讯 6.4.4　推出机构的装配

塑料模常用的推出机构是推杆推出机构（图 6－26）。其装配的技术要求为：装配后运动灵活、无卡阻现象，推杆在固定板孔每边应有 0.5 mm 左右的间隙，推杆工作端面应高出型面 0.05～0.10 mm，完成塑件推出后，应能在合模时自动退回原始位置。

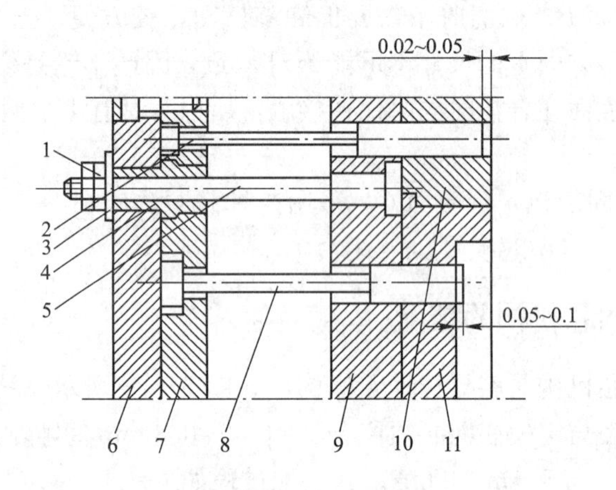


图 6－26　推杆的装配

1—螺母；2—复位杆；3—垫圈；4—导套；5—导柱；6—推板；
7—推杆固定板；8—推杆；9—动模垫板；10—动模板；11—型腔镶块

推出机构的装配顺序如下。

① 先将导柱垂直压入动模垫板 9 并将端面与支承板一起磨平。

② 将装有导套 4 的推杆固定板 7 套装在导柱上，并将推杆 8、复位杆 2 装入推杆固定板、动模垫板 9 和型腔镶块 11 的配合孔中，盖上推板 6 并用螺钉拧紧，调整使其运动灵活。

③ 修磨推杆和复位杆的长度。如果推板 6 和垫圈 3 接触时，复位杆、推杆低于型面，则修磨导柱的台肩。如果推杆、复位杆高于型面时，则修磨推板 6 的底面。一般将推杆和

复位杆在加工时留长一些，装配后将多余部分磨去。

## 任务资讯 6.4.5　塑料模总装范例

由于塑料模结构复杂、种类较多，故在装配前要根据其结构特点拟订具体装配工艺。现以图 6－27 所示的热塑性塑料注射模为例（材料：塑料 ABS）说明塑料模装配的过程。

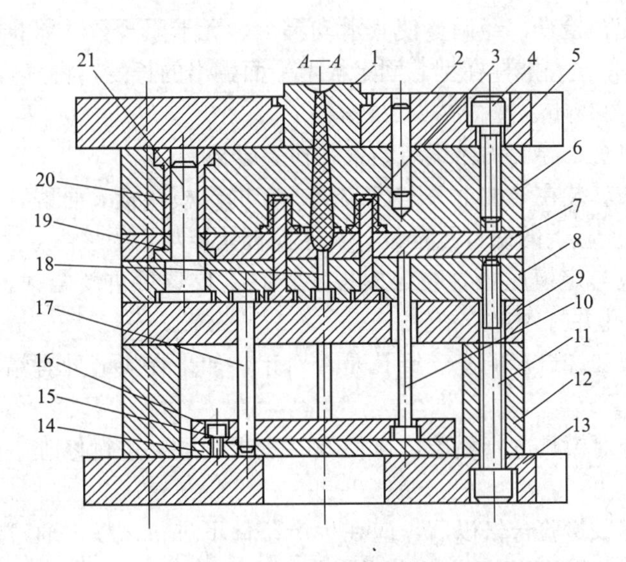


图 6－27　热塑性塑料注射模

1—浇口套；2—定位销；3—型芯；4、11—内六角螺栓；5—定模座板；6—定模板；7—推件板；8—型芯固定板；9—动模垫板；10—推杆；12—支承板；13—动模座板；14—推板；15—螺钉；16—推杆固定板；17、21—导柱；18—拉料杆；19、20—导套

**1. 装配要求**

① 模具上下平面的平行度偏差不大于 0.05 mm，分型面处需密合。

② 顶件时推杆和卸料板动作必须保持同步，上下模型芯必须紧密接触。

**2. 装配工艺**

① 按图样要求检验各零件尺寸，型芯 3、导柱 17、21，拉料杆 18 已压入型芯固定板和动模垫板，推件板 7 在总装前已压入导套 19，并检验合格。

② 修磨定模与卸料板分型面的密合程度。将型芯固定板 8、动模垫板 9、支承板 12 和动模座板 13 按其工作位置合拢、找正并用平行夹头夹紧。

③ 装配型芯固定板、动模垫板、支承板和动模固定板。以型芯固定板上的螺孔、推杆孔定位，在动模垫板、支承板和动模座板上钻出螺孔、推杆孔的锥窝，然后拆下型芯固定板，以锥窝为定位基准钻出螺钉通孔、推杆通孔和锪出螺钉沉孔，最后用螺钉拧紧固定。

④对推件板 7 的型孔先进行修光，并与型芯做配合检查，要求滑动灵活、间隙均匀并达到配合要求。

⑤ 将推件板套装在导柱和型芯上，以推件板平面为基准测量型芯高度尺寸，如果型芯高度尺寸大于设计要求，则进行修磨或调整型芯，使其达到要求；如果型芯高度尺寸小

于设计要求，则需将推件板平面在平面磨床上磨去相应的厚度，保证型芯高度尺寸。

⑥ 装配推出机构。将推杆 10 套装在推杆固定板 16 上的推杆孔内并穿入型芯固定板 8 的推杆孔内。

⑦ 套装到推板导柱上，使推板和推杆固定板重合。

⑧ 在推杆固定板螺孔内涂红粉，将螺钉孔位复印到推板上，然后取下推杆固定板，在推板上钻孔并攻丝后，重新合拢并拧紧螺钉固定。

⑨ 进行滑动配合检查，经调整使其滑动灵活、无卡阻现象。将推件板拆下，将推板放到最大极限位置，检查推杆在型芯固定板上平面露出的长度，将其修磨到和型芯固定板上平面平齐或低 0.02 mm。

⑩ 总装前浇口套、导套均已组装结束并检验合格。

⑪ 将定模板 6 套装在导柱上并与已装浇口套的定模座板 5 合拢，找正位置，用平行夹头夹紧。以定模座板上的螺钉孔定位，对定模板钻锥窝。

⑫ 拆开定模板与定模座板，在定模板上钻孔、攻丝后重新合拢，用螺钉拧紧固定，最后钻、铰定位销孔并打入定位销。

⑬ 检查定模板和浇口套的浇道锥孔是否对正，如果在接缝处有错位，需进行铰削修整，使其光滑一致。

⑭ 按设计图样对模具进行检验，以便及时发现问题，进行修理，减少不必要的重复安装和拆卸。

⑮ 模具装配完成检验合格以后，应在生产条件下进行试模。通过试模，检查模具在制造上存在的缺陷，并查明原因加以排除。

⑯ 对模具设计的合理性进行评定并对成形工艺条件进行探索，为模具设计、制造和成形工艺水平的提高积累经验，为新产品开发提供实用资料。

# 学习工作单6.5　模具调试与维修技术

| 情景6　模具装配技术<br>任务6.5　模具调试与维修技术 | 姓名：＿＿＿＿<br>日期：＿＿＿＿ | 班级：＿＿＿＿<br>共＿＿＿＿页 |
| --- | --- | --- |

1. 举例说明模具装配中一般需修磨的部位与方法。

2. 塑料模装配中的各种修磨应注意什么？

3. 如何提高模具连接件的装配精度？

4. 如何选择冲裁模的试冲件数量？

5. 冲裁模卸料不正常，如何进行调整？

6. 冲压件不平整是什么原因导致的？

7. 制件产生回弹的模具调整方法有哪些？

8. 拉深模的拉深壁厚不均匀怎么办？

9. 塑料模的试模过程一般有哪些步骤？

10. 塑料制品表面有波纹的解决办法是什么？

| 检查情况 | | 教师签名 | | 完成时间 | |
| --- | --- | --- | --- | --- | --- |

# 任务资讯 6.5　模具调试与故障排除

现代模具制造技术在研究模具的高效制造工艺的同时，必然要研究模具装配调试、模具零件的修整、模具的维修与故障排除的措施等。模具的装配精度可以概括为模架的装配精度、主要工作零件及其他零件的装配精度。模具的调试也分为模具零件的调试与修整、模具的试冲和故障排除等。

## 任务资讯 6.5.1　模具连接件的调试与修整

模具零件的连接，如上、下模座与凸、凹模固定板的连接、卸料板与凹模的连接等，通常是以销钉定位、螺钉紧固的。

在传统工艺中，不同零件上相应的螺孔、销钉孔一般都采用配作的方法进行加工。随着加工手段的现代化，孔系加工的位置精度大大提高，完全可以满足装配要求。现今这些螺孔、销钉孔已较多采用分别加工的方法，这样可大幅度提高装配效率。但对于不同零件上的导柱、导套孔、定位销孔，若采用分别加工法则势必大大提高其位置精度要求，从而增加加工的难度，因而仍较多采用配作的方法。应该注意的是，在装配过程中选定的基准件，可在用螺钉固紧后配钻铰销孔，并装入销钉定位。而非基准件应先用螺钉初步紧固，然后根据基准件找正，并进行切纸试冲，直至符合要求后方可固紧螺钉并配钻铰销孔，装入销钉。

另外，在模具的装配过程中，经常要对装配后的组件进行加工，从而保证模具的装配精度。例如，冲模模柄与上模座组装后的同磨、凸模（型芯）与凸模（型芯）固定板组装后的磨削（图 6 - 28）等。

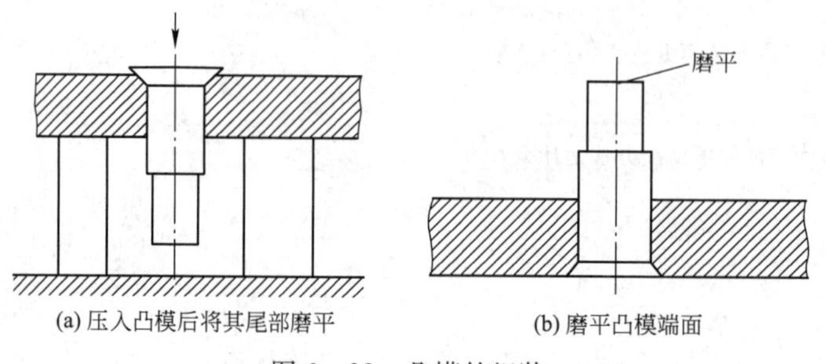

(a) 压入凸模后将其尾部磨平　　(b) 磨平凸模端面

图 6 - 28　凸模的组装

塑料模装配中的各种修磨方法示例见表 6 - 4。

**表 6 - 4　塑料模装配中修磨方法**

| 修磨要求 | 简　图 | 修磨方法 |
| --- | --- | --- |
| 消除型芯端面与加料室平面的间隙 $\Delta$ | | ① 修磨固定板平面 $A$，修磨时需拆下型芯，多型芯时因各型芯高度不一，不能用此法<br>② 修磨型腔上平面 $B$，不需拆卸零件，修磨方便。同样不能用于多型腔模具<br>③ 修磨型芯台肩面 $C$，装入模板后再修磨平面 $D$，适用于多型腔模具 |

续表

| 修磨要求 | 简　图 | 修磨方法 |
|---|---|---|
| 消除型腔与型芯固定板的间隙 Δ | 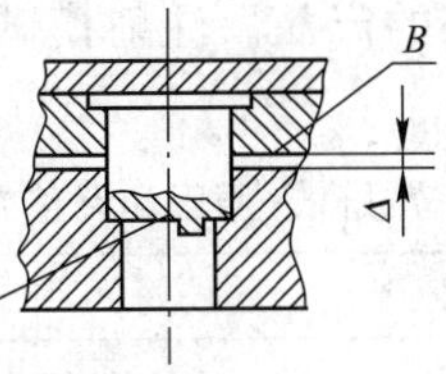 (a)<br> 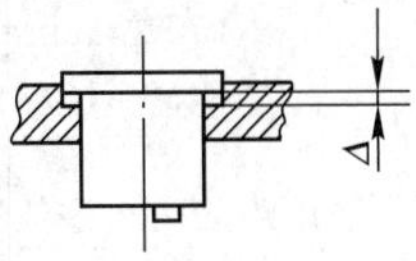(b)<br> 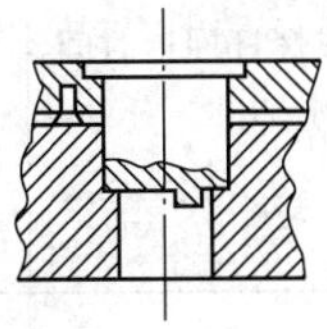(c) | ① 修磨型芯工作面 A（见图（a）），只适用于型芯工作面为平面<br>② 在型芯和固定板台肩内加入垫片（见图（b）），适用于小模具<br>③ 在固定板上设垫块，垫块厚度不小于 2 mm，因此需在型芯固定板上铣出凹坑（见图（c）），大型模具在设计时就考虑垫块，以供修磨 |
| 修磨后浇口套须高出固定板 0.02 mm | 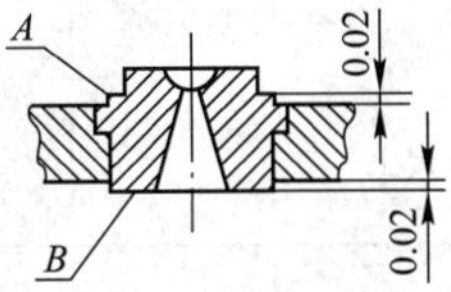  | ① A 面高出固定板平面 0.02 mm，由加工精度保证<br>② B 面高出固定板平面的修磨方法是将浇口套压入固定板后磨平，然后拆去浇口套，再将固定板磨去 0.02 mm |
| 埋入式型芯修磨后达到高度尺寸 | 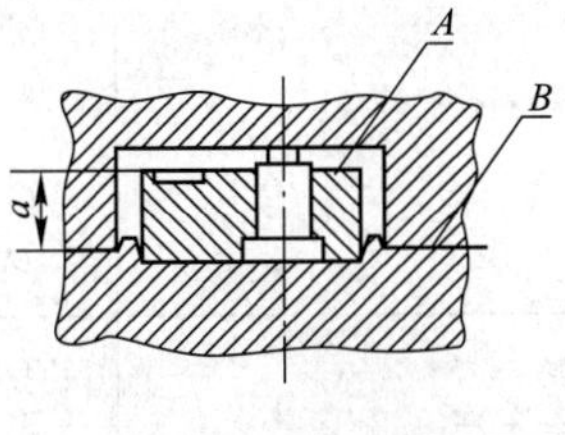  | ① 当 A、B 面无凹凸形状时，可根据高度尺寸修磨 A 或 B 面<br>② 当 A、B 面有凹凸形状时，修磨型芯底面使尺寸 $a$ 减小，在型芯底部垫薄片使尺寸 $a$ 增大<br>③ 对于这种模具结构，在型芯加工时应在高度方向加修正量；固定板凹坑加工时，深度应加工至下限尺寸 |
| 修磨型芯斜面，合模后使之与型面贴合 | 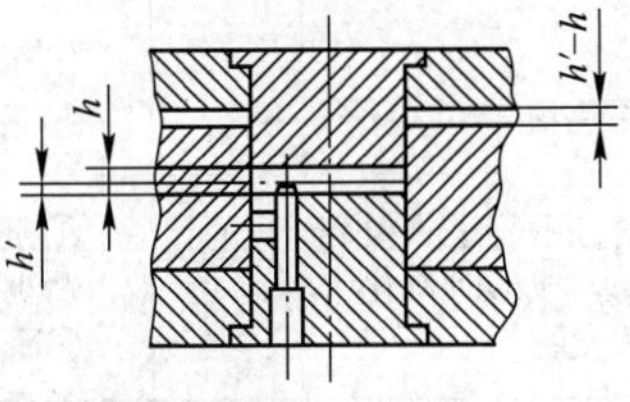  | 小型芯斜面必须先磨成形，但小型芯的总高度可略增加。小型芯装入后合模，使小型芯与上型芯接触，测量出修磨量 $h'-h$，然后将小型芯斜面修磨 |

## 任务资讯 6.5.2　塑料模故障排除

塑料模的试模过程如下。

① 检查原料和设备。

② 调试料筒和喷嘴温度。

③ 调节注射压力、成形时间、成形温度和注射速度。

④ 调整螺杆转速和加料背压。

⑤ 记录试模情况，附上试模加工出来的产品。注射模试模故障、原因和调整方法见表6-5。

**表6-5 注射模试模故障、原因和调整方法**

| 序号 | 成形缺陷 | 产生原因 | 解决措施 |
|---|---|---|---|
| 1 | 制品形状欠缺 | ① 料筒及喷嘴温度偏低<br>② 模具温度太低<br>③ 加料量不足<br>④ 注射压力低<br>⑤ 进料速度慢<br>⑥ 锁模力不够<br>⑦ 模腔无适当排气孔<br>⑧ 注射时间太短，柱塞或螺杆回退时间太早<br>⑨ 杂物堵塞喷嘴<br>⑩ 流道浇口太小、太薄、太长 | ① 提高料筒及喷嘴温度<br>② 提高模具温度<br>③ 增加料量<br>④ 提高注射压力<br>⑤ 调节进料速度<br>⑥ 增加锁模力<br>⑦ 修改模具，增加排气孔<br>⑧ 增加注射时间<br>⑨ 清理喷嘴<br>⑩ 正确设计浇注系统 |
| 2 | 制品溢边 | ① 注射压力太大<br>② 锁模力过小或单向受力<br>③ 模具碰损或磨损<br>④ 模具间落入杂物<br>⑤ 料温太高<br>⑥ 模具变形或分型面不平 | ① 降低注射压力<br>② 调节锁模力<br>③ 修理模具<br>④ 擦净模具<br>⑤ 降低料温<br>⑥ 调整模具或磨平 |
| 3 | 熔合纹明显 | ① 料温过低<br>② 模温低<br>③ 擦脱模剂太多<br>④ 注射压力低<br>⑤ 注射速度慢<br>⑥ 加料不足<br>⑦ 模具排气不良 | ① 提高料温<br>② 提高模温<br>③ 少擦脱模剂<br>④ 提高注射压力<br>⑤ 加快注射速度<br>⑥ 加足料<br>⑦ 通模具排气孔 |
| 4 | 黑点及条纹 | ① 料温高，并分解<br>② 料筒或喷嘴接合不严<br>③ 模具排气不良<br>④ 染色不均匀<br>⑤ 物料中混有深色物 | ① 降低料温<br>② 修理接合处，除去死角<br>③ 改变模具排气<br>④ 重新染色<br>⑤ 将物料中深色物取缔 |
| 5 | 银丝、斑纹 | ① 料温过高，料分解物进入模腔<br>② 原料含水分高，成形时汽化<br>③ 物料含有易挥发物 | ① 迅速降低料温<br>② 原料预热或干燥<br>③ 原料进行预热干燥 |
| 6 | 制品变形 | ① 冷却时间短<br>② 顶出受力不均<br>③ 模温太高<br>④ 制品内应力太大<br>⑤ 通水不良，冷却不均<br>⑥ 制品薄厚不均 | ① 加长冷却时间<br>② 改变顶出位置<br>③ 降低模温<br>④ 消除内应力<br>⑤ 改变模具水路<br>⑥ 正确设计制品和模具 |

续表

| 序号 | 成形缺陷 | 产生原因 | 解决措施 |
|---|---|---|---|
| 7 | 制品脱皮、分层 | ① 原料不纯<br>② 同一塑料不同级别或不同牌号相混<br>③ 配入润滑剂过量<br>④ 塑化不均匀<br>⑤ 混入异物气疵严重<br>⑥ 进浇口太小，摩擦力大<br>⑦ 保压时间过短 | ① 净化处理原料<br>② 使用同级或同牌号料<br>③ 减少润滑剂用量<br>④ 增加塑化能力<br>⑤ 消除异物<br>⑥ 放大浇口<br>⑦ 适当延长保压时间 |
| 8 | 裂纹 | ① 模具太冷<br>② 冷却时间太长<br>③ 塑料和金属嵌件收缩率不一样<br>④ 顶出装置倾斜或不平衡，顶出截面积小或分布不当<br>⑤ 制件斜度不够，脱模难 | ① 调整模具温度<br>② 降低冷却时间<br>③ 对金属嵌件预热<br>④ 调整顶出装置或合理安排顶杆数量及其位置<br>⑤ 正确设计脱模斜度 |
| 9 | 制品表面有波纹 | ① 物料温度低，黏度大<br>② 注射压力<br>③ 模具温度低<br>④ 注射速度太慢<br>⑤ 浇口太小 | ① 提高料温<br>② 料温高，可减小注射压力，反之则加大注射压力<br>③ 提高模具温度或增大注射压力<br>④ 提高注射速度<br>⑤ 适当扩展浇口 |
| 10 | 制品性脆强度下降 | ① 料温太高，塑料分解<br>② 塑料和嵌件处内应力过大<br>③ 塑料回用次数多<br>④ 塑料含水 | ① 降低料温，控制物料在料筒内滞留时间<br>② 对嵌件预热，保证嵌件周围有一定厚度的塑料<br>③ 控制回料配比<br>④ 原料预热干燥 |
| 11 | 脱模难 | ① 模具顶出装置结构不良<br>② 模腔脱模斜度不够<br>③ 模腔温度不合适<br>④ 模腔有接缝或存料<br>⑤ 成形周期太短或太长<br>⑥ 模芯无进气孔 | ① 改进顶出装置<br>② 正确设计模具<br>③ 适当控制模温<br>④ 清理模具<br>⑤ 适当控制注射周期<br>⑥ 修改模具 |
| 12 | 制品尺寸不稳定 | ① 机器电路或油路系统不稳<br>② 成形周期不一致<br>③ 温度、时间、压力变化<br>④ 塑料颗粒大小不一 | ① 修理电器或油压系统<br>② 控制成形周期，使其一致<br>③ 调节，控制基本一致<br>④ 使用均匀塑料 |

## 任务资讯 6.5.3　冲模故障排除

冲模装配完成后，在生产条件下进行试冲，通过试冲及对试冲件的严格检查，可以发现模具设计和制造的缺陷，找出产生原因，对模具进行适当的调整和修理后再进行试冲，直到模具能正常工作，冲出合格的制件，模具的装配过程就完成了。

试冲件的数量根据使用部门的要求来确定，一般小型冲裁模应大于 50 件；硅钢片冲裁模应大于 200 件；贵重金属冲裁模的试冲件数量由使用部门自定；自动冲裁模连续试冲时间应大于 3 分钟。

冲裁模试冲时出现的缺陷、原因和调整方法见表 6－6。

**表 6－6 冲裁模试冲故障、原因和调整方法**

| 试冲的缺陷 | 产生原因 | 调整方法 |
| --- | --- | --- |
| 送料不通畅或料被卡死 | ① 两导料板之间的尺寸过小或有斜度<br>② 凸模与卸料板之间的间隙过大，使卸料板翻扭<br>③ 用侧刃定距的冲裁模导料板的工作面和侧刃不平行形成毛刺，使条料卡死<br>④ 侧刃与侧刃挡块之间不密合形成毛刺，使条料卡死 | ① 根据情况修整或重装卸料板<br>② 根据情况采取措施减小凸模与卸料板之间的间隙<br>③ 重装导料板<br>④ 修整侧刃档块，清除间隙 |
| 卸料不正常退不下来 | ① 由于装配不正确，卸料机构不能动作，如卸料板与凸模配合过紧，或因卸料板倾斜而卡紧<br>② 弹簧或橡皮的弹力不足<br>③ 凹模和下模座的漏料孔没有对正，凹模孔有倒锥度造成堵塞，料不能排出<br>④ 顶出器过短或卸料板行程不够 | ① 修整卸料板、顶板等零件<br>② 更换弹簧或橡皮<br>③ 修整漏料孔，修整凹模<br>④ 加长顶出器的顶出部分或加深卸料螺钉沉孔的深度 |
| 凸、凹模的刃口相碰 | ① 上模座、下模座、固定板、凹模、垫板等零件安装面不平行<br>② 凸、凹模错位<br>③ 凸模、导柱等零件安装不垂直<br>④ 导柱与导套配合间隙过大，导向不准确<br>⑤ 卸料板的孔位不正确或歪斜，使凸模位移 | ① 修整有关零件，重装上模或下模<br>② 重新安装凸、凹模，使其对正<br>③ 重装凸模或导柱<br>④ 更换导柱或导套<br>⑤ 修理或更换卸料板 |
| 凸模折断 | ① 冲裁时产生的侧向力未抵消<br>② 卸料板倾斜 | ① 在模具上设置靠块抵消侧向力<br>② 修正卸料板或加凸模导向装置 |
| 凹模胀裂 | ① 凹模孔有倒锥度现象（上口大下口小）<br>② 凹模孔内卡住工件（废料）太多 | ① 修磨凹模孔，消除倒锥现象<br>② 修低凹模型孔高度 |
| 冲裁件的形状和大小不正确 | 凸模和凹模的刃口形状及尺寸不正确 | 先将凸模和凹模的形状及尺寸修准，然后调整冲模的间隙 |
| 落料外形和冲孔位置不正成偏位现象 | ① 挡料销位置不正<br>② 落料凹模上导正销尺寸过小<br>③ 导料板和凹模送料中心线不平行使孔偏斜<br>④ 侧刃定距不准确 | ① 修正挡料销<br>② 更换导正销<br>③ 修正导料板<br>④ 修磨或更换侧刃 |
| 冲压件不平整 | ① 落料凹模有上口大、下口小的倒锥，冲件从孔中通过时被压弯<br>② 冲模结构不当，落料时无压料装置<br>③ 在连续模中，导正销与预冲孔配合过紧，工件压出凹陷<br>④ 导正销与挡料销之间的距离过小，导正销使条料前移，被导正销挡住产生弯曲 | ① 修磨凹模孔，去除倒锥现象<br>② 加压料装置<br>③ 修正导正销<br>④ 修正挡料销 |
| 冲裁件的毛刺过大 | ① 刃口不锋利和刃口淬火硬度不够<br>② 凸、凹模配合间隙过大或间隙不均匀 | ① 修磨工作部分刃口<br>② 重新调整凸、凹模间隙 |

弯曲模和拉深模的装配与调试过程和冲裁模基本类似。只是由于塑性成形工序比分离工序复杂，难以准确控制的因素多，所以其调试过程要复杂一些，试模、修模反复次数多一些。弯曲模、拉深模在试冲过程中常见故障及调整方法见表6－7和表6－8。

**表6－7　弯曲模试冲故障、原因和调整方法**

| 存在问题 | 产生原因 | 调整方法 |
| --- | --- | --- |
| 制件产生回弹 | 弹性变形的存在 | ① 改变凸模的形状和角度大小<br>② 增加凹模型槽的深度<br>③ 减小凸、凹模之间的间隙<br>④ 增加校正或使校正力集中在角部变形区 |
| 制件底部平面不平 | ① 压力不足<br>② 顶件用顶杆的着力点分布不均匀，将制件底面顶变形 | ① 增大压料力，最好校正一下<br>② 将顶杆位置分布均匀，顶杆面积不可太小 |
| 形件左右高度不一致 | ① 定位不稳定或定位不准<br>② 凹模的圆角半径左、右两边加工不一致<br>③ 压料不牢<br>④ 凸、凹模左右两边间隙不均匀 | ① 调整定位装置<br>② 修正圆角半径使左右一致<br>③ 增加压料块（力）<br>④ 调整凸、凹模之间的间隙 |
| 弯曲角变形部分有裂纹 | ① 弯曲半径太小<br>② 材料的纹向与弯曲线平行<br>③ 毛坯有毛刺一面向外<br>④ 材料的塑性差 | ① 加大弯曲半径<br>② 将板料退火后再弯曲或改变落料的排样<br>③ 使毛刺在弯曲的内侧<br>④ 将板料进行退火处理或改变材料 |
| 制件表面有擦伤 | ① 凹模的内壁和圆角处表面不光，太粗糙<br>② 板料被粘附在凹模表面 | ① 将凹模内壁与圆角修光<br>② 在凸模或凹模的工作表面镀硬铬厚0.01～0.03 mm<br>③ 将凹模进行化学热处理，如氮化处理、氮化钛涂层或进行激光表面强化热处理 |
| 制件尺寸过长或不足 | ① 间隙过小，将材料挤长<br>② 压料装置的力过大，将料挤长<br>③ 计算错误 | ① 加大间隙<br>② 减小压料装置的压力<br>③ 落料尺寸应在弯曲模试冲后确定 |

**表6－8　拉深模试冲故障、原因和调整方法**

| 存在问题 | 产生原因 | 调整方法 |
| --- | --- | --- |
| 凸缘或制件口部起皱 | ① 没有使用压边圈或压边太小<br>② 凸、凹模之间间隙太大或不均匀<br>③ 凹模圆角过大<br>④ 板料太薄 | ① 增大压边力<br>② 减小拉深间隙值<br>③ 采用小圆角半径凹模<br>④ 更换材料 |
| 制件底部破裂或有裂纹 | ① 材料太硬，塑性差<br>② 压边力太大<br>③ 凸、凹模圆角半径太小<br>④ 凹模圆角半径太粗糙，不光滑<br>⑤ 凸、凹模之间间隙不均匀，局部过小<br>⑥ 拉深系数确定得太小，拉深次数太少<br>⑦ 凸模安装不垂直 | ① 更换材料或将材料退火处理<br>② 减小压边力<br>③ 加大凸、凹模圆角半径<br>④ 修光凹模圆角半径，越光越好<br>⑤ 调整间隙，使其均匀<br>⑥ 加大拉深系数，增加拉深次数<br>⑦ 重装凸模，保持垂直 |

续表

| 存在问题 | 产生原因 | 调整方法 |
| --- | --- | --- |
| 制件高度不够 | ① 毛坯尺寸太小<br>② 拉深间隙太大<br>③ 凸模圆角半径太小 | ① 放大毛坯尺寸<br>② 更换凹模或凸模，使间隙调整合适<br>③ 加大凸模圆角半径 |
| 制件高度太大 | ① 毛坯尺寸太大<br>② 拉深间隙太小<br>③ 凸模圆角半径太大 | ① 减小毛坯尺寸<br>② 加大拉深间隙，使其合适<br>③ 减小凸模圆角半径 |
| 制件壁厚和高度不均 | ① 凸模与凹模不同轴，间隙向一边倾斜<br>② 定位板或挡料销位置不正确<br>③ 凸模不垂直<br>④ 压料力不均匀<br>⑤ 凹模的几何形状不正确 | ① 重装凸模与凹模，使间隙均匀一致<br>② 重装调整定位板或挡料销<br>③ 修整凸模或重装<br>④ 调整弹簧或调整顶杆长度<br>⑤ 重新修正凹模 |
| 制件表面拉毛 | ① 拉深间隙太小或不均匀<br>② 凹模圆角表面粗糙，不光滑<br>③ 模具或板料表面不清洁，有脏物或砂粒<br>④ 凹模硬度不够高，有粘附板料现象<br>⑤ 润滑液没有用合适 | ① 修正拉深间隙<br>② 修光圆角半径<br>③ 清洁模具表面和板料<br>④ 提高凹模表面硬度，修光表面，进行镀铬或氮化等处理<br>⑤ 改变润滑液 |
| 制件底部不平 | ① 凸模上无出气孔<br>② 顶出器或压料板未镦死<br>③ 材料本身存在弹性 | ① 凸模上应加工有出气孔<br>② 调整冲模结构，使冲模达到闭合高度时，顶出器和压料板将已拉伸件镦死<br>③ 改变凸模、凹模和压料板形状并提高其刚性 |

# 参考文献


[1] 姜大源. 职业教育学研究新论. 北京：教育科学出版社，2007.

[2] 李舒燕，林承全. 模具制造工艺. 武汉：湖北科学技术出版社，2008.

[3] 许发樾. 模具标准实用手册. 北京：机械工业出版社，2002.

[4] 林承全. 机械设计基础. 武汉：华中科技大学出版社，2008.

[5] 林承全，余小燕. 冲压模具设计指导书. 武汉：湖北科学技术出版社，2008.

[6] 郭铁良. 模具制造工艺学. 北京：高等教育出版社，2002.

[7] 林承全，胡绍平. 冲压模具课程设计指导与范例. 北京：化学工业出版社，2008.

[8] 韩森和，林承全，余小燕. 冲压工艺及模具设计与制造. 武汉：湖北科学技术出版社，2008.

[9] 郑家贤. 冲压模具设计实用手册. 北京：机械工业出版社，2007.

[10] 模具实用技术丛书编委会. 冲模设计应用实例. 北京：机械工业出版社，2000.

[11] 王运赣. 快速模具制造及其应用. 武汉：华中科技大学出版社，2003.

[12] 林承全. 论冲压模具设计制造与模具寿命的关系. 科技信息，2007 (12)：158-159.

[13] 周大隽. 冲模结构设计. 北京：机械工业出版社，2005.

[14] 张信群，王雁彬. 模具制造技术. 北京：人民邮电出版社，2009.

[15] 林承全，罗小梅. 焊片少废料级进模设计与制造的研究. 装备制造技术，2008，157 (1)：8-10.

[16] 林承全，余小燕，郭建农. 机械设计基础学习与实训指导. 武汉：华中科技大学出版社，2007.

[17] 林承全，贺剑，刘合群. 机械制造技术. 武汉：华中科技大学出版社，2008.

[18] 林承全，杨辉. 模具设计与制造专业教学改革的研究. 新课程研究，2008，111 (11)：17-18.

[19] 林承全. 机芯自停杆冲裁弯曲级进模的设计与制造. 模具制造，2008，85 (8)：26-28.

[20] 林承全，胡绍平，杨辉. 模具线切割加工中表面变质层的研究. 装备制造技术，2008，160 (4)：22-23.

[21] 侯维芝，杨金凤. 模具制造工艺与工装. 北京：高等教育出版社，2005.

[22] 李云程. 模具制造工艺学. 北京：机械工业出版社，2001.

[23] 陈孝康. 实用模具技术手册. 北京：中国轻工业出版社，2001.

[24] 骆志斌. 模具工实用技术手册. 南京：江苏科学技术出版社，2000.

[25] 屈华昌. 塑料成型工艺与模具设计. 北京：机械工业出版社，2008.